U0173816

# 人工智能治理研究

杨晓雷

/

主编

RESEARCH ON

ARTIFICAL INTELLIGENCE GOVERNANCE

北京大学出版社
PEKING UNIVERSITY PRESS

Chief Editor

## 主编简介 ─────────────────────

**杨晓雷**

法学博士，北京大学法学院副教授，北京大学法律人工
智能实验室主任，北京大学法学院党委副书记兼任北京
大学人工智能研究院副院长。

# 序　言

## 一、人工智能的发展与治理的必要性

近年来,随着具有即时性、平面化、去中心化、智能化的互联网、大数据以及人工智能(AI)技术的深入研发和广泛应用,在社会生产生活中出现了一些与此相关的新的事物、新的行为和新的社会关系现象;在社会运行和治理层面,也相应地产生了一些新的社会问题以及解决这些问题的理论思考和社会实践。概括地说,人工智能技术的研发和应用,一方面产生了极大的良性的社会效益,另一方面也带来了诸多负面的社会问题。

一方面,社会生产生活更加便利和高效,各种生产生活资源的融通整合更加快速有效,人们足不出户就可以享受到各种生活服务;在社会管理和运行上,公共信息更加透明和及时,避免了权力寻租和各种职业价值异化;社会生活民主和自由度得到极大提高;等等。可以说,无论是在微观的个体生活层面,还是在宏观的社会生产层面,互联网、大数据以及人工智能技术都给整个人类行为赋能良多,给社会生产生活带来前所未有的改变。

另一方面,在人类社会的价值理解和认知逻辑上,再强的科学技术都是一把双刃剑,其作为一种价值中性的事物能为善亦能为恶,能解决问题也能带来问题。这已经不再仅仅是一种逻辑上的推理和观念上的想象,现实生活中的信息和数据泄露造成了诸多问题,如个人隐私安全、财产安全、公共安全以及国家安全问题,平台经济中的垄断和不正当竞争问题,算法黑箱和歧视问题,社会贫富分化和失业问题,等等。

可以说,对于技术带来的好与坏两方面而言,二者的实现能力和程度不相上下,往往需要在社会发展的动态选择和较量中达成一种力量和效果上的平衡。而对于强大的新一代人工智能技术而言,如果说其仅仅是人类的一项技术而不是另一个入侵的物种,那么这种技术在社会中运用上的好与坏、善与恶,最终还是要归结为其是掌握在好人还是坏人的手里,最终还是要体现在社会主体,即人类的行为选择和责任承担上。

由此,人工智能的社会治理就是人工智能作为一项技术在人类社会发展中的必然性话语命题和现实任务;如果不单独从一种纯粹的技术研发和应用的角度,而是从人类社会行为意义上来看,人工智能技术只有完成好这个任务,人工智能才能进入人类社会并获得应用和发展。那么,这个任务是什么呢?无论是在经验上还是在逻辑上,人工智能的社会治理所指的都不是因为恐惧和担心而简单粗暴地限制或拒绝人工智能技术的研发、应用和发展,而是理性地看待人工智能技术所带来的好与坏、善与恶、问题与赋能、发展与限制等这些矛盾性的价值。在社会发展中,以上这些矛盾的方面都可以被统一概括为安全应用与风险防控,人工智能治理无疑就是人类如何对这项技术趋利避害和扬长避短,在社会生产生活中实现人工智能的安全应用与风险防控的平衡,从而给人类带来福祉。

## 二、人工智能治理需要面对的几个重要问题

虽然可以在基本原则和任务方向上将人工智能的治理归结为以上根本性问题,但从具体的层面上来讲,这项工作应当是一个复杂的问题知识体系和社会工作结构系统,从回应现实问题的必要性以及问题逻辑构成的应然性上来看,治理人工智能需要在如下基本问题上作出思考和探讨。

首先,如何界定人工智能以及相关技术。在逻辑上,人工智能治理首先要解决的问题是确认所要治理的对象,否则难以形成共识

性的问题认识以及解决方案，即便有探讨，也无法确定争议的焦点。确认这个问题的现实必要性体现在：首先，即使在人工智能学界，对于新一代人工智能的内涵和外延的认识也并不完全一致，现实中的人工智能技术所指范围也不相同。比如，所治理的人工智能技术仅指纯粹的智能技术本身，还是包含互联网、大数据等其他技术？显而易见，不同的技术内容及范围在现实社会生产生活中所产生的问题的种类、属性以及社会效果是不同的，其相关治理价值定位和方式方法也是不同的。因此，对于人工智能这一治理对象的确定和确认是开展相关研究的基础和前提。

其次，人工智能治理如何界定。关于人工智能治理的所指，除上文所说的大的原则和方向外，在具体层面上还要回答治理对象具体指的是什么。比如说，是治理技术本身，还是治理技术所产生的社会效应、社会效果和社会问题？如何从社会治理的视角来看待人工智能的技术构成及其技术属性？人工智能治理的具体性质、属性、内涵、外延、价值定位、目标任务如何？等等。如此才能确定治理所要解决的问题、治理工作所要遵循的基本原则以及所要采用的方式方法等。

最后，如何进行人工智能的治理。无论是人工智能的界定还是对其进行治理的界定，核心的目标指向就是回答如何对人工智能进行社会治理这一问题。在以上相关界定的基础上，人工智能治理首先需要分析人工智能治理的一般性原则、基本方式方法、治理工作阶段的划分、治理道路模式的探索和构建；其次还有必要在经验层面上梳理介绍世界各个国家和地区治理工作的经验、人工智能治理的国际协作情况，探索时下在治理上问题比较突出的、现实中具有治理紧迫性的、具体社会应用领域的相关治理理论和实践。

三、具体章节的撰写工作的分配

为回应和探讨以上几个重要问题，笔者以人工智能治理的法律、公共政策以及伦理规范等相关社会行为和社会关系的规则的建立和运行为主要思考方向和工作进路,通过对相关文字资料的梳理分析、实地调研考察、座谈会议交流,确定了本书的内容构成和研究撰写分工,对相关的问题进行了尝试性的分析和探讨,具体如下:

引言:主要内容为智能社会发展与治理问题的提出,介绍了智能技术推进社会进步和发展的基本情况,同时也提出智能技术存在大量的社会安全风险,需要引起重视,一些现实问题需要在各国国家社会发展中加以解决。这一部分由刘露研究撰写完成。

第一篇:主要内容为人工智能发展的综合情况,具体包括对人工智能的基本认识与对其发展历程的概要描述,核心目标是对本书所指的治理对象即人工智能的界定。为了更好地实现这一目标,笔者还对人工智能的技术构成、典型场景、产业发展状况以及时下比较突出的相关技术产业场景及其监管治理问题作了初步的梳理和介绍。这一部分共分为三章,前两章由江溯研究撰写完成,第三章由刘露研究撰写完成。

第二篇:主要内容为世界上人工智能发展较为迅速的欧盟以及美国、日本、韩国、英国和澳大利亚等地区和国家的人工智能发展及立法与政策制定的基本状况的梳理介绍,对各个地区和国家在人工智能治理方面所采取的态度、原则、策略和方式进行了比较,对人工智能领域国际监管的政策的共性、差异以及治理上的国际合作进行了分析和总结。这一部分共分为五章,主要内容由张平研究撰写完成,刘露根据新近的发展变化情况作了补充和完善。

第三篇:主要内容为人工智能法律以及各种规则制度性治理的基本原理、基本路径和模式的探索分析。首先结合第一篇的内容分析了人工智能的社会属性、社会效应以及法律和规则治理视角下的治理上的基本问题;其次从基本原理的角度和层面探讨了人工智能治理的属性、目标、原则以及模式构成,其中阐释了对治理的方式方法以及价值功能定位的认识和选择;最后对人工智能治理的阶段、道路和规律性的认识进行了理论上的探讨和分析。这一部分共分为两章,由杨晓雷研究撰写完成。

第四篇:主要内容为对我国人工智能产业、政策的发展情况的介绍,以及对其治理与规制思路的总结、梳理和探索。首先对我国人工智能产业的发展状况以及国家和地方两个层面人工智能领域的政策法规进行了总结介绍,结合国内外人工智能产业和政策法规的发展现状,分析阐释了我国关于人工智能立法和政策制定方面的优势和不足;在此基础上,分析探讨了我国人工智能规制的价值定位、应当重视处理的重要关系;最后尝试提出了我国人工智能总体规制应当考虑的路径和具体法律规制的基本定位。这一部分共分为两章,由王成研究撰写完成。

总之,本书基于近几年来全球人工智能发展的理论和社会应用现状,尝试性地探讨了人工智能治理的如上几个基本问题。面对人工智能研发和应用的广泛的领域、丰富的内容和复杂的情况,本书所及的现象、问题,依据的信息、材料以及相关研究探讨应当是有限的。比如,鉴于本书开始策划时人工智能应用的具体场景以及暴露的具体治理上的问题的相对有限性,本书在内容上主要针对人工智能所产生的一般性社会效应和社会治理问题进行相对抽象性、概念性的思考和探讨,没有就具体的智能应用领域的法律、政策等规范规则治理问题进行聚焦探讨并给出建设性方案。另外,人工智能的治理不只是法律、政策、伦理等社会规范和社会制度上的问题,还应当包含如何通过技术切入实现智能技术的治理或者安全应用和发展的问题。对此,本书在对人工智能治理的基本属性认识和基本原理探讨上,虽然已经提出通过技术本身以及通过技术给规则和制度进行同样能力的赋能来实现人工智能的有效治理,但主要还是把技术作为一种治理对象,尚没有将其作为一种手段展开更多的研究和全面的探讨。以上这些尚未进行研究的应当是人工智能治理研究工作非常重要的组成内容和方向,随着人工智能技术的深入研发、广泛应用并在特定领域发育发展和相对成熟,法律以及规则运行方面的人工智能技术研发将能够进一步产生显著社会效应。

本书内容的研究和撰写成文要特别感谢北京大学法学院张守文教授、潘剑锋教授、郭雳教授等同事们的支持、鼓励和指导,感谢北京大学人工智能研究院人工智能治理研究中心的支持以及同事们的帮助,感谢中共中央网络安全和信息化委员会办公室负责相关工作的同志们给予的指导意见、提供的资料上的帮助,感谢北京大学出版社以及杨玉洁、靳振国编辑为本书的编辑出版工作所付出的一切努力,感谢为本书的研究和写作帮助整理资料的所有北京大学法学院的学生们。

不足之处,还请同行提出宝贵的批评和指导意见,同时也期待通过同行们的共同努力,在人工智能治理领域,能够继续深入探讨研究这些重要的理论问题,贡献相关的问题解决方案。

杨晓雷

2022 年 7 月

# 目　录

## 第一篇　人工智能发展概况

## 第二篇 欧盟及其他国家人工智能立法与政策发布现状

# 引言：智能社会的发展与治理

## 一、智能技术推进社会发展概况

人类生活在群居的社会中，信息交流是群体关系中的社会本能。从在龟壳、竹片、锦帛上做文字记录，在烽火台上利用烟火传递军情，到造纸术、印刷术、电报、电话，再到如今的云计算、大数据、区块链、人工智能新一代信息处理技术，信息在人类社会的协作发展中起到了至关重要的作用。工业化时代后，全球协作产业链的不断发展也进一步刺激了信息技术的飞速进步。大量的信息通过高效率的互联网信息通道进行传递，一个前所未有的复杂的人类协作体系正在因信息技术的发展而不断完善和提升效率。

随着信息化在全球的快速推进，世界对信息的需求快速增长，信息产品和信息服务对于各个国家、地区、企业、单位、家庭、个人都不可缺少。信息技术已成为支撑当今经济活动和社会生活的基石。在这种情况下，信息产业成为世界各国，特别是发达国家竞相投资、重点发展的战略性产业部门。在过去的 10 年中，全世界信息设备制造业和服务业的增长率是相应的国内生产总值增长率的 2 倍，成为带动经济增长的关键产业。信息产业本身经过多年的高速增长，已成为世界经济的重要支柱产业。

在我国构建信息社会和数字经济的基础上，人工智能已经上升为国家战略[1],各省、市围绕国家重大战略和各地经济社会发展需求,不断探索新一代人工智能发展的新路径、新机制,全国各行业和大中小企业都投身于信息产业的巨大浪潮之中。2020年3月4日,中共中央政治局常务委员会召开的会议强调,要加快推进国家规划已明确的重大工程和基础设施建设,特别强调了信息基础设施的建设进度。工业和信息化部副部长辛国斌于13日在国务院联防联控机制新闻发布会上说,工信部将进一步加大力度推动工业通信业重大项目加快开工建设,加快5G网络、物联网、大数据、人工智能、智慧城市等新基础设施建设,推动在建项目尽快投产达产。

智能技术的广泛应用改变了人们的社会生活环境,也改变了人们的生活方式、行为方式和社会互动关系。随着移动互联网的普及和信息资源的深度挖掘,以大数据、云计算、区块链为基础的智能算法的发展,给人们带来了更加民主、高效、便利、自由的生产和生活方式。

● 劳动生产智能化

劳动是人类谋求生存和发展的主要手段,是人类社会生活的最基本的内容。几千年来,人类劳动方式经历了从手工劳动到机械劳动的变革。在信息社会里,劳动过程从自动化控制和自动化生产向智能化方向发展,向机器操作、电脑操控的全自动流程转变。引用先进的智能技术管理平台,实现无纸化办公;改进已有的工业控制系统,实现远程监控和无人值守功能;推进智能化管理,程序化、标准化的高危生产工序,使用机器人代替人工操作高危生产工序,降低人员工作强度和生产成本,提高企业效益。全面自动化劳动,包括工业生产自动化、农业生产自动化、办公自动化、家庭自动化等,给人类生活带来巨大的变革。

● 经济运行与社会管理去中心化、扁平化

信息技术和智能技术的日益发展,颠覆了传统思维模式。市场

---

[1] 参见工业和信息化部:《促进新一代人工智能产业发展三年行动计划(2018-2020)》,载中华人民共和国国家互联网信息办公室官网(http://www.cac.gov.cn/2017-12/15/c_1122114520.htm),访问日期:2019年1月10日。

组织形式逐渐用扁平化管理代替传统的"等级式"垂直性管理，用去"去中心化"趋势代替"中心化"，用互动式管理代替命令式管理。信息的公开和流动性使民众意见的获取和统计借助智能技术和大数据平台得到高效运转，民主决策有据可依。网络经济迅猛发展，"机遇优先""首发"效应、"网络增值""路径依赖"和"锁定效应"，使信息产品拥有绝对的市场份额，专业和技术阶层逐渐成为职业主体。知识创新成为社会发展的主要动力，引领社会未来的发展趋势。

●信息渠道多元化、信息传播即时、多向

移动互联网时代的到来，使人们获取知识和信息的方式发生了巨大变化。信息平台以物联网、云计算技术为基础，以智能技术的深度数据挖掘为依托，向以用户需求为导向的资源获取上发生转变，从"口耳相传"转变为"你说我听""你演我看"以及"转载、搜索与定制"。信息间"互联互通、透彻感知、深度整合"，呈现了多元化、个性化的智慧服务局面。

新闻业、媒体业也在信息化的浪潮中受到了巨大的冲击，移动端海量的信息使新闻的真实性和成熟度受到了多方面的考验。其给传统新闻行业的品牌忠诚度、新闻时效性、内容互动性和大众体验度提出了新的挑战。"抖音""今日头条"、各大公众号等自媒体脱颖而出，短视频带来了新的使用浪潮。多媒体技术更是创造出"虚拟现实"环境，以其形象逼真的效果反映客观真实世界，使网络传播的内容更具社会渗透力。

●生产生活方式多样化、社会关系复杂化

智能技术人们的日常生活方式发生革命性变化，而且也改变着人们的消费模式和结构。网络平台出现虚拟商店，利用淘宝、京东、亚马逊等购物平台，采用多种网购形式进行交易。网络交易支付便捷、物流快速，节约了大量购物成本。在休闲娱乐方式上，可以利用网络在线观看电影、电视或听音乐，通过微信、QQ、微博等交流工具进行网络聊天或网络交友；通过网络订购产品等，如网上订票、订餐等；通过电子银行转账、存款和消费。

## 二、智能技术对社会发展促进与风险并存

　　人工智能的发展得益于算法的成功,由此带动了信息产业的整体升级。人工智能算法对数据的大量需求,使大数据技术、云平台技术、物联网技术和网络传输技术能力得到了充分的发挥。在人工智能时代来临后,人工智能技术对数据的深加工能力有了大幅度的提升,数据信息的价值属性越发凸显。人工智能产品的类人属性体现在不同的市场应用中,如问答机器人、智能语音控制、自动驾驶汽车等,智能产品代替了人脑进行一定程度的辅助决策,随之而来的信息安全及其衍生的各种社会问题成为当今信息领域监管的焦点,也成为各国信息与人工智能治理的核心问题。

　　作为新兴技术之一的智能技术仍具有高度的不确定性,不良后果难以预测,影响后果的因素复杂,相互依赖性太强而不能把握。这种不确定性使事后干预措施的可控性非常渺小。人工智能的"歧视"与"偏见"已经成为社会广泛讨论的话题。人工智能软件对于我们人类作出涉及未来的决策能够起何种作用;人工智能根据大数据利用算法作出的决策是否是准确的、可以被采纳的;机器算法的设计是否符合伦理要求;程序工程师的伦理规范是否成为了其设计的智能产品的伦理标准。例如,在美国多次发现算法中的偏差,结果显示种族主义和性别歧视偏见。安保机构往往根据算法来确定黑人容易重新犯罪,尽管实际上白人罪犯更容易重新犯罪。由于在大数据中往往将"编程""技术"等词与男性连在一起,"管家"等词则与女性连在一起,因此,人工智能的搜索软件往往推荐男性做企业高级执行官等。这些都已经成为现实的人工智能的社会困境。

　　人工智能作为解决金融、交通、城市建设、医疗等一系列迫切的社会问题的手段,也对立法和公共政策的制定提出了更高的要求,如法律决策、医疗判断,机器人法官、律师、医生在执行操作前是否需要取得法官、

律师资格，行医执照等行业相关部门的许可；人工智能生成内容是否属于智力创作的结果，是否具备著作权等问题；无人驾驶作为人工智能的具体应用，其碰撞算法带来的法律伦理问题等都引起了社会的很大关注和争议。在现有民事法律体系之下，人工智能服务机器人作为权利客体（物）和法定支配权的对象，还不具备成为法律主体的条件。但是人工智能产品侵权现象已经频繁发生，人工智能服务的责任归属讨论愈发热烈。需要考虑在特定场合中对相互冲突的利益进行道德判断和取舍，以及在此基础上如何调整法律理念、制定法律规范和分配法律责任，从而协同伦理和法律规范力量以维持社会公正等问题。

习近平总书记强调："要整合多学科力量，加强人工智能相关法律、伦理、社会问题研究，建立健全保障人工智能健康发展的法律法规、制度体系、伦理道德。"[1]面对智能技术的迅猛发展，有效应对技术带来的社会治理挑战，需要深入研究思考并树立正确的道德观、价值观和法治观。人工智能给国际安全和全球治理带来的挑战是双重的[2]：一方面是人工智能自身的风险，目前，人工智能技术仍处于快速发展阶段，人工智能应用处于市场接受阶段，人工智能技术中的算法歧视、对抗样本等问题逐步在应用中浮现。另一方面是人工智能与原有全球问题，如恐怖主义、气候变化、流行性疾病等相互交织引发新的全球危机，如利用人工智能从事恐怖主义、跨国犯罪活动等。显然，人工智能领域的变革一旦失去必要的管控，则很有可能对国际社会稳定、全球安全，以及人的生存等构成严重冲击。因而，国家和科研团体需要投入大量研究资源，主动把握和理解人工智能这一技术变革对整个社会各方面的潜在影响，其中包括机遇和挑战，从而帮助决策者在历史的关口作出明智的政策选择和前瞻性的应对。

---

[1]　《习近平主持中共中央政治局第九次集体学习并讲话》，载中华人民共和国中央人民政府官网（http://www.gov.cn/xinwen/2018-10/31/content_5336251.htm），访问日期：2020年1月19日。

[2]　参见巩辰：《全球人工智能治理——"未来"到来与全球治理新议程》，载《国际展望》2018年第5期。

# 第一篇

## 人工智能发展概况

# 第一章　人工智能的基本认识与
# 发展历程概览

## 第一节　人工智能的界定

人工智能(Artificial Intelligence, AI),作为计算机学科的一个重要分支,当前被人们称为世界三大尖端技术之一。1956 年夏季,麦卡锡(McCarthyJ)、明斯基(Minsky ML)、罗彻斯特(Lochester N)和香农(Shannon CE)共同发起,并邀请其他 6 位年轻的科学家,在美国达特茅斯(Dartmouth)大学举办了一次长达两个月的十人研讨会,讨论用机器模拟人类智能问题,首次使用"人工智能"这一术语,并将人工智能界定为"使一部机器的反应方式像一个人在行动时所依据的智能"。

1956 年之后的几年是人工智能思想的奠基性阶段,形成符号主义(Smbolism,也称功能主义)的两个学派和三次奠基性(技术)突破:以纽厄尔和西蒙等人为主要代表的"心理学派",创造了一个名为"逻辑理论家"的关于数学定理证明的计算机程序 LT,被认为是第一次奠基性突破;麦卡锡等人组成的研究小组是计算机软件学派(也称逻辑学派、逻辑主义)的代表,他们于 20 世纪 60 年代提出了"LISP"表处理语言,被认为是第二次奠基性突破;随后,20 世纪 50 年代末期,IBM 公司的塞缪尔设计的跳棋机程序被认为是第三次突破。[①] 早期符号主义

---

① 参见魏宏森、林尧瑞:《人工智能的历史和现状》,载《自然辩证法通讯》1981 年第 4 期。

学派的主要代表人物麦卡锡认为,(人工智能)是关于如何制造智能机器,特别是智能的计算机程序的科学和工程。它与使用机器来理解人类智能密切相关,但人工智能的研究并不需要局限于生物学上可观察到的那些方法。[①] 而心理学派的主要代表纽厄尔和西蒙在图灵奖获奖时做了近 20 年的理论总结,把麦卡锡的观点进一步推演为"物理符号系统假说",阐述了符号主义对智能实现的解释,认为智能是一种运用符号实现的逻辑推理,任何能够将某些物理模式或符号转化成其他模式或符号的系统都有可能产生智能的行为,符号主义学派之名也由此而来。[②] 麻省理工视觉实验室主任、计算神经学创始人大卫·玛尔(David C. Marr)则反对符号化智能实现方法,认为智能实现需要自下向上地理解视觉的物理机制,因此,理论神经科学的机制研究应该是第一步骤,而不是符号处理。[③] 还有批评者认为,符号主义具有过分物理主义之嫌,此种物理主义解释有局限性,只考虑实际机器,忽视了虚拟机,心灵可能是由许多台这样的抽象符号机(虚拟机)组成的,其中,只有最为基础的部分可通过脑组织物质形式例示说明。[④]

　　由于符号主义的发展"瓶颈"与方法局限性,行为主义应运而生。行为主义学派被认为是"基于控制论和'动作——感知'型控制系统的人工智能学派,也属于非符号处理方法",该学派强调智能是一种行为。[⑤] 麻省理工学院人工智能实验室主任罗德尼·布鲁克斯作为行为主义学派的代表,提出了"无须知识表示和推理的智能系

───────────

[①] 参见王天一:《人工智能革命:历史、当下与未来》,北京时代华文书局 2017 年版,第 8 页。

[②] 参见王天一:《人工智能革命:历史、当下与未来》,北京时代华文书局 2017 年版,第 9 页。

[③] 参见〔英〕玛格丽特·博登编著:《人工智能哲学》,刘西瑞、王汉琦译,上海译文出版社 2001 年版,第 180 页。

[④] 参见〔英〕玛格丽特·博登编著:《人工智能哲学》,刘西瑞、王汉琦译,上海译文出版社 2001 年版,第 11 页。

[⑤] 参见张智明:《人工智能技术及其哲学思考》,载《机电产品开发与创新》2007 年第 5 期。

统"的亚符号处理的行为主义方法,认为人工智能就是实现在机器人上复刻(或实现)与人类水平相当的智能表现为目标的广泛研究。[①] 传统 AI 研究的局限性在于过度依赖逻辑推理,这并不合理,基于行为实现的无机智能体(机器人)的表征是行为的展现,而不是符号与知识。布鲁克斯的目标是希望实现一种能根据环境反馈和简单状态需要而做出执行动作的行为机器人。同时,布鲁克斯认为,在建立智能系统最为庞大的部分之时,表征是抽象化智能的错误单元,假定智能是接近于某种特定的增长方式,其将伴随着对行为的严格依赖,即通过感知和行动去联结所处的现实环境。[②] 行为主义智能的终极形式是由彼时就职于洛斯阿拉莫斯国家实验室的克里斯托弗·兰顿(Christopher Langton)提出的人工生命,其认为所谓的生命或者智能实际上是从微观单元的相互作用而产生的宏观属性,这些微观单元既然可以是蛋白质分子,为什么不能是二进制符号形成的代码段呢?[③]

21 世纪以后,诸多的概念都被贴上"智能"的标签,与行为主义处于同一时期的联结主义学派再度崛起。联结主义的主要理论是神经网络模型和并行分布式处理理论,其中,神经网络模型是结合存储系统和二元系统的一种神经网络,同时可以模拟人类记忆。并行分布式处理理论假定心智是由神经网络中大量基本单元联结而成的,而人的智能实现是由神经元互相刺激和抑制的交互过程,而不是符号主义提出的那种逻辑上的串行操作而实现的。其突出的特点是认为作为智能存在的知识表征不再只是以数字化形式储存于特定的数据结构中,也不是以单一神经元形式处于神经网络的有

---

①　参见李建会:《论布鲁克斯的无表征智能理论》,载《自然辩证法研巧》2007 年第 7 期。

②　参见李建会:《论布鲁克斯的无表征智能理论》,载《自然辩证法研巧》2007 年第 7 期。

③　参见王天一:《人工智能革命:历史、当下与未来》,北京时代华文书局 2017 年版,第 10 页。

限环路中,而是以成双结对的联结方式分布于整个神经网络中。① 连接主义学派最主要的成果是人工神经网络技术。早在1943年,生理学家沃伦·麦卡洛克(Warren McCulloch)和数理逻辑学家沃尔特·匹兹(Walter Pitts)就提出了形式化神经元模型。他们提出的神经元形式化的数学描述和网络的结构方法,为人工智能创造了一条用电子装置模仿人脑结构和功能的新途径。②

　　不同的学派对人工智能都有着不同的理解,人工智能的概念也随着时间的推移而变化。经过超过半个世纪的发展,人工智能已经渡过了简单地模拟人类智能的阶段,发展为研究人类智能活动的规律,构建具有一定智能的人工系统或硬件,以使其能够进行需要人的智力才能进行的工作,并对人类智能进行拓展的边缘学科,涉及信息论、控制论、计算机科学、自动化、仿生学、生物学、心理学、数理逻辑和哲学等自然和社会科学。目前,关于人工智能概念的定义还没有达成一致,仅《人工智能:一种现代的方法》一书就从以往教科书中总结出以下八种定义:"使之自动化与人类思维相关的活动,诸如决策、问题求解、学习等活动""新的令人激动的努力,要使计算机能够思考,从字面上完整的意思就是:有头脑的机器""通过计算机模型的使用来进行心智能力的研究""对使得知觉、推理和行动成为可能的计算的研究""一种技艺,创造机器来执行人需要智能才能完成的功能""研究如何让计算机能够做到哪些目前人比计算机做得更好的事情""计算智能是对涉及智能体的研究""AI关心的是人工制品中的智能行为"。③ 人们所接受人工智能概念较早的是美国斯坦福大学著名的人工智能研究中心尼尔逊(Nilson)教授的定义,其将人工智能界定为"关于知识的学科——怎样表示知识以及怎样获

---

　　① 参见〔英〕玛格丽特·博登:《AI:人工智能的本质与未来》,孙诗惠译,中国人民大学出版社2017年版,第98—103页。
　　② 参见王天一:《人工智能革命:历史、当下与未来》,北京时代华文局2017年版,第11页。
　　③ 参见〔美〕罗素等:《人工智能:一种现代的方法》(第3版),殷建平等译,清华大学出版社2013年版,第2页。

得知识并使用知识的学科"①。侧重将人工智能与人相联结的观点如美国 MIT 大学的 Winston 教授，其认为人工智能就是研究如何使计算机去做过去只有人才能做的智能工作。② 英国萨塞克斯大学认知和计算机科学学院院长玛格丽特·博登（Margaret A. Boden）也持此种观点，其认为人工智能就是让计算机完成人类心智能做的各种事情。③ 宽泛的定义如维基百科，将人工智能界定为"机器展现出的智能"，即只要某种机器具有某种或某些"智能"的特征或表现，都应该算作"人工智能"。百度百科则将人工智能界定为"研究、开发用于模拟、延伸和扩展人的智能的理论、方法、技术及应用系统的一门新的技术科学"，认为人工智能是计算机科学的一个分支，研究包括机器人、语言识别、图像识别、自然语言处理和专家系统等。

## 第二节　人工智能与人类智能

对于人工智能的概念虽不能达成一致性意见，但是有必要将其与人类智能作相应的比较。"智能"究竟是什么，直到今天人类依然没有办法完全了解。一般来说，智慧的产生要经过从感觉到记忆再到思维的过程，而智慧的结果就是产生了行为和语言。人们将行为和语言的表达称为"能力"，而将这两者结合起来就是"智能"。智能作为智力和能力的表现，主要是感觉、记忆、思维、语言和行为在起作用。随着科学技术的发展，人类对自身大脑和神经的研究取得了一定的进展，这也让人类看到了解决"智能"问题的希望。但在现阶段，人类依然没有办法彻底搞清楚自身的神经系统是如何运作的，同时对于人类大脑的一些功能和原理也还没有认识清楚。不解

---

① 邹蕾、张先锋：《人工智能及其发展应用》，载《信息网络安全》2012 年第 2 期。

② 参见胡勤：《人工智能概述》，载《电脑知识与技术》2010 年第 13 期。

③ 参见〔英〕玛格丽特·博登：《AI：人工智能的本质与未来》，孙诗惠译，中国人民大学出版社 2017 年版，第 1 页。

决这些问题,人类就没有办法走向"智能"研究的未来。

　　人类科学家已经从不同的方向对"智能"展开了研究,同时也提出了许多关于"智能"的观点。现在我们所说的人工智能,正是基于人类对于"智能"现有的了解所开展的研究。世界著名教育心理学家霍华德·加德纳(Howard Gardner)在其"多元智能理论"中,将人类的智能划分为九个类别(语言、生存、自然探索、内省、人际、音乐、身体运动、空间和数理逻辑)。这些不同类别的智能分别代表着人类在不同方面的能力表现,当人类在某一方面的智能表现较为突出时,它便可以根据这一方面的能力,去从事相关方面的工作,这也会让它在工作中更加具有优势。在"多元智能理论"中,语言智能是指有效地运用口头语言和文字来表达自己的思想,或者理解他人的语言和思想。数理逻辑是指有效地计算、测量、推理,同时可以进行复杂的数学运算的能力。空间智能是指准确感知视觉空间和周围的一切事物,同时还能够以图画的形式将自己感觉到的形象表现出来。身体运动智能是善于用整个身体表达想法和感觉,同时用双手去生产和改造事物的能力。音乐智能表现为个人对音乐节奏、音调、旋律的敏感度,以及通过演奏和歌唱表现音乐的能力。人际智能是指能够有效地理解人际关系,并有与人交往的能力。内省智能主要是指认识自己,能够正确把握自己的长处和短处,从而进行相应的调整和改变的能力。自然探索智能表现为认识动植物和自然环境的能力。生存智能表现为对生命、死亡等问题的思考能力。多元智能理论将人类的智能划分为以上九类,人类对于人工智能的研究也是从这九类展开的。①

　　现阶段,我们可以看到市场上出现了聊天机器人、运动机器人、推理机器人和音乐机器人等不同类型的机器人,同时也出现了具备这些综合能力的机器人。而且在很多方面,这些机器人的能力已经

---

　　① 参见杨爱喜、卜向红等:《人工智能时代:未来已来》,人民邮电出版社 2018 年版,第16—18页。

超越了人类。但即使如此,这些机器人依然不能说是具有"智能"。以聊天机器人为例,在聊天方面,可以将"智能"问题转变为"机器能否理解语言"的问题。虽然聊天机器人能够与人类进行简单的对话,但是它们真的明白人类所说的话或自己所说的话是什么意思吗?它们真的理解人类的语言吗?人类借助抽象符号、使用语言描述世界、定义世界上的其他存在,人与人之间因为互相理解符号和语言所表达的意义,所以能够无障碍地交流。这一点对于机器人来说就显得十分困难了,虽然机器能够通过翻译程序将人类的语言翻译成计算机语言,但实际上这些机器并不懂得这些语言的意义。虽然人工智能机器人感知外部环境信息方面的能力不断提高,但是它们依然没有办法理解自己感知到的信息所表达的意义。当我们对人工智能机器人说一句话时,它可能会有几种不同的回答等待着我们,但它并不理解我们所说的内容,而是根据自己学习到的内容,作出了回答而已,也可以说这并不是通过它的思考而作出的回答。[①]

　　人类除了有感知,还有情感、意识,这也是人类智能中的一个重要部分。现阶段的人工智能往往是没有情感、意识方面的体验的。人类还可以根据自己对于未来的思考,合理规划自己的行动,整个过程体现着一种自觉性和主动性,而人工智能展开行动,往往是受到外力驱动的,或是根据程序来行动的。所以,在现阶段人工智能并不具有自觉性和主动性,也不会为自己规划一个更好的未来。人工智能只能对人类智能进行模拟,无论是语言还是行为,人工智能都很难超越人类智能。在我国,有学者将人类心智和认知划分为神经、心理、语言、思维、文化五个层级,从人类心智和认知的五个层级考察了人工智能与人类智能的差异,认为在人类心智和认知即人类智能的各个层级上,人工智能都是在模仿人类智能,并且都未能达到人类智能的水平;越是较高层级的认知,人工智能越是逊于人类

---

　　① 参见杨爱喜、卜向红等:《人工智能时代:未来已来》,人民邮电出版社 2018 年版,第 16—18 页。

智能,特别是在高阶认知这个层级上,即在语言、思维和文化层级上,目前人工智能是远逊于人类智能的。事实上,在高阶认知这个层级上,人工智能和人类智能这两种智能方式是截然不同的。①

## 第三节　强人工智能与弱人工智能

所谓弱人工智能,是指通过人类编写好的算法或者软件智能化地去解决和计算某些问题,这样的算法或软件只是采用一些智能化的计算工具,例如神经网络、专家系统、模糊逻辑等,而计算行为需要人为触发或控制。② 弱人工智能是不能真正实现推理和解决问题、不具有思维的智能机器,这些机器表面看像是智能的,但是并不真正拥有智能,也不会有自主意识,强调"人机交互"增强智能就属于弱人工智能范畴的内容。时至今日,日常生活和实践中的所有人工智能,都属于弱人工智能。早期,绝大多数研究者都陷入"用计算机取代人类"这一传统人工智能研究方向中,这种自上而下的定义与思考模式是主流。但是,有少数研究者开始另辟蹊径,采用自下而上的研究途径,试图从逐渐增长的数据量中寻找模式,这种方式几乎没有建立人脑模型,却造就了人类当前绝大多数,甚至几乎与计算机相关的认知系统。这一途径是当前弱人工智能的主要途径,这种弱人工智能是与传统人工智能 AI 相对,可以称为智能增强 IA。在智能增强的倡导者看来,计算机是冰冷的,从来都不懂什么人情冷暖,人类只是在大量重复、海量计算和海量记忆上逊色于计算机,人类在处理抽象化、情绪化、非逻辑性的问题上有着不可逾越的优势。当机器人变得足够复杂的时候,它们也不是仆人或主

---

① 参见蔡曙山、薛小迪:《人工智能与人类智能——从认知科学五个层级的理论看人机大战》,载《北京大学学报(哲学社会科学版)》2016 年第 4 期。

② 参见贺倩:《人工智能技术的发展与应用》,载《电力信息与通信技术》2017 年第 9 期。

人,通过人机交互,将机器擅长的这些事情交给计算机,就能很好地弥补我们的"短板"。按照"智能增强"这一概念,其内容和涉及的领域包括机器视觉、专家系统、智能工厂、智能控制、智能搜索、无人驾驶、语言识别、自然语言处理、图像识别、人脸识别及各类人体识别等,甚至如今基于神经网络模型、卷积神经网等时髦的"深度学习"也属于 IA,虽然这些都被主流传统人工智能 AI 的推崇者归为 AI 的范畴。主流的人工智能研究者和推崇者认为,智能增强 IA 不过只是人工智能 AI 发展历史的一个过渡阶段而已。①

　　强人工智能是指真正能推理和解决问题、具有思维的智能机器,这样的机器是有知觉与自我意识的。强人工智能在各个方面都能与人类媲美,有知觉和自我意识的强人工智能能够进行思考、计划、解决问题、抽象思维、理解复杂理念、快速学习等,对于人类能干的脑力活,它基本能胜任。② 强人工智能又可以分为两类:一类是类人的人工智能,即机器的思考和推理就像人的思维一样;二是非类人的人工智能,即机器产生了和人完全不一样的知觉和意识,使用和人完全不一样的推理方式。③ "强"从某种程度上可以界定为超越工具型智能而达到第一人称主体世界内容的涌现,还包括意向性、命题态度,乃至自由意志的发生。那么,这样的强人工智能是可能实现的吗?有的科学家、哲学家说永远不可能,有的则说近在咫尺。牛津大学人类未来研究院的院长波斯特姆(Nick Bostrom)试图从"人工智能、全脑仿真、生物认知、人机交互以及网络和组织"等路径分析强人工智能的几种可能的实现方式,他详细地评估了每种路径实现超级智能的可行性,指出若有足够先进的扫描技术和强大的计算机能力,即使只有很少的大脑理论知识也可以模仿全脑。他指

---

　　① 参见王骥:《新未来简史:区块链、人工智能、大数据陷阱与数字化生活》,电子工业出版社 2018 年版,第 208—211 页。
　　② 参见王春晖:《从弱人工智能到超人工智能 AI 的道路有多长》,载《通信世界》2018 年第 18 期。
　　③ 参见王骥:《新未来简史:区块链、人工智能、大数据陷阱与数字化生活》,电子工业出版社 2018 年版,第 208—211 页。

出,极端情况下,可以想象采用施罗丁格(即薛定谔)量子力学方程在基本粒子水平来模拟大脑。这样就可以完全依靠现有的物理学知识,而不用任何生物模型。这种极端案例说明,没有计算机技术和数据分析也可以制造人工智能。一个听起来更合理的仿真能力是将单个神经元和它们的连接矩阵合并,连带着它们的树状结构和每一个触突的变化状态。这虽无法模拟单个的神经递质分子,但是可以粗略地将它们的波动浓度模型化。为了评价全脑仿真的可行性,人们必须理解成功的评判标准。我们的目的不是精确模拟出一个大脑,用它来预测在受到一系列刺激后,原始大脑会作出何种反应。相反,我们的目的是获得足够多的计算机功能属性,以使最终得到的仿真可以进行智能工作。因此,真实大脑的很多复杂的生物学细节就无关紧要了。[①]

　　这种观点某种程度上会得到心智哲学和认知科学领域的"计算主义者""物理主义者"的赞同。他们认为,人的情感、意向、自由意志等以及意识与自我意识直接相关的内容,在牛顿力学框架下的物理因果关系模式已足具解释力,在人的第一人称主观世界与第三人称客体世界之间,也不存在最后的鸿沟。计算主义强调符号关系,它与其他版本的物理主义相比,主要是分析要素的不同,但这种不同无关宏旨。这是因为符号关系试图解释的,也是意识现象或心智事件的产生和关联的机理,而不是纯逻辑的关系。基于这种认知框架,他们倾向于认为,大脑的符号系统的状态,就是各个单一独立要素的神经元的激发/抑制状态聚合起来的某个区域的总体呈现。这也是波斯特姆认为"获得足够的大脑的计算机功能属性",就能最终使得仿真大脑进行智能工作的原因。[②]

　　另外,牛津大学的知名人工智能思想家尼克·博斯特罗姆

---

　　① 参见〔英〕尼克·波斯特洛姆:《超级智能:路线图、危险性与应对策略》,张体伟、张玉青译,中信出版社 2015 年版,第 37—45 页。
　　② 参见翟振明等:《"强人工智能"将如何改变世界——人工智能的技术飞跃与应用伦理前瞻》,载《人民论坛·学术前沿》2016 年第 7 期。

(Nick Bostrom)认为还会存在一种超强人工智能,超强人工智能在几乎所有领域都比最聪明的人类大脑要聪明很多,包括科学创新、通识和社交技能。① 当然,无论是强人工智能还是超强人工智能,其技术实现路径仍不明确,而且存在着激烈的伦理冲突,需要时间进一步观察研究。

## 第四节　人工智能的七个发展阶段

● 第一阶段:哲学、科幻和想象阶段(20 世纪 20 年代以前)

诚如 Bruce 所言,"人工智能应当寻迹到哲学、科幻作品和想象之中"②,但是最早的对人工智能的想象现在尚存争议③,哲学家很早就开始追寻智能的机器成为"自由的"(liberty)主体的条件、场景和应对。Descartes 强调"机器的人"是一种"暗喻"而非一种可能④,这仍停留在古典哲学对于人本质的追寻;Leibniz 从另一个角度看到了机器理性的另外一种可能:运用逻辑规则解决矛盾⑤;与他相似的是,Pascal 也设计出了机械算数,并将人类和机械均称为"算数者"⑥;Bonnot 和 Condillac 则运用宣示性的隐喻来探讨在什么程度上

---

① 参见〔澳〕托比·沃尔什:《人工智能会取代人类吗?》,闫佳译,北京联合出版公司 2018 年版,第 49 页。

② Bruce G. Buchanan, *A Brief History of Artificial Intelligence*, AI Magazine, 2006 (4), vol. 26, pp. 54.

③ See Pamela Mccorduck, Marvin Minsky, Oliver G Selfridge, Herbert A Simonm, *History of artificial intelligence*, international joint conference on artificial intelligence, 1977, pp. 951-954.

④ See R. Descartes, DE Smith, ML Latham, *The Geometry Of RenÉ Descartes: With A Facsimile Of The First Edition*, 1637, Dover Publications, 1999, p. 79.

⑤ See Pamela Mccorduck, Marvin Minsky, Oliver G Selfridge, Herbert A Simonm, *History of artificial intelligence*, international joint conference on artificial intelligence, 1977, pp. 951-954.

⑥ See Pamela Mccorduck, Marvin Minsky, Oliver G Selfridge, Herbert A Simonm, *History of artificial intelligence*, international joint conference on artificial intelligence, 1977, pp. 951-954.

能够称机械为"有智慧的"。①

科幻小说作家也极大地促进了具有智能的机械的发展,同时也促使我们思考人类自身的特性。19世纪的Verne和20世纪的Asimov是其中最著名的佼佼者,但是也不乏其他的科幻小说先驱,例如Frank Baum,他在1907年创造了一个机械人叫作TIktok,其能够即时反应、创造思想、完美演讲,除了必要的像人一样生存之外,它能够思考、说话、行为并且能够进行一切工作。这些作家也极大地启发了AI的研究人员。

在当时,也出现了很多社会整体观念意义上的"机械"样式的人类,例如犹太传统中的Golem,②他们普遍认为机器能够实施人类的行为,并且这种行为完全无须担心。由此可见,在早期的哲学、科幻和想象阶段,人工智能并没有形成物理性的、实践性的实体,并且体现出两重分野:第一重是结果意义上的,社会观念普遍将机器人与人类等同,类似于以前的"神",它们像人一样,只是地位上成为人所创造的、服从于人的;第二重是始源意义上的,哲学家先验性地规定了人工智能发展的三种路径:(1)人工智能只能模仿人所发现的人的特征和行为,(2)人工智能的运算能力和逻辑能力可以实质上等同于人,(3)人工智能的"智慧"形成应当有一定的自主性。令人遗憾的是,我国并没有在同时期出现这种倾向。

● 第二阶段:人工智能的诞生(20世纪20年代至50年代)

毫无疑问,社会观念意义上的人工智能发展路径缺少与科学和实业沟通的话语,因此人工智能的诞生大部分是遵从Lebniz、Hobbes、Descates这些哲学家、数学家、思想家的路径,其中,对数理逻辑(mathematical logic)的研究实质上促进了人工智能的产生。

---

① See Pamela Mccorduck, Marvin Minsky, Oliver G Selfridge, Herbert A Simonm, *History of artificial intelligence*, *international joint conference on artificial intelligence*, 1977, pp. 951-954.

② 16世纪希伯来传说中的有生命的假人。

Boole 的《思考的法则》(*The Laws of Thought*)①和 Frege 的《表意文字》(*Begriffsschrift*)等一系列作品奠定了数学进步的基础,Russell 和 Whitehead 则在 1913 年的《数学原理》(*Pricipia Mathematica*)中将其形式化。受前人影响,Hilbert 提出了这样一个基础性问题:"是否所有的数学原理都能够被形式化?"该问题被后来的 Gödel 的非完整性证明、Turing 的机器和 Church 的 Lambda 计算器所回答。以上发展过程说明了两点:第一,事实上,数学原理的形式化、外部化是可行的,不能实现的限制只来源于数学本身;第二,在数学原理的框架内,任何数学原理都能够被机械化。

除了数学原理的变迁之外,人工智能的诞生还受益于计算机科学的发展。计算机科学也受到数学原理发展的影响,在 19 世纪早期,Charles Babbage 设计了一个计算机程序,其虽然没有被创造出来,但是已经起到了先导性的作用;Ada Lvoelace 推测机器"可能估测和科学化地结构任何复杂性、任何层次的问题"。② 在以上猜想和尝试的推动下,二战之后,首批现代计算机井喷而出,例如 Z3、ENIAC、Colossus,使得计算机科学不断发展。

1943—1956 年,大量的科学家从不同的领域探讨创设人工大脑的可能性,他们分布于数学、哲学、工程学、经济学、政治学等不同的学科。在各个学科的交叉和相互作用之下,人工智能这一学科于 1956 年成为学术意义上的分野所在。其表现为:第一,网络和早期的神经网络,Norbert Wiener 创设了网络,将其作为一种运用电子网络控制和稳定的对象,Claude Shannon 的信息理论描述了电子信号的基础(例如 all-or-nothing 信号),Turing 的计算理论展现了任何形式的计算都能够数字化;第二,用于游戏的人工智能(Game AI),曼彻斯特大学的研究人员 Strachey 和 Prinz 基于 Ferra-

---

① See George Boole, John Corcoran, *The Laws of Thought*, Prometheus Books, 2015.
② Joyce Riha, Ada Lovelace: The First Computer Programmer, available at: https://iq.intel.com/ada-lovelace-the-first-computer-programmer/, last visited: 29 Now. 2020.

nti Mark 1 编写了一段可以进行棋类游戏的程序,在 1960 年左右,游戏 AI 已经能够挑战业余选手;第三,Turing 测试;第四,符号理论和"逻辑学家",Allen Newell 和 Herbert Simon 创造出"逻辑学家",证明了《数学原理》中 52 条公理中的 38 条,认为机械"具备了人脑的实质性特征"。经历了上述三个阶段的发展,1956 年达特茅斯大会上,McCarthy 劝说参与会议的学界同行接受"人工智能"这一概念,人工智能正式诞生。但很遗憾的是,中国仍旧缺席了本阶段的人工智能发展。

● 第三阶段:人工智能的黄金时代(1956—1974 年)

在已经具备了相应的学术基础和实践尝试的情况下,人工智能得到肯定,并且在达特茅斯大会之后产生了虽然简单但是震撼人的成果,正式进入了人工智能发展的"黄金时代",其具体表现如下:

(1)论证研究。论证是指为了验证某些目标或者假设,回溯性地考察每一种道路是否会走向适当的终局。这就是一个论证过程,其主要的困难点在于,一般有很多种论证路径能够实现同一个目标,将其剔除较为困难,因此,论证似乎并不可能为一个问题提出解决方案。Simon 和 Newell 努力去创设一种叫作"普遍问题解决者"的算法,其他的这种研究成果包括 SAINT、STRIPS 和 Shakey 等。

(2)自然语言。人工智能研究的一个重要目标是让计算机之间能够运用自然语言交流,就像英语一样。早期成功的标志是 Bobrow 的 STUDENT,其能够解决高中的几何学问题。此后又发展出了语义学网络,其将概念视为节点、语句视为节点之间的关系。Quillian 进行了第一个用于 AI 的语义学网络,Schank 发展出了概念性依赖理论,而最为成功的则是 ELIZA,如图 1.1 所示。

(3)微世界(Micro-Worlds)。Minsky 和 Papert 主张人工智能应当

图 1.1　一个语义学示例图①

聚焦于简单的情形,即所谓的微世界。他们从学术的角度出发,认为人工智能应当像成功的物理学一样,基于简单的、完美的、理想的例证得以发展,即所谓"阻断的世界"。后来发展出程序 SHRDLU,其能够用简单的英语进行日常的交流、计划工作并且加以执行。

这一阶段被称为人工智能的黄金时代,诸多学者都作出了预测,认为 10 年、20 年甚至 80 年以内,完全与人类智力水平一样的机械就能够被发明出来。而这一领域获得的投资也日益增多、相关的比赛相继举办。中国也很遗憾地错过了这一黄金时代。

● 第四阶段:第一次人工智能的"寒冬"(1974—1980 年)

这个阶段人工智能遇到了"瓶颈"和批判,实际上有很多人工智能研究人员并不能解决他们面临的困难问题,在被寄予厚望的同时,他们过分乐观的承诺一再落空,大量的投资也被撤回。同时,连接主义的范畴被叫停接近 10 年,因为 Minsky 对其毁灭性的批判。尽管如此,仍旧有逻辑程序、普遍感知论证和其他领域的新观点被提出:

(1)人工智能"寒冬"面临的问题:计算机能力不足。当时,人工智能的困难大多是因为计算机自身能力的弱势,计算机计算次数、内存大小、计算速度以及高额成本等问题阻碍了人工智能的发展。

① See Collins A, Quillian M. R. , *Retrieval time from semantic memory*, Journal of Verbal Learning and Verbal Behavior, 1969, 8(2), pp. 240-247.

（2）可质疑论证和组合性论证。Karp 指出某些问题只能在很多种语义键入之时才能够得以解决，因此，寻找出一种可行的出路对于当时的计算机计算能力而言是不可能的，这也就造成了当时计算机提出的方案仿佛是玩具提出的方案一般的现象。

（3）常识性知识及其论证。许多重要的人工智能应用于视觉或者自然语言，这要求运用世界上大量的数据，并且要有大量的类似的案例。研究人员后来发现了这是一种极大规模的数据，当时并没有能力建设这一庞大的数据库。

此外，人工智能还面临着其他的问题，诸如莫拉维克悖论和一些框架性的问题。结合人工智能领域的投资日益减少，人工智能领域的项目已经很少在继续进行。其他领域的专家也对人工智能进行了强有力的批判，如哲学上的批判、人类学上的批判、传播学上的批判等，但是这些批判被人工智能专家认为是不重要的，因为与他们的学术领域相差还是太远，不同学科之间的对话"沟壑"日益扩大。

● 第五阶段：人工智能大爆炸（1980—1987 年）

20 世纪 80 年代，人工智能领域聚焦"专家系统"（expert system），这也被大量的企业、单位所采用，同时连接主义也开始复兴，这主要归功于 Hopfield 和 Rumelhart 的作品，人工智能又一次取得了成功。

"专家系统"早期由 Edward Feigenbaum 所创设，于 1965 年为 Dendral 所定义。1972 年，MYCIN 被制造，用于识别血液传染病，从此这种路径被认为是可行的。早期的专家系统严格限制于具体的、小的领域，因此这些程序建立起来相对容易，并且被证明是确实起到效用的。20 世纪 80 年代，专家系统 XCON 诞生，它自 1986 年开始每年为 CMU 公司节省了 40 万美元的开支，这惹得其他企业的眼红，并且开始在人工智能领域注入资金。1981 年，日本政府注入大量资金开创第五代计算机项目，英国政府、美国政府也投入其中，人工智能的发展逐步走上正轨。

　　"专家系统"的成功也产生了知识层面的转型,越来越多的人工智能开始走向"预测性的",而不是再一味地进行模仿人类的工作。另外,用于支撑人工智能领域的计算机科学、数据库知识等也开始不断发展。这种知识转型使人工智能在学术领域上逐步扎根。

　　连接主义此时也开始复兴,运用反向传播理论,一种新的训练学习的方式被提出,其最早的尝试是 Hopfield 网络完成的,后来 Rumelhart 和 McClelland 主编的论文集《平行分布式处理》(*Parallel Distributed Processing*)使神经网络这个概念在 20 世纪 90 年代取得了极大的成功,这也催生了特征识别和语音识别技术的发展。

　　● 第六阶段:人工智能的第二次寒冬(1987—1993 年)

　　就像是第一次人工智能"寒冬"的"幸存者"一样,他们口中的"寒冬"是指资金的撤出,在 1987 年又出现了大规模的人工智能的撤资:首先,人工智能硬件市场的突然"崩塌",苹果公司和 IBM 在 1987 年以前平稳发展,但是由于过分乐观,他们设计出虽然更加有力但是十分昂贵的硬件设施,在市场上却失败了。其次,早期的专家系统一方面使企业不断节省资金,但另一方面企业也要花费大量的资金进行维护和更新,尤其是专家系统不能像人一样学习,从而无法适应时代的变化和发展。但是,在另外一个层面,人工智能寻求突破的呼声日益加强,又回归到人工智能第一次"寒冬"之前的状况,即人工智能一定要具有人形并且能够像人一样。

　　● 第七阶段:1993 年至今

　　当前的人工智能已经远远超出以前的范畴,并且已经实现了早期的大量的目标,其在科技领域的运用日益增多。值得一提的,是我国也加入了这一过程,并且在特定领域,人工智能的运用和发展水平已经处于国际前列。

## 第五节  人工智能发展中的里程碑事件

人工智能的历史沿革实现了从模糊、不可预测到具体、可以运用的状态的转变，而当前状态的抵达也是21世纪初期的事件。世纪之交的1999年，Rodney出版了《寒武纪的智能：新AI的早期历史》（*Cambrian Intelligence：The Early History of the New AI*）①，其中提到三个重要的层面：第一个层面是总括性的，即未来的人工智能将是人类行为导向的；第二个层面是在现实化的世界中，人工智能是存在感觉的，它们与人类一起交织成当前的世界；第三个层面是去中心主义的，机器人离开原本的中心控制系统，而成为一个个小的、具体的、完整的个体。根据丹佛大学的研究成果，人工智能历史上的大事，见表1.1。

**表 1.1  人工智能发展大事件**

| 时间 | 事件名称 |
|---|---|
| 1308 年 | 加泰罗尼亚诗人和理论家 Ramon Llull 出版了《最终普遍艺术》（*Ars Genealis Ultima*），进一步完善了他基于纸张的机械方法，意图从概念的结合中创造新的知识。 |
| 1666 年 | 数学家和哲学家 Gottfried Leibniz 出版了《论结合性艺术》（*Dissertatio de arte combinatoria*），遵循了 Ramon Llull 促进人类思维系统化的进路，并且批判所有的观念只是对一些简单的相关概念的结合而已。 |
| 1763 年 | Thomas Bayes 发展出了论证可能事件的框架，贝叶斯推断（Bayesian Inference）将成为机器学习中具有引导性的方法。 |
| 1898 年 | 在一场举办于近期建成为麦迪逊广场花园之外的电子展览中，Nikola Tesla 发布了世界上第一个电波控制的船，他形容道，这艘船装备有"借来的思维"（a borrowed mind）。 |

---

① See Rodney A. Brooks, *Cambrian Intelligence：The Early History of the New AI*, MIT Press, 1999.

（续表）

| 时间 | 事件名称 |
|---|---|
| 1914 年 | 西班牙工程师 Lenardo Torres y Quevedo 发布了第一个下棋的机器,其能够在不需要任何人力介入的情况下进行完整的棋局或者残局。 |
| 1921 年 | 捷克作家 Karel Capek 在他的舞台剧《罗梭的万能工人》(Rossum's Universal Robots, R. U. R)中引入了语词"机器人"(Robot),该词语的来源是捷克语"Robota"(意为"工作")。 |
| 1925 年 | Houdina 电子控制中心出品了一台雷达控制的无人驾驶汽车,其完成了在纽约街道的行驶。 |
| 1927 年 | 科幻电影 Metropolis 出品,它讲述了一个农家女孩的替身机器人 Maria 造成了 2026 年柏林的大混乱,这是第一部描述机器人的电影,影响了 Star War 中 C-3PO 的艺术形象创作。 |
| 1929 年 | Makoto Nishimura 设计了"学天则"(*Gakutensoku*, Learning From The Laws Of Nature),其是日本第一个机器人。它能够改变面部表情,并且通过空气动力装置转动自己的头和手。 |
| 1943 年 | Warren S. McCulloch 和 Walter Pitts 在《数学生物物理学通报》(Bulletin of Mathematical Biophysics)杂志上发表了《神经活动中的逻辑运算》(*A Logical Calculus of the Ideas Immanent in Nervous Activity*),这篇具有影响力的论文讨论了形成思想的、简单的人工"神经元"(neuron)的网络,后来变成了基于计算机的"神经网络"(以及后来的"深度学习")和"大脑模仿者"这一流行表述的滥觞。 |
| 1949 年 | Edmund Berkeley 出版了《巨脑:或者思考的机器》(*Giant Brains: Or Machines That Think*),他写道:"这些机器就像是大脑,只是这些大脑是由硬件和线组成的,而不是血肉和神经⋯⋯它能够计算、得出结论和作出选择;它能够在信息供给的情况下作出合理的操作,因此,一台机器,可以思考。" |
| 1951 年 | Marvin Minsky 和 Dean Edmunds 制造了 SNARC(随机神经模拟增强计算器,Stochastic Neural Analog Reinforcement Calculator),这是世界上第一个人造的神经网络,运用了 3000 个真空管架设了 40 个神经元构成的网络。 |
| 1959 年 | John McCarthy 发表了《常识程序》(*Programs with Common Sense*)一文,其中他设计了建议提供者(the Advice Taker),这是一个通过在形式语言中操作语句来解决问题的程序。 |

（续表）

| 时间 | 事件名称 |
|---|---|
| 1961 年 | James Slagle 发展了 SAINT(符号自动积分器,Symbolic Automatic IN-Tegrator-1961),这是一个用于解决大一新生计算中遇到的符号整合问题的具有启发性的程序,该程序"从新生的学习经历中学习,变得像人类一样高效"。 |
| 1961 年 | Unimate,第一个工业性的机器人,正式投产于新泽西州通用公司的集装生产线。 |
| 1964 年 | Daniel Bobrow 在 MIT 的博士论文题为《计算机问题解决系统的自然语言输入》(*Natural Language Input for a Computer Problem Solving System*),创设了 STUDENT 程序,这是一个自然语言理解的计算机程序。 |
| 1965 年 | Herbert Simon 预测"在 20 年内,机器能够做任何人能够做的工作"。 |
| 1965 年 | Hubert Dreyfus 出版了《点金术和人工智能》(*Alchemy and AI*),讨论了思维并不像是计算机,存在 AI 无法逾越的限制。 |
| 1965 年 | I. J. Good 在《关于第一台超级智能机器的推测》(*Speculations Concerning the First Ultraintelligent Machine*)中提及"第一台超级智能机器将是人类所做的最后一个发明,假设这台机器是足够温顺的,能够告知我们如何将其置放于支配之下"。 |
| 1965 年 | Joseph Weizenbaum 建设了 ELIZA,它是一个交互程序,能够用英语在任何主题中进行对话。Weizenbaum 想使人与机器之间进行更加表面化、日常化的对话,他也惊讶于那些将自己的感情托付于机器的人。 |
| 1965 年 | Edward Feigenbaum, Bruce G. Buchanan, Joshua Lederberg 和 Carl Djerassi 开始在斯坦福大学的 DENDRAL 项目工作。作为第一个专家系统,其能够在医药组织领域自动进行决策和问题解决,其基于一般的学习信息原理,创设了一个实证性的科学的入门模型。 |
| 1966 年 | Shakey 的机器人是第一个日用型的移动机器人,它能够合理安排自己的行动。在一本 1970 年的生活杂志中,Shakey 的机器人被描述为"第一个电子人"。Marvin Minsky"确信地"引用了这个说辞:未来 3 年到 8 年内,我们将会拥有一个具有正常人类智力水平的机器。 |
| 1969 年 | Arthur Bryson 和 Yu-Chi Ho 将反向传播(back propagation)视为多领域活跃系统的积极类型的方式,适用一个学习算法建立一个多层次的人工智能网络,这已经极大地促进了 21 世纪前十年深度学习的成功,尤其是在计算机能力已经允许大型的网络运行的情况下。 |

（续表）

| 时间 | 事件名称 |
|---|---|
| 1970 年 | 第一个人形机器人,WABOT-1,在日本的早稻田大学诞生。它由肢体控制系统、视觉系统和对话系统组成。 |
| 1972 年 | MYCIN 是早期的专家系统,用于识别造成严重传染疾病的细菌并且提供药物的建议,这是由斯坦福大学开发完成的。 |
| 1976 年 | 计算机科学家 Raj Reddy 出版了《机器语音识别:一个回顾》(*Speech Recognition by Machine*：*A Review*),总结了早期自然语言过程的工作。 |
| 1978 年 | XCON 计划,建立了一个根据消费者需求辅助决策的系统。 |
| 1979 年 | Stanford Cart 项目组成功建立了不需要人类介入的、只需要花费五个小时就能把一间屋子装满椅子的程序,变成了最早的自动驾驶汽车的模型。 |
| 1980 年 | Wabot-2 在早稻田大学诞生,这是一个能与人类交流的音乐机器人,能够阅读乐谱并且在仿生器官上演奏一般难度的音乐。 |
| 1981 年 | 日本国际贸易和工业厅投资 8 500 000 000 美元,开启第五代计算机计划。该项目旨在创造能够会话、翻译、插入图片以及像人类一样争辩的计算机。 |
| 1986 年 | 第一辆无人汽车,梅赛德斯奔驰的卡车配备有摄像头和感应器,在空无一物的街道上行驶至 82.5 公里/小时。 |
| 1986 年 | David Rumelhart,Geoffrey Hinton 和 Ronald Williams 出版了《逆向传播错误的学习案例》(*Learning Representations by Back-propagating Errors*),在其中他们描述了"一个全新的学习过程,逆向传播,能够形成神经网络"。 |
| 1987 年 | 苹果公司 CEO,John Scuuley 在 Educom 发表演讲,描述未来是"知识应用将会被网络上连接大量的、数字化的信息的小型主体所完成"。 |
| 1988 年 | Rollo Carpenter 创造出聊天机器人 Jabberwacky 用于"模仿自然人进行有趣、娱乐和幽默的对话",这是一个意图在人类交互场景下进行的早期的创设人工智能的尝试。 |
| 1990 年 | Rodney Brooks 出版《大象不会下棋》(*Elephants Don't Play Chess*),推动了一条新的通往 AI 的道路,通过搭建智能系统来创设特殊机器人,这将从底层意义上与人类进行文娱活动。 |

（续表）

| 时间 | 事件名称 |
|---|---|
| 1993 年 | Vernor Vinge 出版了《奇点来临》(*The Coming Technological Singularity*)，其中预言道，"30 年内，我们将有足够的技术创设超级智能；到时候，人类纪元将会结束"。 |
| 1995 年 | Richard Wallace 创造聊天机器人 A. L. I. C. E，其基于自然语言处理模型，能够联网接收数据。 |
| 1997 年 | 世界上第一台击败围棋冠军的电脑"深蓝"问世。 |
| 1998 年 | Yann LeCun, Yoshua Bengio 和其他的一些公开发表的论文谈论到手写识别和优化反向传播的神经网络。 |
| 2000 年 | MIT 创造了 Kismet，它是一个能够识别和模仿感情的机器人。 |
| 2000 年 | 日本本田技研工业株式会社创造了 ASIMO 机器人，作为一个人形机器人，它走路能够像人一样快，并且能够在饭馆中给人上菜。 |
| 2004 年 | 首届 DARPA 大奖赛举办，这是为自动驾驶创办的比赛，但是没有任何一辆自动驾驶汽车完成了 241.4 公里的路段。 |
| 2006 年 | Oren Etzioni, Michele Banko 和 Michael Cafarella 创造出"机器阅读"(machine reading)这一词汇，定义了非监督的"自动理解文本"。 |
| 2006 年 | Geoffrey Hinton 出版了《多层次表示学习》(*Learning Multiple Layers of Representation*)，总结出一种深度学习的新路径。 |
| 2007 年 | Fei Fei Li 和他在普林斯顿大学的同事开始聚合 ImageNet，这是一个巨型的数据库，用于给图片做注解，辅助搜索软件中的视觉识别系统。 |
| 2009 年 | Rajat Raina, Anand Madhavan 和 Andrew Ng 出版了《运用图形处理器的大规模深度非监督学习》(*Large-Scale Deep Unsupervised Learning Using Graphics Processors*)，讨论到"现代的图形处理器功能远超多核心数字计算 CPU，并且实质上能够引发深度非监督学习路径的变革"。 |
| 2009 年 | Google 秘密开发无人驾驶汽车，2014 年，开发出第一台通过 Nevada 州自主道路测试的无人驾驶汽车。 |
| 2009 年 | 西北大学的计算机科学家创造了 Stats Monkey，这是一个不需要人类介入就能够写作体育新闻的程序。 |
| 2010 年 | ILSVCR 启动。 |

（续表）

| 时间 | 事件名称 |
|---|---|
| 2011 年 | Waston 是一个自然语言问答计算机,在 Jeopardy! 游戏中击败了两位前世界冠军。 |
| 2012 年 | Jeff Dean 和 Andrew Ng 报道了他们的实验,他们在大量的、没有标签化的 Youtube 视频中建立了巨型的神经网络,"出乎意料的,是其中一个神经网络学习了如何准确地识别猫"。 |
| 2012 年 | 多伦多大学建立了一个识别错误率仅有 16% 的程序,正确率较之前提升了 10%。 |
| 2016 年 | AlphaGo 击败李世石。 |
| | TBD |

# 第二章　当前人工智能的技术构成、全球产业发展状况和场景

## 第一节　人工智能技术的三要素

从技术的社会效应上反观,时下应用中的人工智能技术主要由以下三个要素关联构成一个整体:

一是数据和大数据。数据就是用计算机语言对真实世界的事实或观察的结果的描述和表达,是对客观事物的逻辑归纳,是用于表示客观事物的未经加工的原始素材。① 随着计算机和互联网在社会生产生活中的广泛应用,表示事物的数据走出有限场景和应用主体,变得越来越丰富,以至于拥有近乎可以真实表达人类世界全景的趋向,如此产生了当下的大数据。②

二是算法。计算机可以执行的基本操作是以指令的形式描述的,而算法就是通过对数据对象进行运算从而进行操作的指令性方案,是解决问题的一系列清晰指令,代表着用系统的方法描述解决问题的策略机制。算法实际体现的是设定的计算机运行系统中的数据关系,而这些关系的确认就是要通过各种运算形式计算来实施解

---

① 参见百度百科网(https://baike.baidu.com/item/%E6%95%B0%E6%8D%AE/5947370),访问日期:2019 年 6 月 22 日。
② 参见〔英〕维克托·迈尔-舍恩伯格、〔英〕肯尼思·库克耶:《大数据时代:生活、工作与思维的大变革》,盛杨燕、周涛译,浙江人民出版社 2013 年版,第 27—67 页。

决,而算法中的指令描述实际上也就是这些计算。① 机器学习"是对能通过经验自动改进的计算机算法的研究",是计算机具有智能的根本途径。② 深度学习是机器学习的一个新领域,其动机在于建立模拟人脑进行分析学习的神经网络,它模仿人脑的机制来解释数据③。

三是算力。算力指的是实现 AI 系统所需要的硬件计算能力。半导体计算类芯片的发展是 AI 算力的根本源动力。摩尔定律在计算芯片领域依然适用,是因为图形处理器(GPU)的迅速发展,弥补了通用处理器(CPU)发展的趋缓。对于 AI 系统来说,浮点运算和内存是更直接的算力指标,GPU 无论是在计算能力还是在内存访问速度上,近 10 年发展远超 CPU,很好地应对了 CPU 的性能发展"瓶颈"问题。

另外,需要说明的是,互联网是人工智能技术的运行环境和条件。互联网技术(Internet Technology)指在计算机技术的基础上开发建立的一种信息技术。互联网技术的普遍应用,是进入信息社会的标志。互联网经历了从 PC 互联网到移动互联网的发展过程,时下物联网技术也正在深入开发并逐步广泛应用。移动互联网(Mobile Internet,MI)是一种通过智能移动终端,采用移动无线通信方式获取业务和服务的新兴业务,包含终端、软件和应用三个层面,就是将移动通信和互联网二者结合起来,成为一体,是互联网的技术、平台、商业模式和应用与移动通信技术结合并实践的活动的总称。移动互联网的广泛应用,加之各种智能技术的加速发展与社会需求,极大地促进物联网技术开发并逐步广泛应用。云计算是互联网相关技术和强大功能在时下的典型展现。

---

① 参见百度百科(https://baike. baidu. com/item/%E7%AE%97%E6%B3%95),访问日期:2019 年 6 月 22 日。

② 参见百度百科(https://baike. baidu. com/item/%E6%9C%BA%E5%99%A8%E5%AD%A6%E4%B9%A0),访问日期:2019 年 6 月 22 日。

③ 参见百度百科(https://baike. baidu. com/item/%E6%B7%B1%E5%BA%A6%E5%AD%A6%E4%B9%A0/3729729),访问日期:2019 年 6 月 22 日。

## 第二节　人工智能的主要特征

大数据、云计算等技术快速发展，为人工智能发展提供了丰富的数据资源，协助训练出更加智能化的算法模型。人工智能的发展模式也从过去追求"用计算机模拟人工智能"，逐步转向将机器、人、网络结合成新的群智系统，以机器与人结合而成的增强型混合智能系统，以机器、人、网络和物结合成的更加复杂的智能系统。同时，人工智能也与传统商业模式深度结合，推动新的商业模式产生。人工智能有以下主要特征。

● 以大数据为基石

随着新一代信息技术的快速发展，互联网应用于各行各业；随着累积数据量的增大，计算能力、数据处理能力和处理速度实现了大幅提升。在海量数据中，量化的价值并不体现在狭义的精确定量关系中，而是确定事物背后的运转规律，其出发点不是消除不确定性而是减少不确定性。这一轮人工智能的进步，与以往尝试模拟人类思维方式不同，主要基于统计学和概率论的原理，因此，数据的质量与数量的提升就变成了制胜的关键。数据之于智能社会，就如同能源之于工业革命，大数据就是未来智能世界的新"口粮"。基于概率与统计的人工智能算法，尤其是目前如日中天的深度神经网络（Deep Neural Network，DNN），依靠的就是大量的数据。如果把这种人工智能当作幼儿的话，这个幼儿的健康成长，需要富有营养的食品，如果吃不饱或吃不好，那这个幼儿是长不好的，甚至会中途夭折。所以，虽然人们的关注目标都是人工智能，但成功关键却在于数据。[1] 例如，在被输入30万张人类对弈棋谱并经过3千万次的自

---

[1] 参见韦青：《万物重构：智能社会来临前夜的思索》，新华出版社2018年版，第26—30页。

我对弈后，人工智能 AlphaGo 具备了媲美顶尖棋手的棋力。人工智能离不开深度学习，通过大量数据的积累探索，机器必将在任何单一的领域超越人类。而人工智能要实现这一跨越式的发展，除了计算能力和深度学习算法的演进，大数据更是助推深度学习的高能燃料。离开了大数据，深度学习就成了无源之水、无本之木。深度学习的实质，是通过构建具有很多隐层的机器学习模型，输入海量的训练数据，来学习更有用的特征，从而最终提升分类或预测的准确性。从本质上来看，深度学习只是手段，特征学习才是目的。为了更加精确地学习特征，深度学习引入了更多的隐藏层和大量的隐层节点；明确突出了特征学习的重要性。也就是说，通过逐层特征变换，将样本在原空间的特征表示变换到一个新特征空间，从而使分类或预测更加容易。与人工规则构造特征的方法相比，利用大数据来学习特征，更能够刻画数据的丰富内在信息。根据联结主义学派的观点，机器的深度学习借鉴的正是人类的学习，训练的过程也是智能形成的必由之路。如今，大数据就扮演着这一重要的"训练"角色。大数据的飞速发展，让深度学习拥有了无比丰富的数据资源，从而完成特定功能的"训练"。①

　　大数据除了本身是人工智能的"口粮"外，大数据技术及其背后所蕴藏的大数据思维，也是人工智能的哲学方法论研究的一条新的出路，并且在技术上也是一种可实践的进路。大数据基础上的量化与其说是方法的进化，不如说是观念的改变。传统的人工智能在解决人类认知的问题时，把人类的认知理解成为一种精确的、可以在逻辑上分析的计算机信息语言，这种研究思路的优势表现在把哲学问题、思维推理加以具体化、可操作化，哲学术语被还原为科学术语，真正实现了人工智能研究的科学化，保证了针对人类认知研究理论的有效性。采用这种计算机信息模拟以及严格逻辑推理的方

① 参见王天一：《人工智能革命：历史、当下与未来》，北京时代华文书局 2017 年版，第 28 页。

法来展开研究,虽然实现了对人类智能、语言、行为在认知过程中的简单模拟,但是在涉及人类复杂的情感、动机以及语境问题方面遇到了不可回避的认知难题,这样就需要一种新的科学研究进路。大数据技术的广泛应用,不仅在技术实践领域取得了巨大的成就,而且在人类哲学思维层面孕育出了多样化的、有价值的认知思维,这些思维在解决人工智能认知难题方面提供了独特的研究进路。其中,信息数据化的认知思维以及大数据溯因(逆推)认知思维为人工智能具有分析综合、判断推理等如同人类大脑一样的思维能力提供了可能性。另外,大数据分层、演化模拟范式与传统的符号主义、连接主义以及行为主义范式相互补充发展,从而使大数据思维的方法论意义在人工智能的研究中更加突显出来。同时,大数据思维在解决意向性这一难题上提出了层级结构数据模拟的研究进路,从而为句法和语义的转换提供了理论可能。[1]

● 群体智能萌芽

当前,以互联网和移动通信为纽带,人类群体、大数据、物联网已经实现了广泛和深度的互联,使人类群体智能在万物互联的信息环境中日益发挥重要作用,由此深刻地改变了人工智能领域,如基于群体编辑的维基百科、基于群体开发的开源软件、基于众问众答的知识共享等。这些趋势表明人工智能已经迈入了新的发展阶段,新的研究方向和新范式已经逐步显现出来,从强调专家的个人智能模拟走向群体智能,智能的构造方法从逻辑和单调走向开放和涌现,智能计算模式从“以机器为中心”走向“群体计算回路”,智能系统开发方法从封闭和计划走向开放和竞争。在互联网环境下,海量的人类智能与机器智能可以相互赋能增效,形成人、机、物融合的“群智空间”,以充分展现群体智能。

群体智能具有如下特点:首先,控制是分布式的,不存在中心控

---

[1]　参见刘伟伟、原建勇:《人工智能难题的大数据思维进路》,载《新疆师范大学学报(哲学社会科学版)》2018 年第 2 期。

制。因而它更能够适应当前网络环境下的工作状态,并且具有较强的鲁棒性,即不会由于某一个或几个个体出现故障而影响群体对整个问题的求解。其次,群体中的每个个体都能够改变环境,这是个体之间间接通信的一种方式,这种方式被称为"激发工作"(Stigmergy)。由于群体智能可以通过非直接通信的方式进行信息的传输与合作,因而随着个体数目的增加,通信开销的增幅较小,因此,它具有较好的可扩充性。再次,群体中每个个体的能力或遵循的行为规则非常简单,因而群体智能的实现比较方便,具有简单性的特点。最后,群体表现出来的复杂行为是通过简单个体的交互过程凸现出来的智能(Emergent Intelligence),因此,群体具有自组织性。① 在信息革命和奇点临近的时代,利用群体智能的有效性和优越性规避人类不必要的错误和灾难,并从新的数字技术和互联网技术中获得更多的资源,发展具有超越性的人工群体智能,不但有助于"智能爆炸"的大背景下机器智能的发展,同时也有利于人性的进化。目前已经开发出来的人工群体智能模型注重兼容符号主义和联结主义两大范式的优势,吸收符号主义重逻辑、联结主义重概率的特点,实现了基于符号规则的预测和基于自主学习与反馈的强化之间适度的传递和巧妙的合作,实质提高了包含人机交互的人工群体智能体的整体水平。②

另外,人工群体智能反映了智能的层级结构假设。越深入地了解智能生物和组织,就越能发现智能的结构与层次。在经典人工智能和认知科学文献中,智能的层级从数据到信息再到知识、判断,最后是智慧。随着每一步的递进,智能会变得越来越复杂和难以模拟。高级的智能思维往往不具有普遍的形式,更受语境的约束。我们所认识到的最高的智慧并不是将标准化的规则和算法应用于不同类型的问题,而是理解特定地点、民族和时代的特定性质的实践

---

① 参见张燕、康琦、汪镭、吴启迪:《群体智能》,载《冶金自动化》2005 年第 3 期。

② 参见郁锋:《人工群体智能的超越性及其困境》,载《南京社会科学》2018 年第 5 期。

智慧。在发挥人类专家智能的认知实践中,理解群体智能,更重要的在于理解人与人、人与机器、组织和网络是如何融合在一起的。例如,有些用于健康风险评估和诊断的人工群体智能系统将个人的数据反馈链接到人机网络中。它们使用机器智能来诊断病人,并实时校准病人与专家团队及数据库之间的信息。目前,强有力的证据表明,计算机可能会在这些复杂的信息处理和交换的任务中比单个专家和专家团队熟练得多。①

目前,人工群体智能的研究主要集中在具体算法的优化努力上,对于复杂世界中群体智能模型构成的统一规则和伦理规范并没有足够的认识。尤其是群体认知责任的归属、群体信息共享中的隐私保护等问题,这些比传统人工智能的伦理和安全问题更为复杂,亟待法学、伦理学、政治学的学者们与人工智能专家携手进行跨学科的研究。

● 混合智能出现

混合智能是一种双向闭环系统,是既包含人又包含机器组件的增强型智能,其中,人可以接受机器的信息,机器也可以读取人的信号,两者相互作用,互相促进。因为人类智能在感知、推理、归纳和学习等方面具有机器智能无法比拟的优势,机器智能则在搜索、计算、存储、优化等方面领先于人类智能,因此,人类智能与机器智能具有很强的互补性。人与计算机相互协同、取长补短,最终形成一种新的"1+1>2"的增强型智能。可以说,在人与机器之间实现信息的高效共享,从而最大限度地结合生物脑和计算脑的优势,最终形成超越"人的智能"和"人工智能"的高级混合智能,将是塑造未来社会形态的颠覆性技术之一,也将为未来的医疗、教育等领域带来根本性变革。人机混合智能将以突破新一代具有神经环路特异性的高速闭环脑机接口为切入点,进行人机信息共享和处理资源的优

① 参见郁锋:《人工群体智能的超越性及其困境》,载《南京社会科学》2018年第5期。

化配置,使人脑与计算机之间可进行大带宽直接通信,极大提升人脑的感知、认知、学习、记忆等核心能力,实现人脑对于外骨骼机器人等外部设备的自由支配,从而实现高级混合智能,这将是未来的主流智能形态。[1]

混合智能形态是人工智能可行的、重要的成长模式。人是智能机器的服务对象,是"价值判断"的仲裁者,人类对机器的干预应该贯穿于人工智能发展的始终。例如,在产业风险管理、医疗诊断、刑事司法中应用人工智能系统时,需要引入人类监督,允许人参与验证,以最佳的方式利用人的知识和智慧,最优地平衡人的智力和计算机的计算能力。另外,混合智能有望在产业发展决策、在线智能学习、医疗与保健、人机共驾和云机器人等领域得到广泛应用,并可能带来颠覆性变革。举例来说,在产业发展决策和风险管理中,利用先进的人工智能、信息与通信技术(ICT)、社交网络和商业网络结合的"混合智能"形态,创造一个动态的人机交互环境,可以大大提高现代企业的风险管理能力、价值创造能力和竞争优势。在教育领域,人工智能可以使教育成为一个可追溯、可视的过程。未来教育场景必然是个性化的,通过学生与在线学习系统的交互,形成一种新的智能学习方式。在线学习"混合智能"系统可以根据学生的知识结构、智力水平、知识掌握程度,对学生进行个性化的教学和辅导。在医疗领域,因为医疗关系人的生命健康,人们对错误决策的容忍度极低,人类疾病也很难用规则去穷举,所以需要医生介入其中,发展人机交互的"混合智能"系统。[2]

● 自主智能系统崛起

随着生产制造智能化改造升级的需求日益凸显,通过嵌入人工智能系统对现有的机械设备进行改造升级成为一种趋势。人工智

---

[1]　参见于汉超、汪峰、蒋树强:《中国人工智能发展的若干紧要问题》,载《科技导报》2018 年第 17 期。

[2]　参见郑南宁:《"混合增强智能"是人工智能的发展趋向》,载《新华日报》2017 年11 月 29 日,第 18 版。

能对推进生产制造智能化改造升级发挥重要作用,发展自主智能系统成为众多国家的国家战略核心举措。自主智能系统是一种人工系统,它不需要人为干预,利用先进智能技术实现各种操作与管理。典型的自主智能系统包括陆、海、空、天自主无人载运操作平台,复杂无人生产加工系统,无人化平台等,如无人车、无人机、轨道交通自动驾驶、空间机器人、海洋机器人、极地机器人、服务机器人、无人车间/智能工厂和智能控制装备与系统等。同时,自主智能系统强调自主和智能,但不排斥人类的参与,更加重视与人类行为的协同。自主智能系统将利用机器特有的优势,如计算、存储、决策等能力取代人类的部分重复性劳动。但是,针对主观性强、复杂性工作,将充分发挥人机协同能力,追求高智能、高性能的工作效率。因此,机器不可能完全代替人类,人机协同是未来的方向。自主智能系统则源于机器人发展的第三阶段,即智能机器人。自从20世纪60年代末智能机器人的出现,自主智能系统对社会发展的贡献就上升了一个新的台阶,发挥了越来越巨大的作用。例如,以 PUMA 为代表的工业机器人得到广泛应用,iRobot 扫地机器人已经走入千家万户,"勇士号"等火星车帮助人类探索宇宙等。进入21世纪以来,自主智能系统的外延进一步扩大。伴随着无人机、自动驾驶汽车、水下无人潜航器、空间操控机器人、医疗机器人、智能无人车间等的出现,自主智能系统不再是我们传统认识中的工业机器人,它被赋予了更广泛的内涵。①

　　"新一代人工智能"的发展将使人类社会进入第四次工业革命。在这次新的工业革命中,自主智能系统将成为耀眼的明星,推动新工业革命发展。自主智能系统会进一步将人类从繁重、危险、重复性劳动中解放出来,甚至能超出人类,完成以前人类不敢想象或尝试的工作,如深海勘探、太空制造、细胞手术等。自主智能系统将会

---

　　① 吴澄、张涛:《自主智能系统:驱动经济发展与科技进步的发动机》,载《中国科技财富》2017年第8期。

使世界更加环保宜居。同时,自主智能系统不仅在改变着传统的产业模式,与此同时,新业态也在不断涌现。随着无人车和无人轨道交通的应用,无人公交、无人地铁、无人停车库、无人洗车房等产业将会涌现。随着无人机的发展,无人机快递、无人机监控、无人机急救等应用逐步成为现实。这些变革都亟须法律予以应对。

● **商业化模式爆发**

随着人工智能技术的发展,人工智能技术的商业化成了市场关注的一个焦点。一项技术能继续发展,商业化是关键。在人工智能发展过程中遇到第一个低谷,就是因为人工智能的研究无法创造出市场价值,导致人工智能的发展停滞不前。在现阶段,随着社会经济的发展,人工智能技术的应用拥有了良好的市场环境。不断涌现的人工智能产品,在为我们的生活创造便利的同时,也创造了巨大的市场价值。

为了更好地了解人工智能商业化的全貌,有必要列举几项热门技术的商业应用。

首先,在众多的人工智能技术中,语音识别技术可以说是人工智能领域的一项重要成就。不仅在人工智能领域,在信息技术领域,语音识别也是一项重要的科学技术。现在随着人工智能技术的发展,语音识别将会让人类多年的想象成为现实。语音识别在机器和人类之间架起一座桥梁,让人类能够更加自如地操控机器。正如电影《钢铁侠》中,Tony 与“贾维斯”之间一样。正是依靠语音识别技术,他们才能够顺畅地交流。很多人一提到语音识别就会想到智能手机中的语音助手,如苹果公司的 Siri、谷歌公司的 Google Now、微软公司的 Cortana 等。实际上,这只是语音识别技术应用的一个方面,在许多其他领域中,语音识别技术也得到了广泛的应用。可以说,深度神经网络的应用促进了语音识别技术的发展。深度神经网络能够采用高位特征训练进行模拟,从而最终形成一个较为理想的适合模式分类的特征,深度神经网络的建模技术能够和传统的语音识别技术无缝对接,将大大提高语音识别系统的识别率。[1]

其次,值得介绍的就是 AR 技术,AR 技术又被称为增强现实技术,这是一种实时计算摄影机影像的位置、角度并加上相应图像的技术,其目标是在屏幕上把虚拟世界套在现实世界中并进行互动。当 AR 技术的应用普及之后,虽然我们的现实不会变成虚拟的,但是对于我们来说,虚拟和现实之间的界限将会变得模糊。增强现实技术是一种将真实世界信息与虚拟世界信息集成在一起的新技术,就是把在现实世界中一定时间和空间范围内很难体验到的实体信息,通过计算机技术进行模拟仿真,然后将虚拟的信息叠加应用到真实世界中,从而被人类的感官感知到,最终让人达到一种超越现实的感官体验。在具体的行业中,AR 技术将发挥重要的作用。在医疗卫生领域,AR 技术可以帮助医生完成一些比较困难的手术;在制造业中,AR 技术能更好地制造和维修那些需要进行精密操作的仪器;在文化领域,AR 技术可以让处于不同地点的玩家,进入同一个真实的环境和虚拟的物体叠加的空间,这时玩家将会以虚拟的自己替代真实的自己,从而增强游戏的趣味性。可以说,AR 技术可以被应用到我们生活的各个领域。[2]

再次,在被人工智能推动变革的众多商业领域中,金融领域可以说是变革较深的一个。在金融领域,人工智能重新解构了金融服务的生态,不仅降低了客户的选择倾向,而且加强了客户对金融机构服务的依赖程度。从本质上讲,金融实际上就是数据和数据处理,而依靠人工智能技术,金融行业的数据和数据处理将变得更加智能。金融机构不仅能够通过用户画像获得更加精准的客户资源,而且依托智能化的技术服务,还将会让自身的服务能力大幅提高。而依靠智能算法,其还可以提高自身的风险控制能力,维护自

---

[1]　参见杨爱喜、卜向红、严家祥:《人工智能时代:未来已来》,人民邮电出版社 2018 年版,第 45—48 页。

[2]　参见杨爱喜、卜向红、严家祥:《人工智能时代:未来已来》,人民邮电出版社 2018 年版,第 45—48 页。

身的金融安全,并创建更加安全可靠的金融服务基础设施。现阶段,人工智能技术已经被广泛应用于金融机构的基础服务中。在前台,人工智能程序可以与客户展开自然的语言交流,从而根据客户的信息评估信用和提示风险。即使数据信息再庞大,人工智能技术也能精确定位客户,这样金融机构便可以依靠程序对客户的"画像",作出相应的风险控制和金融决策。[1]

最后,在医疗领域,人工智能技术也发挥着重要的作用。随着人工智能技术的不断成熟,"智慧医疗"成了一个社会热点话题。百度 CEO 李彦宏认为,人工智能对医疗领域的影响可以被分为 4 个不同的层次:在智能分诊方面,主要解决"怎样通过线上把用户引流到线下,并分发用户到那些适合处理他们的疾病的地方去"的问题;在智能问诊方面,则是以庞大的数据信息为基础,人工智能程序对病症加以判断、诊疗,在这一方面,由于深度学习技术有庞大的数据支撑,人工智能程序可能在很多时候会超越医生;在基因分析和精准医疗方面,目前用基因治病的较大问题是大多数已知的基因导致的疾病是单基因导致的,而这些病又大多是罕见病,大多常见病据我们猜测是多基因导致的,所以要搞清楚一个病是由哪些基因共同作用导致的,其实需要大量的计算;在新型药物的研发方面,由于已知的有可能形成药的小分子化合物大概有 $10^{33}$ 这么多,大概全宇宙所有的原子加起来都没有这么多,而想要将如此庞大的数据进行整理分析,就需要极其强大的计算能力和先进的智能算法,人工智能技术将具有很大的发展空间。[2] 可以看出,人工智能与传统商业模式深度结合,助推各种各样商业模式发展,在这个过程中,冲突、矛盾无法避免,都亟须法律的规制。

---

① 参见杨爱喜、卜向红、严家祥:《人工智能时代:未来已来》,人民邮电出版社 2018年版,第 45—48 页。
② 参见杨爱喜、卜向红、严家祥:《人工智能时代:未来已来》,人民邮电出版社 2018年版,第 45—48 页。

## 第三节　全球人工智能产业发展的状况和主要类型

　　虽然人工智能能够在经济生活的各个领域发挥作用,但是其产业地位如何仍旧有待考究,不同国家对其态度也各不相同。美国白宫宣称,"今天,为了检验美国是否已经准备好了迎接未来,我们将合理定位人工智能在经济生活中所起到的作用"[1];英国商业部则认为,"随着人工智能应用的增长,其对英国带来的社会和经济层面的利好是主要的"[2];毫无疑问,人工智能是中国当前的尖端科技和主要的新兴产业,"在私人投资、专利权和公共领域,中国与美国的差距以极高的速度减小"[3]。但总体而言,无论是传统的经济强国,如美国、英国、欧盟国家,还是新兴的经济体,如中国和印度,都已经将人工智能产业发展作为其战略的一部分。[4]

　　根据清华大学发布的《中国人工智能发展报告2018》,全球共监测到人工智能企业总数4 925家,美国以2 028家位列第一,中国、英国、加拿大、印度位列前五位,具体数量,见表2.1。

**表2.1　人工智能企业数量全球分布[5]**

单位:家

| 国家 | 人工智能企业数量 |
|---|---|
| 美国 | 2028 |

---

　　[1]　White House, *Artificial Intelligence*, *Automation*, *and the Economy*, See:https://obamawhitehouse. archives. gov/blog/2016/12/20/artificial-intelligence-automation-and-economy.

　　[2]　D. W. Hall, J. Psenti, *Growing the Artificial Intelligence Industry in the UK*, See:https://assets. publishing. service. gov. uk/government/uploads/system/uploads/attachment_data/file/652097/Growing_the_artificial_intelligence_industry_in_the_UK. pdf.

　　[3]　Cyranoski, David, China Enters the Battles for AI Talent, Nature, 2018(553), 7688:p. 261.

　　[4]　European Commission, Artificial Intelligence for Europe[SWD(2018) 137 final].

　　[5]　参见清华大学中国科技政策研究中心:《中国人工智能发展报告2018》,第44页。

（续表）

| 国家 | 人工智能企业数量 |
| --- | --- |
| 中国 | 1011 |
| 英国 | 392 |
| 加拿大 | 285 |
| 印度 | 152 |
| 以色列 | 121 |
| 法国 | 120 |
| 德国 | 111 |
| 瑞典 | 55 |
| 西班牙 | 53 |
| 日本 | 40 |

而具体到城市,北京是世界上拥有人工智能企业数量最多的城市,占到全球总数的 8%,占中国总数的 39%;全球范围内人工智能企业也呈现在城市集中的趋势,旧金山有 287 家,伦敦有 274 家,上海有 210 家,纽约有 188 家。

而具体到产业,清华大学的报告将企业应用技术分布划分为 4 个方面:语音、视觉、自然语言处理和基础硬件,其中,国内的分布分别为:22%、46%、19% 和 14%,而国外的分布分别为:13%、40%、28% 和 20%。而国家标准化管理委员会工业二部指导、中国电子技术标准化研究院编写的《人工智能标准化白皮书(2018 版)》则从产业角度对人工智能进行了产业细分,分为"核心业态""关联业态""衍生业态"。核心业态包括基础设施、信息及数据、技术服务、产品;关联业态主要包括软件开发、信息技术咨询、电子信息材料、信息系统集成、互联网信息服务、集成电路设计、电子计算机、电子元件等;衍生业态主要有智能制造、智能家居、智能金融、智能教育、智能交通、智能安防、智能医疗、智能物流等细分行业。[①]

从产业分布来看,我国已经逐步形成了独立的人工智能评价体系,欧盟则沿用传统的分类模式。《中国人工智能发展报告 2018》中指出,人工智能的产业可以细分为:

(1)世界级的研究人员、实验室和项目,同时也可包括机器人、智能交通、医疗健康、工业生产等领域运用人工智能的专家。

(2)单一数字市场,例如欧盟的数据使用、网络安全和相关的救济公司、跨业投资等。

(3)人工智能关联产业的财富集中,例如公共数据流通行业、人工智能支撑硬件行业等。[②]

英国认为当前细分人工智能产业十分困难,也没有信心正确预测人工智能产业最终会在经济生活中形成的样态,因此,只能总结出当前人工智能的应用场景、框架、利好和障碍,就时间线而言,人工智能涉及的产业有:

(1)医疗健康,包括辅助诊断、追踪病情和可视化诊断。

(2)自动驾驶,包括自动行驶、司机智能辅助、自动保养和维修。

(3)金融服务,包括个性化投资服务、诈骗侦测和反洗钱、自动执行。[③]

数据公共服务提供者 Statista 基于全球人工智能发展现状进行了分析。其指出,人工智能产业,(从市场角度)主要包括人工智能硬件和软件的应用,能够复刻"人类"的行为,如学习和问题解决……目前人工智能已经演变为人类生活的一部分,其产业仍旧在发展阶段,从自动驾驶、提供可视化辅助到自动进行游戏,此外,还有机器人等类似的产品。因此,我们从市场的角度出发,对以下产业进行数据统计:

---

① 参见中国电子技术标准化研究院:《人工智能标准化白皮书(2018 版)》,第 23 页。

② See European Commission, Artificial Intelligence for Europe[SWD(2018) 137 final].

③ See D. W. Hall, J. Psenti, *Growing the Artificial Intelligence Industry in the UK*, See: https://assets. publishing. service. gov. uk/government/uploads/system/uploads/attachment_data/file/652097/Growing_the_artificial_intelligence_industry_in_the_UK. pdf.

（1）软件和信息技术公司；

（2）已经获得资助的人工智能项目；

（3）开创并应用机器学习的公司；

（4）特定人工智能领域目录上的公司；

（5）应用自然语言研究的公司，如语音识别、文字识别等。

2018 年的人工智能市场增长同比 2017 年上涨了 28.5%。[①]

由此可见，人工智能产业的现状可以总结出如下特征：第一，全球范围内各地发展不均匀，美国已经形成了比较完备的产业链，产业细分和产业扩张的过程已经开始。第二，人工智能目前并不能以"产业"相称的国家有很多，包括欧洲在内的众多国家只是将人工智能作为传统产业的辅助项目，单独的人工智能场景并不多见。第三，人工智能的市场规模无疑是在不断扩大的，大量资金不断涌入，2018 年第 1 季度的全球总投资量就已经接近了 2014 年全年的水平，而人工智能产业的产出也不断提升，这主要得益于三个方面："拥有超强计算能力的机器出现、公共数据的流通与分享、人工智能科学的发展与完善"[②]。

但是学者认为，中国，尤其是北京的人工智能技术发展已经呈现出产业化的趋势，"北京的人工智能应用已经具备了'人工智能相关产业—产业—架构—流通—行业细分和零售'产业链预估结果，并且可以得出如下结论：北京的人工智能呈现出产业化的收益和变革、收入和雇员已经达到产业容纳总量、基础的产业模式已经形成"[③]。实际上，我国战略层面也在努力实现人工智能的产业化发展，国务院于 2017 年发布《新一代人工智能发展规划》，其中指出：

---

①　See Statista, *Artificial Intelligence (AI) worldwide-Statistics & Facts*, See: https://www.statista.com/topics/3104/artificial-intelligence-ai-worldwide/.

②　Kun-Hsing Yu, Andrew L. Beam, Isaac S. Kohane, Artificial Intelligence In Healthcare, Nature Biomedical Engineering, 2018(2), pp.730-731.

③　Yi Chen, Zhijun Song, Guangfeng Zhang, Muhammad Tariq Majeed, Yun Li, Spatio-temporal evolutionary analysis of the township enterprises of Beijing suburbs using computational intelligence assisted design framework, Nature, 2018(4), 31, pp.11-13.

"人工智能作为新一轮产业变革的核心驱动力,将进一步释放历次科技革命和产业变革积蓄的巨大能量,并创造新的强大引擎,重构生产、分配、交换、消费等经济活动各环节,形成从宏观到微观各领域的智能化新需求,催生新技术、新产品、新产业、新业态、新模式,引发经济结构重大变革,深刻改变人类生产生活方式和思维模式,实现社会生产力的整体跃升",并指出了三步走的战略目标和重点任务等。由此可见,人工智能产业在我国已经实现了产业、基础理论和战略指导的系统性承认与构建。

这种趋势在全球范围内是令人瞩目的,尤其是在"完美结合人工智能和人类社会"①的英国看来,中国对于人工智能的巨大规模投资无疑是"一场赌博"。② 根据《人工智能标准化白皮书(2018版)》,我国人工智能芯片的发展目标为到2020年突破百亿美元,智能传感器于2020年市场规模突破4600亿美元,人工智能应用行业覆盖智能制造、智能家居、智能金融、智能交通、智能安防、智能医疗、智能物流等。

## 第四节　技术赋能视角下的人工智能应用典型场景

从人工智能的历史可以看出,其技术方向和典型应用场景已经发生了变化,从2006年华盛顿大学发布的报告来看,10年前,人工智能主要运用于"图灵测试、棋类游戏、专家系统、计算机硬件和产能"等③,理论上主要围绕人工智能的两个派别发挥,一派相信自然语言和深度学习,另一派则并不相信深度学习。前者的主要应用领

---

① James K. Ruffle, Adam D. Farmer, *Artificial Intelligence-Assisted Gastroenterology—Promises and Pitfalls*, The American Journal of Gastroenterology, 2018, p. 7.

② See CNN, *Chinese AI startup dwarfs global rivals with $ 4. 5 billion valuation*, See: https://money. cnn. com/2018/04/09/technology/china-ai-sensetime-startup/index. html.

③ See Chris Smith, Brian McGuire, Ting Huang, Gary Yang, *The History of Artificial Intelligence*, University of Washington, 2006.

域包括监督学习、反向传播、卷积神经网络、计算机视觉、分布式向量和语言处理以及新兴的视觉模型①,其中还包括具体的细分模型和领域。

后者则以纽约大学 Gary Marcus 教授为代表,他回溯到 1988 年福德(Foder)等人的思想,认为仅仅依靠深度学习并不能解决这些问题,应当在运用深度计算的基础上进一步与符号运算结合起来。② 但是从产业的角度来看,目前依靠自然语言和深度学习的人工智能依然存在着充分的应用领域,FAIA 的出版物《人工智能研究和开发的最新进展》(*Recent Advances in Artificial Intelligence Research and Development*)一书中③,谈及了人工智能的高光领域包括:主体与多主体系统(agents and multi-agent system)、人工视觉和图像处理(artificial vision and image processing)、机器学习(machine learning)、人工智能网络(artificial neural networks)、认知模型(cognitive modeling)、模态逻辑和论证(fuzzy logic and reasoning)、机器人(robotics)等领域;而 Luis 等人所出版的《人工智能:研究和应用进展》(*Artificial Intelligence: Advances in Research and Applications*)一书中④,将人工智能在产业中的运用细分为:运输业、管理链条、价格调控、自动驾驶、健康、电子商务、航空航天。除纯粹的理论细分之外,由斯坦福大学、南加州大学等高校、科研机构等发起的"AI for Good"运动促进了理论与实践的结合,也促进了人文社会科学与计算机科学的进一步结合,以寻求未来。

此外,还有的分类方式是通过情景的典型性来进行细分的,具体见表 2.2。

---

① See Yann LeCun, Yoshua Bengio, Geoffrey Hinton, *Deep Learning*, Nature, 2015 (5), 521, pp. 436-444.

② See Gary Marcus, Adam H. Marblestone, Thomas Dean, *The Atoms of Neural Computation*, Science, 2014, 346, pp. 551-552.

③ See Aguiló, I., Alquézar, R., Angulo, C., Ortiz, A., Torrens, J., *Recent Advances in Artificial Intelligence Research and Development*, iOS Press, 2017, pp. 206-316.

④ See Luis Rabelo, Sayli Bhide, Edgar Gutierrez-Franco, *Artificial Intelligence: Advances in Research and Applications*, NOVA, 2017.

表 2.2　人工智能的典型与补充应用场景

| 情景分类 | 情景内容 |
|---|---|
| 典型的应用场景 | 光学字符识别(Optical character recognition) |
| | 书写识别(Handwriting recognition) |
| | 语音识别(Speech recognition) |
| | 面部识别(Face recognition) |
| | 人工创造力(Artificial creativity) |
| | 可视化(Computer vision, Virtual reality, and Image processing) |
| | 图像和视频处理(Photo and Video manipulation) |
| | 人工智能诊断(Diagnosis) |
| | 游戏理论和策略安排(Game theory and Strategic planning) |
| | 游戏人工智能(Game artificial intelligence and Computer game bot) |
| | 自然语言处理、翻译和交流机器人(Natural language processing, Translation and Chatterbots) |
| | 非线性控制和机器人(Nonlinear control and Robotics) |
| 补充性的应用场景 | 人工智能生活(Artificial life) |
| | 自动推理(Automated reasoning) |
| | 自动化(Automation) |
| | 仿生计算(Biologically inspired computing) |
| | 概念挖掘(Concept mining) |
| | 数据挖掘(Data mining) |
| | 知识表示(Knowledge representation) |
| | 机器人:<br>基于行为的机器人(Behavior-based robots)<br>识别机器人(Identification robots)<br>网络机器人(Cyber robots)<br>发展性的机器人(Devolopmental robots)<br>革新性的机器人(Revolutionary robots)<br>…… |

其中,较为成熟和具有可探讨性的场景已具雏形,恰如 Erdelyi 和 Goldsmith 作出的总结:"人工智能对我们生活的影响日益增加:

自动驾驶汽车已经行驶在路上,我们对于罕见疾病的诊断依赖于医疗诊断工具,产品推荐系统在使我们模式化的购物体验更加愉悦,区块链使我们在最短的时间内获取财富,人工智能决策系统能够侦查或分析诸如诈骗、逃税或者洗钱等问题……"[1]可见,从生活的角度来看,人工智能已经深刻影响了我们的生活,甚至对于政治决策、打击犯罪、治理社会均具有积极的作用,但是我们也能看到,人工智能在生活中的应用场景与技术中的典型场景存在较大的差距,从法律规制的角度来看,应当将两者融合。

根据国家标准化管理委员会工业二部指导的、中国电子技术标准化研究院编写的《人工智能标准化白皮书(2018 版)》,人工智能发展的关键技术有:机器学习、知识图谱、自然语言处理、人机交互、计算机视觉、生物特征识别、虚拟现实/增强现实以及其他新趋势,在具体的应用场景上则分为智能基础设施(智能芯片、智能传感器、分布式计算框架)、智能信息及数据、智能技术服务(技术平台、算法模型、整体解决方案、在线服务)、智能产品(智能机器人、智能运载工具、智能终端、自然语言处理、计算机视觉、生物特征识别、VR/AR、人机交互)、智能行业和产业规模化、集体化等;而根据人工智能学会、国家工业信息安全发展研究中心等发布的《2018 人工智能产业创新评估白皮书》,我国的技术发展主要集中在以下四个方面:语音交互、文本处理、计算机视觉、深度学习,在应用场景融合上主要有以下几个方向:AI+汽车、AI+医疗、AI+家居、AI+零售、AI+机器人、AI+安防、AI+制造、AI+教育;清华大学中国科技政策研究中心发布的《中国人工智能发展报告(2018)》则分为人工智能产品和应用进行总结,智能产品主要是人工智能终端产品(智能音箱、智能机器人、无人机),人工智能行业应用主要是智能医疗、智能金融、智能安防、智能家居、智能电网等。

① Oliva J. Erdelyi, Judy Goldsmith, Regulating Artificial Intelligence Proposal for a Global Solution, 2018 AAAI/ACM Conference on AI, Ethics, and Society (AIES '18), February 2–3, 2018, New Orleans, LA, p.1.

# 第三章 人工智能相关技术产业场景
## 及其应用监管问题

狭义上，人工智能是计算机视觉、语音识别、自然语言处理、机器学习等智能算法的统称；广义上，人工智能是基于通信网络基础设施和算力基础设施的技术能力和产业能力的综合体。在我国新型基础设施的建设体系的愿景中，人工智能作为重要的新技术基础设施，不仅可以形成独立的创新产业体系，还将与传统基础设施、传统产业相融合带来社会信息化和智能化水平的整体提高。本章将立足人工智能产业的总体，从广义上的人工智能技术出发，逐一梳理信息产业关键技术在与人工智能应用结合过程中出现的技术场景及其相应的监管问题。

## 第一节 5G技术

以数字化、网络化、智能化为主要特征的第四次工业革命蓬勃兴起，5G作为支撑经济社会数字化转型的关键新型基础设施，将推动大规模创新的爆发，开启一个突破限制、加速进步的全新数字时代。世界各国普遍认识到，5G将成为产业、商业和社会成长的重大机遇，纷纷出台战略和政策，抢抓5G网络建设主导权。2020年是5G商用部署的关键之年，伴随着5G技术的逐步落地，互联网的发展也将从移动互联网时代进入智能互联网时代。

5G技术的不断发展，将会极大推进物联网、VR/AR、远程医疗、自动驾驶等技术和应用场景的拓展。5G在4G基础上对移动通信的传输速率提出了更高要求,而且不仅在速度方面,还在功耗、时延等多个方面有了新的提升。

目前,国际标准化组织 3GPP(第三代合作伙伴计划)已经为 5G 定义了三大应用场景[①]:

1Gbps 的用户体验速率:增强移动宽带(Enhance Mobile Broadband,eMBB);百万级/km$^2$ 的终端接入:海量机器通信(Massive Machine Type of Communication,mMTC);毫秒级的延迟:超高可靠超低时延通信(Ultra-reliable Low-latency Communications,uRLLC)。

eMBB 是最贴近日常生活无线网络的应用场景,用户直观的感受是网速的提升,在线观看 4K 高清视频,传输峰值能够达到 10Gbps。Cisco 发布的数据曾预测,在 2016 年至 2021 年期间,全球 IP 视频流量将会增长 3 倍,同期移动数据流量增长约为 7 倍,eMBB 对大流量移动宽带业务将带来用户体验的大幅提升。

mMTC 随着大范围覆盖的 NB-IoT、LoRa 等技术标准的出炉,将重点解决传统移动通信无法很好地支持物联网及垂直行业应用的问题。低功耗大连接场景主要面向智慧城市、环境监测、智能农业、森林防火等以传感和数据采集为目标的应用场景,具有小数据包、低功耗和海量连接等特点。

uRLLC 的特点是高可靠、低时延和极高的可用性,实现了基站与终端间,上下行均为 0.5ms 的用户面时延。可以触及的应用场景有工业应用和控制、交通安全和控制、远程制造、远程培训、远程手术等。无人驾驶领域安全可靠的要求极高,传输时延需要低至 1ms,uRLLC 助力边缘计算能力,也将在无人驾驶业务方面发挥巨大潜力。

"4G 改变生活,5G 改变社会"。与前几代移动通信技术变革不同,5G 技术的商用不仅仅是网络的升级,更是信息交互的升级,是由"人人互联"迈向"万物互联"的技术基础。跨行业、跨领域、跨地域

---

① See 3GPP TS22. 261 Service Requirements for the 5G System.

的信息将借由 5G 网络进行采集、传输和深度融合。在 5G 面向更广泛的应用场景的同时,网络安全风控的压力也更大,如在工业互联网、车联网等高技术敏感度方面的应用,5G 的密集组网技术、5G 和4G 的交叉组网现状、多连接的安全性等方面都将受到极大的考验。同时,5G 技术将带来众多虚拟场景的实际应用,虚拟现实和增强现实的能力结合人工智能技术场景,也会带来诸多伦理问题的讨论。

一、"虚拟现实"并非现实

5G+VR/AR/XR 在医学领域、建筑设计领域、生活体验方面都将带来巨大的体验革命;随着技术的进步和应用场景的加深,人们将体验"虚拟"和"现实"间的无缝穿梭。"斯坦福监狱实验""米尔格伦实验"等大量的心理学实验证实,人类大脑具有可塑性,容易被环境无意识地改造。虚拟现实可能会对人的行为产生影响,而这种影响会延续到现实世界中。不仅如此,虚拟现实中的伦理问题还包含虚拟场景的设置标准是否需要伦理检验,虚拟场景的操控伦理,一个责任主体和双重身份、双重后果间的法律关系问题等,诸多伦理和规制问题需要在虚拟现实被广泛推向市场时解决,进行社会伦理和法律的构建。

二、智能家居的安全隐患

5G 技术对物联网的支持,使家庭智能设备的类型涵盖了广泛的范围和深入的应用场景。但规模数量巨大的可以被远程控制的智能家电在物联网设备中属于安全性较低、极易被攻击的设备群体。设备拥有大量高度关联、有明确指向性的个人信息,包含生活习惯、偏好、认知等高度敏感的数据,系统攻击将造成严重的身份盗窃,并且通过控制家中的设备(如门锁、炉灶、水池等)造成事实性的灾难事件发生。智能家居的认证机制、平台的数据保护系统、网络端口数据的泄露等都可以成为个人信息隐私保护的薄弱环节,智能摄像头、智能扬声器、儿童监视器等被黑客入侵的案件已发生数起，在伦理和法律上都给智能家居的安全性带来了巨大的拷问。

同时，"僵尸网络"这种不定向的大范围攻击也会伴随着智能家居的广泛使用而出现。研究人员发现了飞利浦 Hue 智能灯泡的一个漏洞，这个漏洞可能让攻击者用一种恶意软件感染一个灯泡，然后恶意软件可以通过网络传播到 400 米范围内任何 Hue 智能灯泡，最终影响一个城市内的所有这类灯泡，从而给整个社会秩序造成影响。

三、无人驾驶汽车的"盲区"

对于自动化交通运输而言，伦理问题事关重大，也极为复杂。智能汽车的 GPS 服务、最佳路线模拟、路况实时分析，已经让开车变得容易而惬意，更大的伦理困境，则留给了"无人驾驶"。我们究竟愿意把多大的操控权交给机器？"生死谁定"是长久以来无人驾驶汽车伦理问题的讨论焦点。机器对路况和驾驶情况的操作反馈又可以分解为车辆状态信息获取、地图及路况获取、计算目标点、局部路径规划、全局路径规划等多个步骤。每个图像传输过程和计算过程都将产生时延，而等待反馈的 0.01 秒都会给高速行驶的汽车带来巨大的安全隐患。

5G 的 uRLLC 技术结合边缘计算虽可以大幅减少时延，但网络的覆盖能力和数据中心的处理速度依旧是无人驾驶技术走向市场的"瓶颈"。目前的无人驾驶，都是在超低速度的情况下进行检验和测试，但在如此低速的情况下，无人驾驶的测试依旧出现各种问题，"撞老人还是撞小孩"此类更深层次的伦理问题虽然引发了社会众多的讨论，但面对技术"瓶颈"，讨论依旧为时过早。

## 第二节　大数据技术

　　大数据是一个宽泛的概念,对其定义也不尽相同,通常是指大规模数据或"海量数据"。马丁·希尔伯特(Martin Hibert)总结,今天我们常说的大数据其实是在 2000 年后,因为信息交换、信息存储、信息处理三个方面能力的大幅增长而产生的数据,如图 3.1 所示。

图 3.1　大数据能力基础

　　维基百科对大数据的定义是:大数据(big data),通常指无法在一定时间范围内用常规软件工具进行捕捉、管理和处理的数据集合,是需要新处理模式才能具有的更强的决策力、洞察发现力和流程优化能力的海量、高增长率和多样化的信息资产。

　　IBM 公司提出大数据的 5V 特点:大量(Volume)、高速(Velocity)、多样(Variety)、低价值密度(Value)、真实性(Veracity)。① 大数据技术的战略意义不在于掌握庞大的数据信息,而在于对这些含有意义的数据进行专业化处理。换言之,如果把大数据比作一种产业,那么这种产业实现盈利的关键,在于提高对数据的"加工能力",通过"加工"实现数据的"增值",数据的价值在于挖掘。

　　在小数据时代,人类的思想和行为可以通过文字、图片以及人

---

　　① 载大数据世界网(http://www.thebigdata.cn/YeJieDongTai/28802.html),访问日期:2020 年 1 月 19 日。

类对自然的改变印记等而留下人类活动的轨迹,称为物理足迹。在大数据时代,除去传统的物理足迹之外,人类还会留下数据足迹。智能设备个体的思想和行为通过智能终端进行采集,以数据的形式记录下来,通过网络快速传输并可能存储在云端之中,留下了永久的数字记录。区别于物理足迹,数据足迹不受时空的限制,可以快速存储和传播,这同时也造成了数据的强行记录。

一、隐私泄露与信息安全

现代智能技术为数据的采集提供了方便的技术手段,大数据技术具有随时随地保真性记录、永久性保存、还原性画像等强大功能。个人的身份信息、行为信息、位置信息甚至信仰、观念、情感与社交关系等隐私信息,都可能被记录、保存、呈现。

● 主动信息与被动信息

在现代社会,人们几乎无时无刻不暴露在智能设备面前,时时刻刻在产生数据并被记录。人们使用智能工具进行聊天、在社交平台留言评论,这些信息都属于个人主动产生的数据,但更多的如使用痕迹、访问频次、路径轨迹等并非用户主观留存,而是被动被信息平台取得。主动信息的转载、使用可以通过知识产权来进行保护,同时其也是用户可以感知到的数据采集。被动信息大多数是在用户不知情的情况下被网络平台运营商收集,虽有授权协议,但用户也大多只能被动地接受,个人的信息自主权利难以保障。

● 数据的非法搜集

基于大数据分析的智能化商业推荐系统带来了全新的营销模式,其营销效率较传统的营销模式具有指数倍增效应,巨大利益诱惑面前,包含个人隐私及敏感信息的数据被单纯地视为牟利的工具和随意转卖的商品,个人的数据保护往往被商家忽视,人的隐私权受到侵犯。同时,合理可行的个人数据授权和保护机制尚未建立,很多数据在用于某一分析之后被用于其他不明领域。分散的数据被整合之后,也可能通过数据分析洞察出一些不一定准确但会对主体造成负面影响的特征,进而诱使对这些特征进行不良使用。

非法搜集用户信息已形成巨大利益链。网络平台或网络运营商通过非法搜集用户信息,获取大量利益,这不仅侵犯了用户的个人隐私甚至已经触犯法律。最近几年,百度、谷歌等运营商在广告加推上所获得的收入为每年14亿元左右。同时,一些信息技术本身就存在安全漏洞,可能导致数据泄露、伪造、失真等问题,影响信息安全。此外,大数据使用规范的缺乏,如大数据使用的权责问题、相关信息产品的社会责任问题以及高科技犯罪活动等,也成为信息安全问题衍生的伦理问题。

● "第三只眼"

隐私泄露更是升级为国际政治问题。令人震惊的美国"棱镜门"事件是最典型的"第三只眼"的代表。美国政府利用其先进的信息技术对诸多国家的首脑、政府、官员和个人都进行了监控,收集了包罗万象的海量数据,并从这海量数据中挖掘出其所需要的各种信息。信息泄露受影响最大的领域仍然是与大国有关的国际政治,信息安全上升至国际政治高度,成为全球性问题。

二、数字"鸿沟"加剧群体差异

数字"鸿沟"通常指信息技术在使用者和未使用者之间的社会分层,描述了"信息通信技术在普及和使用中的不平衡现象,这种不平衡既体现在不同国家之间,也体现在同一个国家内部的不同区域、不同人群之间①"。是否拥有数据、具备数据思维和数据处理能力决定了国家、企业和个人的发展空间。在大数据发展过程中,信息主体的文化涵养、接受教育程度、个体职业等都影响着信息主体生产信息、传播信息、使用信息等。文化涵养和教育程度的差异,直

---

① 胡鞍钢、周绍杰:《新的全球贫富差距:日益扩大的"数字鸿沟"》,载《中国社会科学》2002年第3期。

接影响信息主体对信息源的真实生产、对信息真伪的分辨、获取信息的途径、传播信息的价值观。在大数据信息瞬息万变的情况下，不同的人会对大数据信息形成不同的看法、不同的理解，对信息利用形成不同的认知、不同的态度。

信息不公平，导致贫富差距拉大，随之又进一步加大信息不公，这是个恶性循环，更是个动态循环。大数据越发展，信息不公平现象就越明显，这个现象最明显的体现就是信息分化。信息的不对称、不透明以及信息技术不可避免的知识技术门槛，客观上会导致并加剧信息壁垒、数字鸿沟等违背社会公平原则的现象与趋势。如何缩小数字鸿沟以增进人类整体福利、保障社会公平，这是一个具有世界性意义的伦理价值难题。

### 三、数据权利的确认

随着智能时代的来临，数据已经成为独立的客观存在，数据的深度挖掘带动了整个信息产业链的运转和巨大的经济效益的提升，成为企业、政府甚至国家间需要竞争的新能源。因此，数据的所有权、知情权、采集权、保存权、使用权以及隐私权等，就成了每个公民在大数据时代的新权益，这些权益的滥用也必然引发新的伦理危机。

智能设备产生的各种数据，访问网页产生的访问记录，社交工具上的言论信息，行车电脑、停车出入记录携带的大量内容信息、轨迹信息，这些信息被终端采集、网络传输，数据平台储存和记录，数据公司加工处理，通过数据挖掘，得出具有商业价值的结论。数据在整个流动的环节中的权属如何划分？个人用户产生了数据，数据是否属于个人？终端公司采集了数据，是否有权利留存数据？网络公司传输了数据，是否可以加工数据？数据平台存储数据，是否多处备份，存储后的数据如何销毁？……数据流经过的整个链条都存在权属的争议。

　　复旦大学黄斌认为,传统的知情同意模式及其内在关系预设,都建立在个人自主性价值之上。大数据技术将人置于不同的群组进行分析,使"知情同意主体"和"行动主体"的界限变得模糊,从而产生了新的伦理问题。大数据本身所预设的"未知目的"与传统知情同意模式的"确定目的"预设存在着深刻的内在矛盾,从而使数据主体的自主性很难得到尊重。

　　同时,政府是数据的最大拥有者,它通过各种途径收集了全国人口、经济、环境、个人等各类数据。从传统来看,各国政府往往以涉及国家安全为由拒绝公开政府数据。如今不少国家通过制定相关法律,逐渐公开各种数据,对于只要不是涉及国家安全的数据,都必须向公众公开。政府数据的公开让政府的一切行为都曝光在阳光下,更加体现了公开、公平、公正的原则,让政府的行为随时处于大众的监督之中。因此,政府大数据的公开会进一步带来公民的自由与公正。

　　四、信息茧房

　　早在 2001 年,美国法学家凯斯·桑斯坦(Cass R. Sunstein)在《网络共和国》一书中就曾经提出:互联网时代,人们面对海量剧增的信息,会倾向于从中选择符合自己喜好的加以吸收,结果每个人摄取的内容越来越狭隘,一步步滑入信息茧房。比信息茧房更加激进的说法是"网络巴尔干化"。1996 年,美国学者埃尔斯泰恩和布林约夫森提出,网络上的信息越来越多,人们喜欢的东西尚且看不过来,因此不会因为互联网更加开放开明,反而会更加封闭极端。

　　"算法推荐系统"的出现更是加速了信息茧房的生成,系统通过对使用者数据的深度学习和分析反复推荐人们感兴趣的内容。单一的信息获取渠道、单一的信息沟通模式成为问题的根源。

　　五、数据信息恶意传播

　　网络社会是现实社会的延伸,网络伦理与传统伦理不是相对的,而是对传统伦理的继承与发扬。在网络环境下,人们言行更自由放松、不受约束,网络信息恶意传播的风险相对较低。道德规范主体在虚拟社会中表现不完整,传统的年龄、性别、相貌、职业、地位等属性在虚拟社会中变得模糊,取而代之的是虚拟的文字或数字符号,给网络欺骗和网络犯罪留下空间。处在此环境下的道德主体会产生主体感和社会感淡漠现象,不利于虚拟社会道德水平提高。现实社会中,人们面对面交往,道德规范通过社会舆论压力和人们内心信念起作用。而虚拟社会是人机交流,人们之间互不熟识也能交往,很容易冲破道德底线,发生"逾越"行为,造成网络暴力或恶意信息的大规模传播。

信息造假不仅会对信息资源造成浪费,最主要的是会造成人与人之间的不信任、社会秩序的破坏,给社会诚信造成严重冲击。社会诚信是一种社会风气,是人与人之间、人与社会之间相互关系中逐渐形成的被社会和个人都广泛认可的诚实守信的规则和道德。特别是对于违背社会公德和影响社会稳定的虚假信息的恶意传播,信息传播者无视社会公德,为了一己私欲,或者为了蹭热点,对目前社会关注的、影响大的数据进行捏造篡改,甚至加上自己不当言论,再进行传播,形成网络暴力,给社会信任和传统的道德以极大的冲击;加之大数据信息传播速度特别快,公民辨别能力参差不齐,也有可能跟着继续传播或者篡改信息再度恶意传播,引起社会民众的恐慌。

## 第三节　云计算技术

相较于其他技术,云计算发展相对较早;经过 10 年发展,国内已经拥有超百亿规模市场。如今,云计算已不再只是充当存储与计算的工具。随着人工智能的迅猛发展、巨大的数据积累,云计算以其灵活的架构、低廉的成本和增强的安全性等优势将发挥更加强大的作用。

美国国家标准与技术研究院(NIST)给出了云计算模式所具备的5个基本特征(按需自助服务、广泛的网络访问、资源共享、快速的可伸缩性和可度量的服务)、3种服务模式[软件即服务(SaaS)、平台即服务(PaaS)和基础设施即服务(IaaS)]和4种部署方式(私有云、社区云、公有云和混合云)。①

(1)按需自助服务。视客户需要,可以从多个服务提供商那里向客户提供计算能力,譬如,服务器时间和网络存储,而这些是自动进行、无须干涉的。

(2)广泛的网络访问。具有通过规范机制网络访问的能力,这种机制可以使用各种各样的瘦和胖客户端平台(例如,携带电话、笔记本电脑以及PDA)。

(3)资源共享。提供商提供的计算资源被集中起来通过一个多客户共享模型来为多个客户提供服务,并根据客户的需求,动态地分配或再分配不同的物理和虚拟资源。资源的例子包括存储设备、数据加工、内存、网络带宽和虚拟机等。

(4)快速的可伸缩性。具有快速地、可伸缩性地提供服务的能力。在一些场景中,所提供的服务可以自动地、快速地横向扩展,在某种条件下迅速释放以及快速横向收缩。对于客户来讲,这种能力用于使所提供的服务看起来好像是无限的,并且可以在任何时间、购买任何数量。

(5)可度量的服务。云系统通过一种可计量的能力杠杆在某些抽象层上自动地控制并优化资源以达到某种服务类型(如存储、处理、带宽以及活动用户账号)。资源的使用可以监视和控制,通过向供应商和用户提供这些使用服务报告以达到透明化。

云计算是由许多模型、提供商以及市场潜力组成的巨大的生态

————————

① 载 http://csrc.nist.gov/groups/SNS/cloud-computing/cloud-def-v15.doc,访问日期:2020年11月29日。

系统,其本质是对资源的管理,是资源到架构的全面弹性,见图3.2
所示。

图 3.2　云计算资源管理能力

## 一、小概率事件引发大问题

云计算改变了传统的商业模式和个人生活模式,使得自己管理
自己数据的传统形式,变成了一切由他人管理、维护的方式。这种
模式最大的好处是给企业节省了大量的成本,对个人来说提升了数
据处理能力,但同时也带来不可预知的风险,云计算安全管理问题
不容小觑。特别在可靠性、完整性和数据隐私性方面,因为用户没
有直接控制权,虽然可以通过加密和令牌来保证数据安全性和保密
性,但数据完整性仍然是一个模糊的任务。成熟规模云服务公司
一旦出现机房断电、黑客攻击安全等漏洞,造成的影响将是千万级
用户的信息损失,"小概率事件引发大问题"的隐患依旧存在。

为了避免攻击,云服务器多重备份,冗余数据信息的增多,数据
流动环节的增加都会带来数据管理的不确定性。技术漏洞、数据流
通环节漏洞、管理漏洞、技术人员违规操作漏洞等问题也给云服务
商的风险解决能力、容灾能力提出了新的挑战,同时也带来了维护
成本的提高。

## 二、"去中心化"的信任危机

"云化"已经无处不在,我们可以随时为自己的手机、电脑开拓

云存储空间,计算能力和硬盘存储能力价格也越发低廉。大规模数据汇聚在少数云服务公司进行计算和存储,尽管云计算可能带来"去中心化"的好处,但大量信息的网络空间迁移也会产生有关质疑云平台风险管理的负面影响。

同时,依旧存在上传个人或公司数据的隐私问题。互联网用户的各类访问数据、智能终端的位置信息、网盘存储的个人隐私信息、闭路电视、智能视觉识别系统监控等各类敏感信息大量汇聚至云端,数据的流动性和可复制性使得对数据的监管非常困难。社会对云服务公司数据处理的信任问题也变得越发突出,数据权利争议涌现,给数据类公司的合规和风险控制带来诸多挑战,也带来数据的法律约束问题。

### 三、"云众包"服务风险

云计算也促生了众包(Crowd Sourcing)服务的发展,网络专家蒂姆·奥莱理(Tim O'Reilly)是最早描述互联网如何被用来汇集集体智慧的人之一。百度智能云对数据众包的介绍为:数据众包服务,使用低成本、高效率的众包模式满足客户对数据的需求,可采集大量的原始数据,通过数据加工,为客户交付标准化结构化的可用数据。[①] 众包允许合并众人智力来解决问题,实现人力资源共享、系统平台共享、服务经验共享、人工智能共享,取得超出任何个人能力的结果。

在这种活动中,个人、机构、非营利组织或公司通过灵活的云服务发布不同知识、异质性和数量的个人提议并自愿承担一项任务,人们参与其中互通互利。已经出现了很多有发展潜力的众包方案。最著名的,是众包创建了 OpenOffice 和其他几个免费的开源软件应用程序,成果的知识产权都是在云计算中创建和共享的。同

---

① 参见百度智能云官网(https://cloud.baidu.com/product/dcs.html),访问日期:
2020 年 11 月 29 日。

样,云平台众包服务面临能力风险、组织管理风险、知识产权风险和信息风险,需要众包云平台通过合同规范、风险控制和激励体系构建来避免。

## 第四节　物联网技术

基于大数据和云计算的支持,互联网在向物联网扩展,在人人、人机信息交互的基础上加入物的信息交互。物联网主要通过各种设备(比如 RFID、传感器、二维码等)的接口将现实世界的物体连接到互联网上,或者使它们互相连接,以实现信息的传递和处理。对于人工智能而言,物联网提供了大量物理实体的数据资源基础,嵌在各个产品中的传感器(sensor)便会不断地将新数据上传至云端,提供大量数据用于人工智能的处理和分析。连续的数据采集和不间断的知识处理能力积累,将万物融为一体。

物联网的三大特征可以归纳为感知物体、信息传输、智能处理。

第一,感知物体:物联网提供的接入信息更为复杂,接入对象除现有的手机、传感器、仪器仪表、摄像头、各种智能卡等,还包含了更丰富的物理世界对象,轮胎、牙刷、手表、工业原材料、工业中间产品等物体也因嵌入微型感知设备而被纳入,所获取的信息不仅包括人类社会的信息,也包括更为丰富的物理世界信息,压力、温度、湿度、体积、重量、密度等。

第二,信息传输:5G 提供了更高的网络获得性,互联互通更为广泛,"任何人、任何时候、任何地点"都能接入网络,消除信息孤岛。通过基础设施建设的加强,人与物、物与物的信息系统也达到了广泛的互联互通,信息共享和相互操作性也达到了更高的水平。

第三,智能处理:基于大量物联网数据的推演,计算能力、存储、模型将快速迭代升级。在物联网的能力加强下,信息处理工具从数字化向智能化方向提速转变。知识发现技术整合和深入分析收集到的海量数据,通过更加新颖、系统且全面的观点和方法来处理解决特定问题。

一、复杂系统的安全隐患

我国的物联网产业规模已经达到 7500 亿元,机器间相互连通规模也已超过 1 亿元。中国移动已建立起全世界规模最大的物联网体系,服务超过 9100 万名用户。在庞大的规模之下,物联网体系的安全问题日益引发关注。

物联网是互联网的进一步延伸,但是区别于互联网,物联网在感知层、传输层、应用层的防护上都呈现出不同的特点,如大量物联网终端协议不一致、接入的传感器及智能仪表种类繁多、物理通信链路多样、通信协议各有不同,这些特点给物联网整体的交互协作带来巨大问题,也带来了安全隐患。

物联网的远程访问能力也会导致网络犯罪分子的远程攻击,网络犯罪分子可以通过网络的漏洞和设备的漏洞远程访问设备并对设备或用户造成严重破坏,并通过网络的掩护逃避追踪。从数据采集、通信保护、网关秘钥到智能分析系统,物联网的发展还需要多维的安全保障能力。

二、客户需求的理解难题

物联网不仅包括对远程数据采集及监控,还包括对用户需求的深入解析。在生活中,会出现我们与智能音响对话,对方无法理解的情况,即智能音箱可以采集到语音信息,却无法识别内容。物联网用户体验(UX)包含各种技术和设计交互。加特纳(Gartner)指出,物联网用户体验如何发展取决于四个关键因素:传感器、算法、体验架构和背景,以及具有社交意识的体验。到目前为止,真正有用的物联网设备和接口的记录显然是喜忧参半的。

除远程信息采集外,物联网设备还需要具备远程监控、远程优化、远程诊断、远程管理、远程维修、跟踪定位等功能。物联网设备规模巨大,当设备受到攻击,灾害预警和远程修复显得极为重要,这些都是当前物联网技术开发及大规模使用的"瓶颈"所在。

三、物联网大规模部署的社会影响力

2019 年 1 月, Gartner 在研讨会/ITEXPO 上,分享了一份关于 2019 年至 2023 年影响物联网( IoT)的 10 大战略趋势的报告①。在该报告中,以下被确定为十大最具影响力的物联网趋势:人工智能( AI),社会、法律和道德,经济学和数据经纪,从智能边缘向智能网格的转变,物联网治理,传感器创新,可靠的硬件和操作系统,新物联网用户体验,芯片上的创新,物联网的新无线网络技术。

Gartner 预测,物联网设备将在 2021 年增长到 250 亿,其中,社会问题将成为物联网领域的关键。Gartner 研究副总裁尼克·琼斯在最近的一篇 Gizbot 文章中说:"物联网解决方案的成功部署要求它不仅在技术上有效,对数据的利用和隐私的保护问题需要在社会上也是可以接受的,物联网企业应尽快成立伦理委员会等团体,以审查企业战略。"

物联网是一种基础广泛的技术,可以将各种设备从消费设备转变为大规模制造和工业应用。如何处理这些大规模的转变,将在很大程度上决定这项技术的未来。更重要的是,公众或企业需要为物联网的影响做好充分准备。物联网变得越来越重要,随时需要政府和监管机构介入。随着物联网的发展,治理框架需要围绕物联网实现的信息的创建、存储、使用删除和建立和实施规则进行创建。这些规则可以从监管设备审计和固件更新等技术问题,到围绕谁控制物联网设备及其生成的数据的复杂问题。

---

① 参见 Gartner 研讨会/ITEXPO:《2023 年的战略物联网趋势和技术》,载程序员大本营网( https://www.pianshen.com/article/2480209440/) ,访问日期:2020 年 11 月 29 日。

## 第五节　区块链技术

近年来,区块链(Block Chain)技术被认为是继互联网之后最具颠覆性的技术之一,它已大量应用于金融和加密货币之外的领域。2019年10月24日下午,中共中央政治局就区块链技术发展现状和趋势进行第十八次集体学习。中共中央总书记习近平在主持学习时强调,区块链技术的集成应用在新的技术革新和产业变革中起着重要作用。我们要把区块链作为核心技术自主创新的重要突破口,明确主攻方向,加大投入力度,着力攻克一批关键核心技术,加快推动区块链技术和产业创新发展。这也是我国首次将区块链技术提升至国家战略。

区块链是一种按照时间顺序将数据区块以顺序相连的方式组合成的一种链式数据结构。从技术本质上看,区块链可以理解为一个由多个节点共同维护、能够系统运转的数据库储存系统。它是多种技术的集大成者,包括去中心化技术(P2P网络技术和分布式存储)、信息加密技术(密码学哈希函数和非对称加密技术)、共识机制(拜占庭容错算法、工作量证明机制、权益证明机制)等。区块链技术特点可以总结为以下五个方面:

(1)去中心化。区块链技术不依赖额外的第三方管理机构或硬件设施,没有中心管制,除了自成一体的区块链本身,通过分布式核算和存储,各个节点实现了信息自我验证、传递和管理。去中心化是区块链最突出、最本质的特征。

(2)开放性。区块链技术基础是开源的,除了交易各方的私有信息被加密外,区块链的数据对所有人开放,任何人都可以通过公开的接口查询区块链数据和开发相关应用,因此整个系统信息高度透明。

(3)独立性。整个区块链系统基于协商一致的规范和协议(类似比特币采用的哈希算法等各种数学算法），不依赖其他第三方，所有节点能够在系统内自动安全地验证、交换数据，不需要任何人为的干预。

（4）安全性。只要不能掌控全部数据 51% 的节点，就无法肆意操控修改网络数据，这使区块链本身变得相对安全，避免了主观人为的数据变更。

（5）匿名性。除非有法律规范要求，单从技术上来讲，各区块节点的身份信息不需要公开或验证，信息传递可以匿名进行。[①]

## 一、效率与信任的交换

"区块链是一项颠覆性技术，是一种技术革命。"这是错误的解读，区块链是一种效率和信任的交换，并不是革命，也不一定适用于所有问题。区块链完全是一种分布式数据库，采用了分布式数据库的特征，但是为了达成强数据一致性和不可篡改，牺牲了很多分布式数据库的优点，也带来了一些分布式数据库没有的特性。由此，很多人认为区块链成为屈服于算法自治的终极技术武器。

区块链虽然是一种非常强大的技术，但应用场景依旧受限，相较于传统每秒能处理数万笔交易的交易处理系统相比，PoW 算法的算力空耗比较严重，比特币区块链每秒只能处理 3 笔到 7 笔交易。众多公司和科研单位已在提出大量优化算法，但由于每一种技术都有其自身的局限性和适应场景。优秀的技术能力，需要好的市场环境进行引导，抛弃对技术的客观分析，过分的商业宣传和大众投资引导是非常不明智的行为。

## 二、区块链行业的"庞氏骗局"

在区块链时代，许多"庞氏骗局"在智能合约的面纱下伪装起

---

① 参见姚忠将、葛敬国:《关于区块链原理及应用的综述》，载《科研信息化技术与应用》2017 年第 2 期。

来。这些区块链庞氏骗局被称为智能庞氏骗局,相应的智能合约被称为智能庞氏骗局合约。因为智能合约具有自动执行、不可篡改的特性,智能合约成为庞氏骗局吸引受害者的有力工具。智能庞氏骗局一般有树型、顺序型,瀑布型,游戏型等。相较于传统庞氏骗局可以人为地操控让之强制停止,智能庞氏骗局由于区块链算法的自我演化特性却无法叫停。Fomo3D 这个被人们称为最牛的庞氏资金的区块链游戏①,如果想要关闭,目前来说几乎是不可能的,除非摧毁整个以太坊网络或者简单来说就是摧毁掉现在的互联网,见图 3.3 所示。

图 3.3　Fomo3D 区块链游戏

　　为防止区块链滥用,需要逐步将数字经济纳入法治轨道。2018年 8 月,银保监会、中央网信办、公安部、人民银行、市场监管总局五部门发布了《关于防范以"虚拟货币""区块链"名义进行非法集资的风险提示》。同时建立统一、规范的技术标准,为监管提供依据;借助科技手段,实现"以链治链",去伪存真,进一步强化区块链技术应用的安全性、有效性,淘汰掉含有水分的区块链项目,让"区块乱"不能成行,让骗子没有立足之地。

---

①　Fomo3D 合约地址:https://etherscan.io/address/0xa62142888aba8370742be823c1782d17a0389da1。

### 三、算法的自我演化和异化①

区块链的防篡改特征,赋予了算法自我演化和异化的能力,进一步确保了其自治和独立。算法一旦上传到特定的区块链网络上,基于区块链的防篡改特征,它就只能遵循固定于代码中的程序逻辑运行,不会像传统的人或组织那样,去考量预期之外的后果。

算法的自我演化,是指算法脱离创建者和初始代码自我进步和更新的能力。基于特定区块链的算法如需更新或改变,必须通过特定的共识机制,如比特币网络所采用的"工作量证明机制",以太坊网络所采取的"权益证明机制"。无论采取哪种共识机制,都不再受算法创建者及初始代码的控制。

算法的自我异化,是指算法在外因作用下的自我变更或升级,如算力或网络中断导致分叉,从而导致算法的更新;或者对区块链网络发起恶意攻击导致的算法更新。就比特币网络而言,一般认为,基于其工作量证明机制,发起有效攻击至少需要全网51%的算力,而最新的研究表明,通过所谓的"日蚀攻击"(Eclipse Attacks),有效攻击比特币区块链网络最低只需全网33%的算力,这可能会大大降低算法异化的安全阈值。

无论是算法的自我演化还是自我异化,都体现为脱离创建者的自我进化、生长和独立决策的能力。基于法律角度视之,算法的自我执行和自我决策使得算法与自然人、法人在法律主体方面的差距将会逐渐消失,现有的基于人与人交互的监管和法律体系将会面临重大挑战。

### 四、数字货币的金融冲击

区块链技术总是与比特币同时出现,然而比特币只是区块链技

---

① 参见《监管区块链:驯服算法自治的终极武器》,载澎湃新闻(https://www.thepa-per.cn/newsDetail_forward_2685898),访问日期:2020年11月29日。

术的一个具体应用,区块链不仅可应用于比特币等数字货币,还可以应用于所有数字化的领域,如数字票据、征信、政务服务、医疗记录等。数字货币也不一定应用区块链技术,我国央行相关人员也多次指出,"法定数字货币未必使用区块链技术,区块链只是央行数字货币备选的底层技术之一"。

　　然而随着比特币、莱特币等数字货币价格持续上涨,屡创新高,数字货币市场引起市场各方和监管部门的高度关注。与此同时,围绕比特币而展开的数字货币发展前景也激发了诸多讨论。① 克鲁格曼(Krugman)在《纽约时报》的文章《除了泡沫还是泡沫,欺骗与麻烦》(Bubble, Bubble, Fraud and Trouble)列举了在比特币经济上众所周知的多个疑虑。数字货币和新型货币之间的相互影响,以及发行法币的银行,明显唤起了人们对金融稳定性和消费者保护的担忧。但除此之外,外汇、金融和价值的替代形式也会对金融完整性、货币政策和资本流动造成影响。②

## 第六节　人工智能技术

　　这里探讨的是狭义或者典型的人工智能技术场景下的相关问题。提及人工智能,很多人会理解为机器学习、深度学习的成功。但人工智能的爆炸式发展,不仅因为机器算法的出色表现,更要归功于硬件 GPU 的广泛使用,这使得大数据的并行处理更快、更便宜、更强大;要得益于云平台提供几乎无限的存储空间;各种应用数据终端和物联网传感器对数据的大量采集;无线通信网络和骨干网络对终端数据的快速传输,等等。因此,人工智能技术的高速发展需

---

① 参见杨成浩、田艳文:《浅论比特币的货币属性》,载 Proceedings of 4th International Symposium on Social Science (ISSS 2018),第 494—498 页。

② 参见国际货币基金组织(IMF)报告:《数字货币的崛起》,载巴比特网(https://www.8btc.com/article/470062),访问日期:2020 年 11 月 29 日。

要多种信息技术作为有效支撑,网络技术、云存储技术、大数据技术、物联网技术环环相扣成为人工智能技术发展的基础根基。

## 一、深度神经网络对抗样本攻击

对抗样本指的是攻击者故意设计的、被用来输入到机器学习模型里的引发模型出错的值,它就像是让机器在视觉上产生幻觉一样。由于神经网络学习到的那个函数是不连续的,只需要在原始图片上做微小的扰动,就能让处理后的图片以很高的置信度被错误分类,甚至能让处理后的图片被分类一个指定的标签,这样的图片被称为对抗样本。

对抗样本还具有一定的鲁棒性,将对抗样本打印到纸面上,仍然可以达到欺骗系统的效果。也就是说,对抗样本可以通过打印等手段在我们生活的真实环境中产生影响,其中最大的威胁便是自动驾驶领域。对于汽车自动驾驶系统,攻击者可以通过这样的手段生成一个禁止通行标志的对抗样本,如图3.4所示,虽然在人眼看来这两张图片没有差别,但是自动识别系统会将其误判为可以通行的标志,造成灾难性的后果。

图3.4　正常交通标志及其对抗样本的肉眼分辨

## 二、人工智能伪造技术

人工智能伪造技术是指利用人工智能在深度学习、大数据处理、语言识别、图像识别、自然语言处理等方面的强大功能,伪造社会生活中人体指纹、语音等生理特征及合成虚假音频、视频等媒体文件的技术。现阶段的人工智能已经可以伪造个人笔迹、声音、动画以及视频等,且仿真度极高。

伪造笔迹方面,英国 UCL 大学研究人员开发出人工智能算法(My text in your hand writing),该算法能够分析一个人的字形及其特殊的书写方式,生成字形、字号、颜色、笔线纹理、垂直及水平间距等完全相同的笔迹,达到完美伪造,如图 3.5 所示。

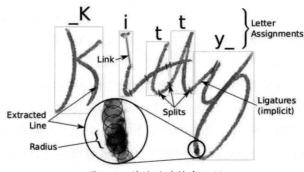

图 3.5　笔迹伪造技术示例

伪造语音方面,谷歌 Deepmind 公司开发出"WaveNet"软件,该软件可利用其神经网络系统对原始音频波形进行建模,生成带有强调性音节、抑扬顿挫和体现情绪的目前世界上最接近人类自然语言的音频。加拿大 Lyrebird 公司正在开发一种深度学习算法,使任何人都可以使用其他人的声音伪造出令人惊讶的逼真演讲。目前,该公司已利用该技术仿造出特朗普、奥巴马及克林顿等人的声音进行演讲。此外,Adobe 公司的 Project VoCo 软件可以识别出一段语音中的文字,之后针对语音中的文字进行编辑和修改,生成音色和音调与本人完全一样的语音。

人工智能伪造技术对社会秩序的各个层面构成了严重威胁。在社会生活层面,人工智能伪造技术使日常生活所用的合同、契约、证书及相关法律文本的防伪鉴定面临新的困难。在涉及公民、法人和组织切身利益和财产安全的重要问题上,该技术带来了诸多不确定性的挑战。在司法层面,人工智能伪造技术将可用于伪造证人证言、视听资料、电子数据及鉴定意见等虚假证据,为司法证据的鉴定采用和非法证据排除带来了新的困难,对社会公正和社会稳定带来极大的挑战。在公共安全层面,人工智能伪造技术为不法分子从事违法犯罪活动提供了便利条件。例如,不法分子出于扰乱社会治安或敲诈勒索等目的,利用该技术制作高逼真度的杀人、绑架、爆炸等严重暴力犯罪的音频视频,将对社会稳定构成严重威胁。①

### 三、致命性自主武器应用②

随着技术尤其是人工智能的进步,不需要人控制的致命性自主武器系统(Lethal Autonomous Weapon Systems, LAWS)已经成为现实,由此可能引发道义、法律、外交等方面的争议。目前对于支持还是禁止致命性自主武器系统,国际社会仍存在很大分歧。各国也在努力寻求合理的伦理机制和国际法规,对致命性自主武器系统进行有效管控。经过几十年的发展,越来越多的武器系统采用自动化技术。致命性自主武器系统的应用潜力巨大,有专家将其描述为"继火药、核武器之后的第三次战争革命"。

从道义角度支持禁止观点者认为,LAWS 使夺走人的性命这种决策远离了人的判断,在道义上是无法接受的,因此,必须禁止。从法律角度支持禁止观点者认为,LAWS 即便没有违背《国际人权法案》和《武装冲突法》的纸面条文,也违背了其精神,因此,应该提前禁止。这些观点认为,LAWS 可能由于设计问题,在非法条件下对非作战人员发起攻击并造成死伤。

从道义角度反对限制观点者认为,禁止或约束 LAWS 的发展将对民用或军民两用技术的研究形成阻碍。还有观点认为,政府通过

---

① 参见胡薇:《浅析人工智能伪造技术对社会安全的威胁》,载电子发烧友网(ht-tp://m. elecfans. com/article/786937. html),访问日期:2019 年 5 月 30 日。

② 参见《致命性自主武器(LAWS)发展争议》,载蓝海星智库(https://www. secrss. com/search? keywords),访问日期:2019 年 5 月 30 日。

LAWS来提升国防安全,可以更好地承担保护国家公民的道德责任。从法律角度反对限制观点者认为,LAWS可以减少战时过度的附带损伤,使指挥人员有更多的信息来区分军事目标和民用目标,这些特点使其不违背《国际人权法案》。

2016年,联合国在"特定常规武器公约"会议上启动了关于人工智能在军事使用上的全球性辩论,其中大多数缔约方赞同了所谓的"对致命自主武器系统进行有意义的人类控制原则",这条原则提出"凡是无意义的人类控制的致命自主武器系统都应被禁止"。联合国还在海牙建立了一个专门的研究机构(犯罪和司法研究所),主要用来研究机器人和人工智能治理的问题。

当然,人工智能技术的应用带来的社会问题还有很多,除了以上问题外,还有关于人工智能体的主体地位、社会危害的责任和相关风险的承担、算法运用所产生的社会歧视和算法"黑箱"问题,以及所产生的一系列的社会伦理和法律治理上的问题等,这些问题将在后面的法律问题分析中做具体的探讨和说明。

第二篇

欧盟及其他国家人工智能立法

与政策发布现状

# 第四章　欧　盟

欧盟作为欧洲区域一体化组织,主要以欧盟理事会、欧洲委员会和欧洲议会等为核心机构,因此,《国际专报》主要对上述几个机构的人工智能相关动向进行了调查。欧洲议会于2015—2017年期间为制定统一的《欧洲机器人民事法律规则》而进行了多方面的研究和努力,这是欧盟在人工智能领域最早、最具综合性的立法尝试。该项工作产生了包括《欧洲机器人民事法律规则》的立法研究、立法建议、《机器人章程》等多份极具价值的成果性文件,也为欧盟层面在人工智能领域的政策框架和举措奠定了基础。另外,欧洲经济和社会委员会(EESC)发布的《关于人工智能的意见》指出,11个人工智能带来重要机遇和挑战的领域和EESC的建议,有助于理解欧盟层面对人工智能可能带来的挑战的预估(意味着在这些领域更可能产生后续监管性措施)。欧盟委员会在此基础上提出在欧盟层面共同行动的人工智能倡议。

欧盟委员会于2018年1月与欧洲人工智能联盟EurAI合作召开了"欧洲人工智能景观"(the European AI landscape)研讨会,在研讨会上,有20个与会国分别对本国人工智能的发展现状和政府举措进行了介绍,欧盟委员会在同名会议报告①中汇总了各国政府的主要内容,并在报告中承诺将进一步梳理会议内容以及欧盟层面的景观(landscape)以发布后续的正式报告。在此基础上,2018年4月10

---

① European Commission:"the European AI Landscape Workshop Report", 18 April 2018,available at https://ec. europa. eu/digital-single-market/en/news/european-artificial-intelligence-landscape,last visited:10 Oct. 2020.

日,欧洲 25 个国家①在挪威签署《人工智能合作宣言》②,承诺在人工智能领域开展合作。欧盟委员会承诺将促进成员国之间的对话,并力图在 2018 年年内就成员国之间关于人工智能的合作计划达成一致。对于上述两份文件,《国际专报》限于篇幅原因并未对其具体内容进行翻译或综述,仅提供线索以供参考。

## 第一节　人工智能立法

2015 年,欧洲议会法律事务委员会决定建立一个工作小组,对机器人和人工智能发展所涉及的法律和伦理问题展开研究。2016 年 5 月 31 日,法律事务委员会发布了《就机器人民事法律规则向欧盟委员会提出立法建议的报告草案》(以下简称《报告草案》),其中包括一份请求欧洲议会决议的动议、决议动议附件——关于提案内容的具体建议和一份解释性说明。③

2017 年 2 月 16 日,欧洲议会经征求欧洲议会六个委员会④的意见、参考欧洲议会研究服务机构科学技术选择评估(Science and Technology Options Assessment, STOA)专家小组发布的《网络–物理系统的伦理方面》研究报告⑤和多轮修订,作出《就机器人民事法律

---

①　宣言 25 个签署国名单:奥地利、比利时、保加利亚、捷克共和国、丹麦、爱沙尼亚、芬兰、法国、德国、匈牙利、爱尔兰、意大利、拉脱维亚、立陶宛、卢森堡、马耳他、荷兰、波兰、葡萄牙、斯洛伐克、斯洛文尼亚、西班牙、瑞典、英国、挪威。随后罗马尼亚、希腊、塞浦路斯、克罗地亚等四国也签署了该宣言。

②　European Commission:"Declaration of cooperation on Artificial Intelligence (AI)", 10 April 2018, available at https://ec. europa. eu/digital–single–market/en/news/eu–member–states–sign–cooperate–artificial–intelligence, last visited: 10 Oct. 2020.

③　European Parliament:"Draft Report with Recommendations to the Commission on Civil Law Rules on Robotics", (2015/2103(INL)), PE582. 443.

④　运输和旅游委员会,公民自由、司法和内政事务委员会,就业和社会事务委员会,环境、公共卫生和食品安全委员会,工业、研究和能源委员会,内部市场和消费者保护委员会。

⑤　Europe Parliament Science and Technology Options Assessment:"Ethical Aspects of Cyber–Physical Systems", 28 June 2016, available at https://www. europarl. europa. eu/stoa/en/document/EPRS_STU(2016)563501, last visited: 14 Oct. 2020.

规则向欧盟委员会提出立法建议的决议》》①(以下简称《决议》),其于2019年发布《人工智能前端口:法律与伦理反思》,文章强调人工智能的独一无二特征可能给当前法律框架带来挑战,随着人工智能系统变得更加自主,可能需要迅速建立一个理论范式。②

2017年12月14日,欧洲理事会、欧洲议会和欧盟委员会照例签署和发布的《关于欧盟2018—2019年立法优先事项的联合声明》指出,3个机构将在其中7个优先领域加强立法合作,此外某些重要事项也需要3个机构共同推动其发展,其中包括"在获得人工智能和机器人的发展所带来的好处并规避其风险的过程中,保障高水平的数据保护、数据权利和伦理标准"。③

2018年4月25日,欧盟委员会向欧洲议会、欧洲理事会、欧盟经济社会委员会、欧盟地区委员会发送有关欧洲人工智能的通信,并对欧盟就人工智能应采取的路径提出建议。2020年2月19日,欧盟委员会官网发布的《人工智能白皮书》指出,一系列人工智能研发和监管的政策措施,并提出"可信赖的人工智能框架",重点聚焦三大目标:研发以人为本的技术;打造公平且具有竞争力的经济;建立开放、民主和可持续的社会。根据《人工智能白皮书》,欧盟将在未来10年每年投入高达200亿欧元的技术研发和应用资金。④

---

①　European Parliament:"European Parliament resolution of 16 February 2017 with recommendations to the Commission on Civil Law Rules on Robotics"(2015/2103(INL)),P8_TA(2017)0051.

②　Artificial Intelligence ante portas:"Legal & ethical reflections",14 March 2019,available at https://www. europarl. europa. eu/stoa/en/document/EPRS_BRI(2019)634427,last visited:14 Oct. 2020.

③　European Parliament:"Joint Declaration on the EU's Legislative Priorities for 2018-19",14 December 2017,available at https://ec. europa. eu/commission/publications/joint-declaration-eus-legislative-priorities-2018_en,last visited:12 Sep. 2018.

④　European Commission:"On Artificial Intelligence - A European approach to excellence and trust,"19 February 2020,available at https://ec. europa. eu/info/sites/info/files/commission-white-paper-artificial-intelligence-feb2020_en. pdf,last visited:27 Oct. 2020.

**一、欧洲议会:《机器人民事法律规则》立法建议及《机器人章程》**

根据《欧洲联盟运行条约》第225条的规定,欧洲议会可以代表其多数成员,要求欧盟委员会就欧洲议会认为为实现本条约的目的需要采取的行动呈送任何适当的提案。如果欧盟委员会不予呈送提案,应当向欧洲议会说明理由。欧盟委员会计划于2020年年底制定出台《欧盟数字服务法》等具有法律约束力的数字规则,以取代20年前通过、不再适用于当今时代的欧盟于2000年发布的《电子商务指令》,并对规范市场准入、强化企业责任和保护基本权利等问题作出明确规定①。

《决议》引言部分开宗明义地提出:"当前所未有的复杂机器人和人工智能的其他表现形式正准备开启新的产业革命,人类站在了一个时代的入口,没有任何一个社会阶层能够免受其影响。立法机关在不扼杀创新的前提下,考虑其将带来的所有法律、伦理含义和影响至关重要。"

作为本次立法的背景,《决议》列出了人工智能所带来的诸多机遇、挑战和问题。机器学习通过改善其数据分析能力,为社会带来巨大的经济和创新收益的同时,也带来如何保障决策过程的非歧视、正当程序、透明性和可理解性的挑战。同样,机器人和机器学习为经济转型和劳动力市场将带来巨大的好处,但同时也会导致劳动力市场的转变,并需要未来的教育、就业和社会政策作出相应的调整。机器人并不必然替代所有的就业岗位,但低技能和劳动密集型部门更容易受到自动化的影响,这将使生产过程有可能再次回到欧洲;未来的财富和影响力可能高度集中于少数人的手中。机器人和人工智能的开发和应用所带来的影响还包括:法律责任形式的改变,数据接触、个人数据保护和隐私的考虑,对人的尊严的影响,自

① 《欧盟〈数字服务法案〉给美科技巨头再施"紧箍咒"》,《法治日报》2020年10月19日。

动化和算法决策对个人选择以及行政、司法或其他公权力机关决策的影响，人工智能超越人类智力而导致失控和威胁人类生存的风险。

由于现行法律无法转换为机器代码，阿西莫夫机器人三原则曾被作为机器人设计者、生产者和运行者的指南。规制责任、透明性、可问责性的一系列规则，以及体现欧洲和全人类所尊崇的价值的一系列原则是有用的且必要的。欧盟在建立机器人、人工智能开发、编程和利用中应遵守的基本伦理原则时可以将这些原则纳入欧盟法规及行为准则，以保障机器人和人工智能服务于人类的利益并避免可能的陷阱。《决议》还附有一份欧洲议会研究服务处科学前瞻部门（STOA）协助制定的机器人工程师道德行为准则、研究伦理委员会的准则以及向设计者和用户发布的许可证。

基于上述背景和一般原则，《决议》对机器人和人工智能适用的民事规则的重点领域和问题作出了建议和安排。

（1）机器人的法律地位及其民事责任问题

随着技术进步，今天的机器人不仅可以完成过去主要或只能由人类完成的行为，还能进行某些自主和认知特性的开发，如从经验中学习的能力、（准）独立决策的能力，使机器人越来越像能够与周边环境交互并显著改变环境的代理（agents）。在此背景下，机器人的损害行为所导致的法律责任成为关键性的问题。

机器人的自主性即独立于外部控制或影响作出决策和执行决策的能力，具有纯粹的技术性质，其程度取决于机器人的设计允许其与环境进行多大程度的交互。机器人的自主性越高，就越难以被简单地理解为其他行为者（如生产者、运行者、所有者、用户等）手中的工具。这引发的问题是，当损害的原因无法追溯至特定的人类行为人时，一般的法律责任规则是否足以解决问题，还是需要建立新的原则和规则来理清多个主体对机器人行为或过失承担的法律责任，以及是否可能避免机器人行为或过失所导致的损害。最终，机器人的自主性也会引发关于其法律身份定位的问题，即是否将其归入现有的法律分类,还是应当根据其特性建立一种新的分类。

在法律责任方面,在现行法律框架下,机器人无法对其给第三人造成损失的行为或过失承担责任。如果特定的人类主体应当预见或避免机器人的损害行为,现行的责任规则可以适用于可以将损害发生的原因归因于特定人类主体的情形。此外,生产者、运行者、所有者或用户也可能被判决对机器人的行为或过失承担严格责任。但无论是追溯人类责任的传统规则还是严格责任都有其局限性。首先是识别人类责任主体的难度问题,当机器人可以作出自主决策,将越来越难以识别出应当承担责任的主体并要求该主体赔偿损害。其次,在合同责任领域,如果机器被设计为可以选择合同相对方、协商合同条款、签订合同并决定是否以及如何履行合同,将导致传统规则无法适用,需要建立符合技术开发和创新规律的、新的和有效的规则。最后,存在举证难的问题。在非合同责任领域,《缺陷产品责任指令》①只能涵盖机器人的制造缺陷所导致的损害,并且受损害主体需要证明实际损害、产品缺陷、损害和缺陷之间的因果关系,严格责任或无过失责任框架也不足以解决上述举证难问题。最后,如果新一代机器人的设计使其具有适应性和学习能力,将导致其行为具有一定程度的不确定性,这些机器人可以从其可变的经验中自主学习并以独特和不可预见的方式与周边环境进行交互,现行的法律框架不足以解决新一代机器人所导致的损害问题。

上述问题需要在欧盟层面上获得分析和解决,以确保欧盟内部实现同等水平的效益、透明性和法律执行的确定性。据此,《决议》提出了以下建议和思路:

第一,立法和非立法(软法)方式的结合。《决议》要求欧盟委员会基于《欧洲联盟运行条约》第114条呈送关于未来10—15年内可预见的机器人和人工智能开发和使用的立法文件或法律问题提

---

① Council Directive 85/374/EEC of 25 July 1985 on the approximation of the laws, regulations and administrative provisions of the Member States concerning liability for defective products.

案,以及《决议》附件中的建议所提及的非立法性文本,如指南或行为准则。

第二,无论对机器人导致损害的民事责任所适用的法律解决方式是什么,未来的立法文件不能仅基于损害是由非人类代理(agent)所导致的,就限制应当赔偿损害的类型、范围或者限制赔偿的方式。

第三,未来的立法文件应当基于委员会的深入评估来确定适用严格责任或者风险管理的路径。如果采用严格责任的路径,只需证明损害已经发生,并在机器人的有害作用(harmful functioning)与损害结果之间建立因果联系即可。如果采用风险管理的路径,其重点不在于规制"急于行动"的人,而应当关注在特定情境下谁有能力降低风险并消除其消极影响。原则上,一旦识别出应承担最终责任的主体,其责任应当与其向机器人作出指令的实际水平以及机器人的自主程度成比例。因此,机器人的学习能力或自主性越强,以及机器人的训练周期越长,其训练者的责任就越大。需要特别注意的,是在识别对机器人的损害行为具有实际贡献的人时,不能混淆通过训练实现的机器人技能与高度依赖于机器人自我学习能力的技能。至少在当前阶段,责任必须在于人类而不在于机器人。

第四,考虑类似于汽车保险的强制性保险机制和救助基金。关于责任分配问题,一种可行的解决方案是强制性保险机制,并结合救助基金对保险制度进行补充。欧盟委员会在为未来的立法文件进行影响评估时,应当开发、分析和考虑所有可能的法律解决方案的影响:

①建立一种强制性保险机制。

②建立救助基金以保障没有被保险覆盖的机器人导致的损害获得救济。

③如果生产者、编程者、所有者或用户对救助基金作出贡献,允许其承担有限责任。

④决定是为所有智能自主机器人建立一个通用的救助基金,还

是为每一种机器人分类建立单独的基金;决定基金是在机器人被投入市场时一次性付款,还是在机器人生命周期内定期支付。

⑤通过在欧盟注册的独特注册编号,保障机器人及其基金情况的可视化,使得任何人在和机器人进行交互时知晓基金的性质、财产损害赔偿责任的限制、基金参与者的名称和作用以及其他相关的细节。

⑥在长期内,为机器人建立特殊的法律身份,至少使得最复杂的自主机器人能够获得其作为电子人的身份,以对其带来的收益或损害负责,并可能在机器人作出自主决策或以其他方式独立地与第三方进行交互时适用电子人格。

(2)民用机器人和人工智能开发的一般原则

首先,《决议》要求欧盟委员会考虑智能机器人的下列特性,为网络-物理系统、自主系统、智能自主机器人及其子分类提案和确定欧盟通用定义:(a)通过传感器、与周边环境交换数据(相互连接性)、交换和分析数据获得自主性;(b)从经验或交互(选择性标准)中自我学习;(c)至少具有最低限度的物理支持;(d)根据环境调整其行为或行动;(e)没有生物学意义上的生命。

其次,考虑到有必要对相关或必要的特定种类的机器人在欧盟内部市场引入机器人注册制度,《决议》要求欧盟委员会建立需要注册的机器人分类标准,并调查建立注册系统以及由拟设立的欧盟机器人和人工智能机构来管理该项注册系统是否是有益的。

再次,机器人技术的开发应关注的是如何补足人类的能力,而非如何取代人类。应确保人类在任何时候都能够控制智能机器。需特别注意可能在人类(尤其是易受影响的儿童、青少年、残疾人等群体)和机器人之间建立情感联系的开发,应强调如果情感依赖给人类造成严重的情感或身体的影响可能会导致的问题。

复次,通过欧盟层面的行动来避免欧盟内部市场的分散化并促进发展,强调在机器人和机器人系统的跨境使用中相互承认在一个成员国进行的测试、认证和市场批准的重要性,这一欧盟整体路径应配合有效的市场监管。

最后,立法文件应强调帮助机器人领域的中小企业和初创企业在该领域中创造新的细分市场或利用机器人的措施之重要性。

(3)研究和创新

《决议》呼吁欧盟委员会和成员国推进研究计划,以促进对机器人、人工智能技术可能存在的长期风险和机遇的研究,并鼓励尽快开展对这些技术开发后果的公开对话;呼吁委员会增加对 SPARC 项目资助的"地平线 2020"(Horizon 2020)的多年度财务框架中期审查的支持;呼吁委员会和成员国共同努力,以便在按照预防原则进行适当的安全评估后,仔细监测并保证这些技术从研究到商业化和市场应用的顺利过渡。《决议》还呼吁欧盟委员会制定一个框架,以满足欧盟数字未来的连接性要求,并确保宽带和 5G 网络的接入完全符合网络中立原则。

《决议》认为在设计方面的安全性和隐私性基础上,实现系统、设备和云服务之间的互操作性,对于实现实时的数据流动,使机器人和人工智能变得更加灵活和自主至关重要。因此,《决议》呼吁委员会促进开放的环境,从开放标准、创新许可模式到开放平台和透明性,以避免锁定在(lock-in)限制互操作性的专有系统上。

(4)伦理原则

利用机器人技术赋能(empowerment)的潜力将受到一系列张力或风险的影响,应从人类安全(safety)、健康和安全(security)、自由、隐私、完整性和尊严、自决、非歧视和个人数据保护等角度进行认真的评估。委员会应酌情参考符合机器人技术复杂性及其诸多社会、医学和生物伦理影响的道德原则,对欧盟现有的法律框架进行更新和补充。

伦理原则应强调透明性原则,透明性是指可能对一个人或多个人的生活产生实质性影响的、在人工智能帮助下作出的决策,应始终能够提供其决策背后的合理性,始终可以将人工智能系统的计算减少至人类可理解的形式。高级机器人应配备一个"黑箱",记录机器进行的每笔交易的数据,包括影响其决策的逻辑。

指导性伦理框架应基于《欧洲联盟条约》第 2 条所规定的行善(beneficence)、非歧视、自治和正义,以及《基本权利宪章》所规定的尊严、平等、正义和公平、非歧视、知情同意、私人和家庭生活、数据保护,以及欧盟法所依赖的其他基本原则和价值观,如非污名化、透明度、自治、个人责任和社会责任,以及现有的道德操守和准则。

有鉴于此,欧盟委员会于 2018 年 12 月 18 日正式发布了《可信赖的人工智能道德准则草案》,指出可信赖的 AI 有两个组成要素:第一,应尊重基本权利,适用法规、核心原则和价值观,以确保"道德目的"。第二,兼具技术稳健性和可靠性,因为即使有良好的意图,缺乏技术掌握也会造成无意的伤害。另外,AI 技术必须足够稳健及强大,以对抗攻击,以及如果 AI 出现问题,应该要有"应急计划",如 AI 系统失败了,必须要求交还人类接手[1]。

欧盟委员会于 2019 年 4 月 8 日颁布了最终版本的《可信人工智能伦理准则》,其中指出了适用于人工智能系统整个周期及各类群体的 7 条关键要求:坚持人的自主和监管;保持技术稳健与安全;重视隐私与数据治理;维护透明性原则;坚持多样性、非歧视和公平原则;维护社会与环境福祉;坚持可追溯性原则,并且配置了包括技术性和非技术性手段的具体措施[2]。

(5)欧洲机构

为加强成员国与委员会之间及欧洲产业界之间的合作,《决议》呼吁欧盟委员会考虑指定欧洲机器人和人工智能机构,以提供相关公共行为者所需的技术、伦理和监管专业知识支持,以确保这些公共行为者能够及时、合伦理和明智地应对机器人技术发展所带来的

---

[1] European Commission: "Draft Ethics guidelines for trustworthy AI. 18 December 2018," available at https://ec. europa. eu/digital–single–market/en/news/draft–ethics–guide-lines–trustworthy–ai, last visited: 27 Oct. 2020.

[2] European Commission: Ethics guidelines for trustworthy AI, 8 April 2019, https://ec. europa. eu/digital–single–market/en/news/ethics–guidelines–trustworthy–ai, last visited: 27 Oct. 2020.

新机遇和挑战。机器人应用的潜力和问题以及目前的投资动态表明,应当为欧洲机构提供适当的预算并配备监管人员、外部技术和伦理专家,致力于对基于机器人的技术进行跨部门和多学科监测、识别最佳实践标准,并酌情提出监管措施建议,确定新原则和解决潜在的消费者保护问题和系统性的挑战。

(6)知识产权和数据流动

《决议》指出,在知识产权方面,目前没有专门适用于机器人技术的法律规定,但现有的法律制度和学说可以很容易地应用于机器人技术,尽管现有法律制度和学说的某些方面似乎需要特别调整。《决议》呼吁委员会支持在知识产权方面可适用于应用机器人的各个部门的横向的和技术中立的(立法)方法。

在数据流动方面,《决议》呼吁欧盟委员会和成员国确保机器人领域的民法规则符合《一般数据保护条例》(the General Data Protection Regulation, GDPR)并符合必要性和相称性原则,确保欧盟法不会滞后于技术开发和部署的曲线。

未来的立法文件应强调《基本权利宪章》第 7 条和第 8 条以及《欧洲联盟运作条约》第 16 条所载的尊重私生活和保护个人数据的权利适用于机器人的所有领域,并且必须完全遵守欧盟的数据保护法律框架。因此,《决议》要求在 GDPR 框架内澄清有关在机器人中使用摄像机和传感器的规则和标准,确保数据保护的原则,如设计隐私(privacy by design)、默认隐私(privacy by default)、数据最小化、目的限制以及数据主体的透明控制机制和适当救济原则,符合欧盟数据保护法律,并将适当的建议和标准纳入欧盟政策。

未来的立法文件还应强调以下重要内容:(a)数据的自由流动对机器人和人工智能领域的数字经济和发展至关重要;(b)机器人系统的高安全性,包括其内部数据系统和数据流,对机器人和 AI 的适当使用至关重要;(c)必须确保对相互连接的机器人和人工智能网络的保护,以防止潜在的安全漏洞;(d)强调高度安全和保护个人数据,同时适当考虑人、机器人和 AI 之间的通信隐私;(e)强调机器人和 AI 的设计者有责任开发安全、可靠和适合的产品。《决议》呼吁委员会和成员国支持和激励必要技术的发展,包括安全设计。

在数据保护方面,欧盟委员会于 2020 年 2 月 19 日发布《欧洲数据战略》,概述了欧盟未来 5 年实现数据经济所需的政策措施和投资战略。该战略将在尊重欧洲"以人为本"价值观的基础上,通过建立跨部门治理框架、加强数据基础设施投资、提升个人数据权利和技能、打造公共欧洲数据空间等措施,将欧洲打造成全球最具吸引力、最安全的数据敏捷经济体①。

(7)标准化和安全(safety and security)

《决议》呼吁委员会继续致力于制定国际统一技术标准,特别是与欧洲标准化组织和国际标准化组织合作,促进创新、避免内部市场的分散化并保证高水平的产品安全和消费者保护,包括适当的工作环境中的最低安全标准。《决议》强调合法的反向工程和开放标准的重要性,以最大化创新的价值并确保机器人可以相互通信。在这方面,《决议》欢迎成立专门的技术委员会,如 ISO/TC 299 机器人技术委员会专门致力于制定机器人标准。

在现实场景中测试机器人,对于识别和评估它们可能带来的风险以及超出纯实验室阶段的技术发展至关重要,需要有效的战略和监督机制。《决议》呼吁欧盟委员会根据预防原则,为各成员国在确定允许机器人试验的区域制定统一的标准。

(8)自主运输方式

• 自动驾驶汽车

自主运输包括所有形式的遥控、自动化、连接和自主的公路、铁路、水运和航空运输方式,包括车辆、火车、轮船、渡轮、飞机、无人机,以及该领域未来开发和创新的所有形式。《决议》呼吁欧盟委员

---

① European Commission:"A European strategy for data," 19. 2. 2020, https://ec. europa. eu/transparency/regdoc/rep/1/2020/EN/COM‐2020‐66‐F1‐EN‐MAIN‐PART‐1. PDF,访问日期:2020 年 10 月 27 日。

会在其自动驾驶车辆相关工作中注意以下几个方面:首先,在意外接管车辆控制的情况下,驾驶员的反应时间至关重要,因此,要求利益相关者具备确定安全和责任问题的现实的价值观。其次,转向自动驾驶汽车将对民事责任(责任和保险)、道路安全、与环境相关的所有主题(如能源效率、可再生技术和能源的使用)、数据相关问题(如数据访问、数据保护、隐私和数据共享)、与ICT基础设施相关的问题(如高密度和高效可靠的通信)以及就业(如创造和失去工作,培训利用自动驾驶车辆的重型货车司机)等方面产生影响。再次,需要在道路、能源和ICT基础设施方面进行大量投资。例如,为向自动驾驶车辆提供可靠的定位和定时信息,欧洲卫星导航计划"伽利略"(Galileo)和EGNOS至关重要,并敦促完成和发射欧洲伽利略定位系统所需的卫星。最后,自动驾驶车辆为行动不便的人提供的高附加值,因为这种车辆使他们能够更有效地参与公路运输,从而便利他们的日常生活。

• 无人机

《决议》呼吁欧盟委员会对《欧洲议会2015年10月29日关于向欧盟委员会建议在民用航空领域安全使用遥控飞机系统[RPAS,通常也被称为无人驾驶飞行器(UAVs)]的决议》[①]采取后续行动。《决议》敦促欧盟委员会评估与无人机广泛使用有关的安全问题,审查是否需要为RPAS引入强制性跟踪和识别系统,以确定飞机在使用过程中的实时位置。《决议》还提示,应采用欧洲议会和欧盟理事会(EC)216/2008号条例[②]所规定的措施,以确保无人驾驶飞机的同质性和安全性。

---

① Parliament's resolution of 29 October 2015 on safe use of remotely piloted aircraft systems (RPAS), commonly known as unmanned aerial vehicles (UAVs), in the field of civil aviation, Texts adopted, P8_TA(2015)0390.

② Regulation (EC) No 216/2008 of the European Parliament and of the Council of 20 February 2008 on common rules in the field of civil aviation and establishing a European Aviation Safety Agency, and repealing Council Directive 91/670/EEC, Regulation (EC) No 1592/2002 and Directive 2004/36/EC (OJ L 79, 19.3.2008, p. 1).

（9）护理机器人

老年人护理机器人技术的广泛应用将为老年人和残疾人以及患有痴呆症、认知障碍或记忆丧失的人提供预防、援助、监护、鼓励和陪伴，但人与人之间的接触是人类关怀的基本方面之一，用机器人取代人为因素可能会使护理行为失去意义。另外，认识到机器人可以执行自动化护理任务，可以促进其承担护理辅助工作，同时加强人类护理并使康复过程更具针对性，从而使医疗工作人员和护理人员将更多时间用于诊断和更好地规划治疗方案。

（10）医疗机器人

必须对医生和护理助理等卫生专业人员进行适当的教育、培训和准备，以确保最高程度的专业能力、安全和保护患者，并需要确定外科医生操作并被准许使用的手术机器人须满足的最低专业要求。监督机器人自主权的原则至关重要，确保最初的治疗计划和关于其执行的最终决定将始终由人类外科医生作出。培训用户使他们熟悉这一领域的技术要求也尤为重要，使用机器人进行自我诊断的情形日益增多，因此，需要培训医生处理自我诊断病例。此类技术的应用不应减少或损害医患关系，但为医生提供诊断和治疗方面的帮助，以减少人为错误的风险。医疗机器人将继续深入参与高精度手术和完成重复性操作，并且有可能改善康复的结果，并在医院内提供高效的后勤支持。医疗机器人还有可能降低医疗成本，使医疗专业人员能够将重点从治疗转向预防，并提供更多预算资源，以更好地适应患者需求的多样性，对医疗保健专业人员进行持续培训和研究。

《决议》呼吁欧盟委员会在《医疗器械条例》①开始适用之前，确保测试新型医疗机器人设备的流程能够保障安全性，特别是植入人

---

① 《医疗器械条例》，参见 Regulation（EU）2017/745 of the European Parliament and of the Council of 5 April 2017 on medical devices, amending Directive 2001/83/EC, Regulation（EC）No 178/2002 and Regulation（EC）No 1223/2009 and repealing Council Directives 90/385/EEC and 93/42/EEC（OJ L 117, 5.5.2017, pp.1-175）。

体的设备。

(11)人体康复和增强

《决议》呼吁在医院和其他医疗机构中紧急建立适当的机器人伦理委员会,其任务是考虑并协助解决涉及影响患者护理和治疗的异常复杂的伦理问题,呼吁欧盟委员会和成员国制定指导方针以协助这些委员会的建立和运作。

对于机器人假肢等重要医疗应用领域需要获得持续的维护和强化,特别是解决故障和漏洞的软件更新。《决议》建议设立一个独立的可信实体,保持向携带重要和先进医疗器械的人提供上述服务所需的手段,如维护、修理和改进,包括软件更新,特别是在原供应商不再提供此类服务的情况下。制造商有义务向这些独立的可信实体提供包括源代码在内的完整的设计说明,类似于国家图书馆保存出版物。

植入人体的 CPS 可能被黑客入侵、关闭或者清除记忆存储,这可能危害人类健康,甚至在极端情况下危及人类生命,因此,强调必须优先考虑保护这些系统。

《决议》强调,必须确保所有人平等地获得这种技术革新、工具和干预措施,并呼吁委员会和成员国促进辅助性技术的发展,以便根据以欧盟为成员方的《联合国残疾人权利公约》第 4 条,促进此类技术的开发和采用。

(12)教育和就业

根据欧盟委员会的预测,到 2020 年,欧洲可能面临多达825000名 ICT 专业人才缺口,而90%的工作岗位至少需要具备基本的数字技能。因此,欧洲议会呼吁欧盟委员会为各级学习者提出可能使用、改进数字能力框架和数字能力描述的路线图,并为所有年龄组的数字能力发展提供重要支持。

在就业方面,《决议》呼吁委员会开始更密切地分析和监测中长期就业趋势,特别关注不同领域创造、替换和失去就业岗位的情况,以便了解哪些领域的工作是由于机器人的使用增加而被创造或失去的。在考虑机器人、人工智能的发展和部署可能产生影响的同时,预测社会变化,分析不同的可能情境及其对成员国社会保障制度的影响。机器人可以代替人类完成一系列危险和有害的工作,在改善工作安全方面具有巨大潜力,同时,也应注意到由于在工作场所的人类与计算机交互增加,有可能产生一系列新的风险。为此,《决议》强调对人机交互适用严格和前瞻性规则的重要性,以保证工作场所的健康、安全并尊重基本权利。此外,《决议》呼吁委员会和成员国发起倡议支持妇女参与数字化职业并提高其电子技能。

(13)环境影响

机器人和人工智能的开发应当通过有效的能源消耗来限制对环境的影响,通过促进可再生能源和稀缺材料的使用来提高能源效率,以及最大限度地减少浪费(如电器和电子废物)。因此,《决议》鼓励委员会遵循循环经济原则,机器人技术的使用也将对环境产生积极影响。CPS 能够创建可控制从生产者到消费者电力流动的能源和基础设施系统,还将出现能够在消费能源的同时生产能源的"生产消费者"(prosumers),从而获得重大的环境效益。

(14)国际层面

目前在欧盟内部适用的关于交通事故的一般国际私法规则并无进行实质性修改以适应自动驾驶汽车的发展的紧迫性,但是,简化现行的、确定可适用法律的双重制度(根据有关交通事故法律适用的欧洲议会和理事会(EC)864/2007 条例①和 1971 年 5 月 4 日海牙公约)将提高法律的确定性并限制选择论坛(forum shopping)的可能性。另外,有必要考虑修订诸如 1968 年 11 月 8 日《维也纳道路交通公约》和《适用于交通事故的法律的海牙公约》等国际协定。《决

---

① Regulation (EC) No 864/2007 of the European Parliament and of the Council and the Hague Convention of 4 May 1971 on the law applicable to traffic accidents.

议》期待欧盟委员会确保成员国以统一的方式执行拟修改的《维也纳道路交通公约》等国际法，以实现无人驾驶，并呼吁委员会、成员国和产业界尽快实现阿姆斯特丹宣言的目标。

《决议》鼓励在评估社会、伦理和法律挑战方面开展国际合作，并在联合国主持下制定监管标准。《决议》指出，《欧洲议会和理事会关于两用物品贸易的第（EC）428/2009 号条例》所规定的限制和条件①，也应适用于机器人技术的应用。

二、STOA：《网络-物理系统的伦理方面》②

2016 年 6 月，欧盟议会研究服务总局（Directorate-General for Parliamentary Research Services of the European Parliament，DG EPRS）科学技术选择评估（Science and Technology Options Assessment，简称 STOA）发布了科学前瞻研究项目报告《网络—物理系统的伦理方面》（以下简称《项目报告》）。

网络-物理系统（Cyber-physical systems，CPS）是指与物理世界进行交互的联网计算机技术系统、机器人和人工智能。"网络-物理系统的伦理方面"项目旨在评估 CPS 技术截至 2050 年的未来发展路径，指出这些发展的潜在的、意料外的影响和伦理问题，帮助欧洲议会、议会机构和各成员国预见未来 CPS、机器人和人工智能的发展可能引发的担忧。

该项目的研究被划分为三个阶段进行，并形成了相应的成果性文件：

第一阶段："技术视野扫描"，以简报形式描述关键性技术发展趋势，包括短期和长期趋势，及其潜在的社会、技术、环境、经济、政治、伦理和人口统计学（统称 STEEPED）影响。在第一阶段，STOA

---

① 适用于可民用和军用并可能助长大规模杀伤性武器扩散的货物、软件和技术。

② Europe Parliament Science and Technology Options Assessment：Ethical Aspects of Cyber-Physical Systems，28 June 20，http：//www.europarl.europa.eu/stoa/en/document/EPRS_STU（2016）563501，访问日期：2018 年 9 月 10 日。

选取了 7 个领域进行了细致的长短期趋势和潜在 STEEPED 影响分析,包括:(1)残疾人和老年人的日常生活;(2)医疗健康;(3)农业和粮食供应;(4)制造业;(5)能源和关键基础设施;(6)物流和运输;(7)安全和保障。第一阶段的工作成果作为《项目报告》的《附件一:七大领域 CPS 技术简报》。

第二阶段:"软影响和场景阶段",在技术视野扫描的基础上,分析了 CPS 的软影响(是指不易测量并因此不易分配责任的影响,如影响健康、环境和安全)以指出潜在的公共担忧。为此,STOA 成立了两个研讨会、建立了 4 个可能的未来场景(包括健康领域和残疾人应用 CPS,CPS 和农业,生产和保障,CPS 和能源和保障等,具体参见《附件 2:CPS 已经在生活的各个方面发展和成熟的四种未来场景》),以识别可能引发公共或伦理担忧的领域。

第三阶段:"法律逆推(backcasting)阶段",识别可能需要修改或审查的法律文件,以及(如适用)可能需要进行前瞻性立法工作的领域。在前两个阶段产生的成果在这一阶段转化为前瞻性的战略,以辅助欧洲议会、委员会和欧洲议会的成员的立法行动。

这一阶段的工作包括以下几个部分:(1)识别和分析未来可能触及欧盟法律利益的关于 CPS 的潜在担忧和问题;(2)识别与这些领域利益相关的欧洲议会委员会和跨集团;(3)识别可能需要审查、修改或进一步细化的法律文件;(4)识别潜在的跨领域的法律问题(并非特定于某个委员会的更宽泛的问题),见表 4.1。

表 4.1　选定政策领域的 CPS 的法律方面

| 1. CPS 和交通 | |
| --- | --- |
| 相关委员会:<br>·公民自由、正义和内部事务委员会(LIBE);<br>交通和运输委员会(TRAN)。 | |
| 潜在的考虑、问题和挑战 | 可能需要审查和更新的法律文件和条款(指示性清单) |

（续表）

| | 欧盟立法： |
|---|---|
| ·在运输和物流领域越来越多地使用监视系统和监测程序而产生的隐私、数据保护、网络安全和人类尊严问题；<br><br>·确定自动化系统功能和安全性的评估流程，包括试点测试的标准化测试流程、数据记录、基础设施要求、跨境测试等；<br><br>·在公共场所运行 CPS 的安全，特别是自动驾驶车辆的安全和责任问题以及规制在公共道路上测试、许可和操作该技术的规则；<br><br>·车辆和复杂物流网络的连接和集成所带来的风险，可能导致潜在的犯罪或恶意攻击或滥用，可能导致重大财务损失、整个欧洲的瘫痪以及在最坏的情况下导致伤亡；<br><br>·审查卡车和公共汽车司机关于驾驶和休息时间的规则，以及在日益自主化的运输系统时代的快速数字测量（车辆行驶记录）。 | ·关于商用车辆驾驶和休息时间的（EC）561/2006 条例和关于车辆行驶记录仪的（EEC）3821/85 条例①；<br><br>·关于车辆性能的 2014/45/EU 指令②；<br><br>·关于道路运输领域智能交通系统及其与其他运输方式之间接口的 2010/40/EU 指令③；<br><br>·关于汽车保险的 2009/103/EC 指令④；<br><br>·关于汽车认证框架的 2007/46/EC 指令⑤；<br><br>·关于驾驶证要求的 Directive 2006/126/EC 指令⑥； |

---

① Regulation (EC) No 561/2006 of the European Parliament and of the Council of 15 March 2006 on the harmonisation of certain social legislation relating to road transport and amending Council Regulations (EEC) No 3821/85 and (EC) No 2135/98 and repealing Council Regulation (EEC) No 3820/85 (OJ L 102, 11.4.2006, pp. 1–14).

② Directive 2014/45/EU of the European Parliament and of the Council of 3 April 2014 on periodic roadworthiness tests for motor vehicles and their trailers and repealing Directive 2009/40/EC Text with EEA relevance (OJ L 127, 29.4.2014, pp. 51–128).

③ Directive 2010/40/EU of the European Parliament and of the Council of 7 July 2010 on the framework for the deployment of Intelligent Transport Systems in the field of road transport and for interfaces with other modes of transport (OJ L 207, 6.8.2010, pp. 1–13).

④ Directive 2009/103/EC of the European Parliament and of the Council of 16 September 2009 relating to insurance against civil liability in respect of the use of motor vehicles, and the enforcement of the obligation to insure against such liability (OJ L 263, 7.10.2009, pp. 11–31).

⑤ Directive 2007/46/EC of the European Parliament and of the Council of 5 September 2007 establishing a framework for the approval of motor vehicles and their trailers, and of systems, components and separate technical units intended for such vehicles (Framework Directive) (OJ L 263, 9.10.2007, pp. 1–160).

⑥ Directive 2006/126/EC of the European Parliament and of the Council of 20 December 2006 on driving licences (OJ L 403, 30.12.2006, pp. 18–60).

（续表）

| | 关于职业驾驶员培训和初始资格的 2003/59/EC 指令①；<br>·关于产品责任的 Directive 85/374/EEC 指令②；<br>·（EU）2018/858《关于对机动车及其挂车和应用于车辆的系统、部件、单独技术单元的批准和市场监督的欧盟议会和欧盟理事会法规》,于 2020 年 9 月 1 日施行,自该日起,欧盟原汽车产品的整车型式批准框架性指令 2007/46/EC 及其修订本被撤销。③<br>相关的国际法律行动和文件：<br>·联合国道路交通公约（1949.9.19）；<br>·联合国道路交通维也纳公约（1968.8.11）；<br>·联合国欧洲经济委员会（UN-ECE）的行动,尤其是：<br>－关于考虑自动命令控制制动系统的 UNECE R13 规则；<br>－关于超过 10km/小时阈值的自动命令控制转向设备的 UNECE R79 规则；<br>·UNECE 内陆运输委员会文件； |
|---|---|

---

① Directive 2003/59/EC of the European Parliament and of the Council of 15 July 2003 on the initial qualification and periodic training of drivers of certain road vehicles for the carriage of goods or passengers, amending Council Regulation (EEC) No 3820/85 and Council Directive 91/439/EEC and repealing Council Directive 76/914/EEC (OJ L 226, 10.9.2003, pp.4-17).

② Council Directive 85/374/EEC of 25 July 1985 on the approximation of the laws, regulations and administrative provisions of the Member States concerning liability for defective products (OJ L 210, 7.8.1985, pp.29-33).

③ Regulation (EU) 2018/858 of the European Parliament and of the Council of 30 May 2018 on the approval and market surveillance of motor vehicles and their trailers, and of systems, components and separate technical units intended for such vehicles, amending Regulations (EC) No 715/2007 and (EC) No 595/2009 and repealing Directive 2007/46/EC (Text with EEA relevance.)

（续表）

| | ·道路交通安全工作组（WP. 1）第 68 届会议报告（2014. 3. 24-26）；<br>·智能交通系统道路地图实施现状（2015. 12. 15）①；<br>·UNECE 与自动驾驶汽车（非正式文件 WP. 29-167-04）。② |
| --- | --- |
| 2. 两用技术贸易 | |
| 相关委员会：<br>国际贸易委员会（INTA）；<br>产业、研究与能源委员会（ITRE）；<br>法律事务委员会（JURI）。 | |

| 潜在的考虑、问题和挑战 | 可能需要审查和更新的法律文件和条款（指示性清单） |
| --- | --- |
| ·如何在 CPS 环境下实施无故障的网络安全措施，以保护欧洲公民；<br>·CPS 的可用性和不断提高的复杂性引起的、防范其被用于刑事或恐怖主义目的的法律问题；<br>·安全相关研究的两用、蔓延和滥用所带来的不对称性风险； | ·关于建立控制两用物品出口、转让、经纪和运输的共同体制度的理事会 428/2009 条例③； |

---

① Regulation（EU）2018/858 of the European Parliament and of the Council of 30 May 2018 on the approval and market surveillance of motor vehicles and their trailers, and of systems, components and separate technical units intended for such vehicles, amending Regulations（EC）No 715/2007 and（EC）No 595/2009 and repealing Directive 2007/46/EC（Text with EEA relevance.）77th Session of Inland Transport Committee："Status of the implementation of the Road Map on Intelligent Transport Systems-Overview of Activities Promoting Innovative Transport Technologies and Intelligent Transport Systems", Geneva, 15 Novemer 2015, available at https://www. unece. org/fileadmin/DAM/trans/doc/2015/itc/77th_ITC_Pres_4_d___ITS_. pdf, last visited：14 Sep. 2018.

② UNECE and Automated Vehicles, Informal Document WP. 29-167-04（167th WP. 29）, 10-13 November 2015, available at https://www. unece. org/fileadmin/DAM/trans/doc/2015/wp29/WP29-167-04e. pdf, last visited：14 Sep. 2018.

③ Council Regulation（EC）No 428/2009 of 5 May 2009 setting up a Community regime for the control of exports, transfer, brokering and transit of dual-use items（OJ L 134, 29. 5. 2009, pp. 1-269）.

（续表）

| ·可能带来新的漏洞,而黑客可能利用这些漏洞破坏系统的运行或者提取商业或其他敏感数据;<br>·考虑滥用机器人和人工智能的可能性,需要考虑引入额外的保障措施(如准入限制、使用危险性较小的物质、培训、安全处置、伦理管理、伦理咨询机构)。 | ·欧盟关于研究潜在滥用的解释性说明①;<br>欧盟关于两用物品研究的指导性说明。② |
|---|---|

3. 民事责任(数据保护和隐私等)

相关委员会:
· 内部市场和消费者保护委员会(IMCO);
· 产业、研究与能源委员会(ITRE);
· 法律事务委员会(JURI);
· 公民自由、正义和内部事务委员会(LIBE)。

| 潜在的考虑、问题和挑战 | 可能需要审查和更新的法律文件和条款(指示性清单) |
|---|---|
| ·与家庭护理机器人相关的数据实践,例如在使用或交互时获得知情同意,特别是对残疾人和弱势群体;<br>·确保家庭机器人收集、处理和利用个人数据过程的透明度,包括算法的使用条款;<br>·出现新的接触家庭空间的形式导致的隐私和诚信风险;<br>·超越数据保护视角的隐私观念;<br>·在机器人应用中设计和默认设置隐私观念; | ·《通用数据保护条例》(GDPR);<br>·欧洲议会和欧盟理事会的2009/136 指令(关于修订有关电子通信网络通用服务和用户权利的 2002/22/EC 指令、有关电子通讯部门个人数据处理和隐私保护的 2002/58/EC 指令,以及有关负责消费者保护法律执法的国家相关机构之间合作的2006/2004 条例)③; |

---

① Explanatory Note on Potential Misuse of Research, https://ec. europa. eu/research/participants/portal/doc/call/h2020/fct-16-2015/1645168-explanatory_note_on_potential_misuse_of_research_en. pdf,访问日期:2018 年 9 月 14 日。

② European Commission："Guidance Note-Potential Misuse of Research",http://ec. europa. eu/research/participants/data/ref/h2020/other/hi/guide_research-misuse_en. pdf,访问日期:2018 年 9 月 14 日。

③ Directive 2009/136/EC of the European Parliament and of the Council of 25 November 2009 amending Directive 2002/22/EC on universal service and users' rights relating to electronic communications networks and services, Directive 2002/58/EC concerning the processing of personal data and the protection of privacy in the electronic communications sector and Regulation (EC) No 2006/2004 on cooperation between national authorities responsible for the enforcement of consumer protection laws (OJ L 337, 18. 12. 2009, pp. 11-36).

（续表）

| 潜在的考虑、问题和挑战 | 可能需要审查和更新的法律文件和条款（指示性清单） |
|---|---|
| ·敏感性和脆弱性的观念,收集个人敏感数据,特别是易受伤害的患者的敏感数据,或持续直接观察或监视;<br>·数据产权、控制、存储和安全问题,尤其是关于互连机器人的问题;<br>·将机器人收集到的患者个人信息与其他机器人、医务人员、护理人员和残疾人共享,并防止可能的数据滥用;<br>·数据处理器和数据控制器之间的划分以及处理第三方信息的条款;<br>·CPS研究、开发和测试期间的数据收集;<br>·机器人的可访问性,特别是对于老年人和残疾人;<br>·可能需要强制保险以覆盖个人数据被非法处理可能造成的金钱和非金钱损失。 | ·隐私保护和电子通信指令（Directive 2002/58/EC）①;<br>·关于在犯罪问题方面的个人信息保护和司法合作的政策框架。② |

4. 安全（包括风险评估、产品安全等）

相关委员会:
·就业与社会事务委员会（EMPL）;
·环境、公共卫生和食品安全委员会（ENVI）;
·内部市场和消费者保护委员会（IMCO）;
·产业、研究与能源委员会（ITRE）;
·法律事务委员会（JURI）。

| 潜在的考虑、问题和挑战 | 可能需要审查和更新的法律文件和条款（指示性清单） |
|---|---|
| ·需要解决CPS的运行安全问题,因为它们将在具有潜在有害影响的公共环境中运行; | ·关于劳动者在工作中使用的工作设备安全健康最低要求的2009/104/EC指令③; |

---

① Directive 2002/58/EC of the European Parliament and of the Council of 12 July 2002 concerning the processing of personal data and the protection of privacy in the electronic communications sector ( Directive on privacy and electronic communications ) ( OJ L 201, 31. 7. 2002, pp. 37-47)

② Council Framework Decision 2008/977/JHA of 27 November 2008 on the protection of personal data processed in the framework of police and judicial cooperation in criminal matters ( OJ L 350, 30. 12. 2008, pp. 60-71).

③ Directive 2009/104/EC of the European Parliament and of the Council of 16 September 2009 concerning the minimum safety and health requirements for the use of work equipment by workers at work ( second individual Directive within the meaning of Article 16( 1) of Directive 89/391/EEC) ( OJ L 260, 3. 10. 2009, pp. 5-19).

（续表）

| ·需要引入多种安全措施,以确保机器人本身对用户的安全性,并且不侵犯他们的人身完整权;<br>·个性化(或定制)产品的认证和批准;<br>·认证(例如 ISO 安全标准);<br>·在设备复杂性和互连性日益增加的情况下进行认证,包括组件升级;<br>·需要在 CPS 的设计阶段建立有效的验证和认证;<br>·需要对 CPS 的安全性和有效性进行全面的评估;<br>·不符合安全标准的定制产品的制造商和设计人员的责任问题; | ·低电压指令(Directive 2006/95/EC)①;<br>·机械指令(Directive 2006/42/EC);<br>·电磁兼容性指令(Directive 2004/108/EC)②;<br>·通用产品安全指令(Directive 2001/95/EC)③;<br>·ATEX137 爆炸性环境指令(Directive 1999/92/EC)④;<br>·安全健康标志最低要求指令(Directive 92/58/EEC)⑤; |

---

①　Directive 2006/95/EC of the European Parliament and of the Council of 12 December 2006 on the harmonisation of the laws of Member States relating to electrical equipment designed for use within certain voltage limits (OJ L 374, 27. 12. 2006, p. 10-19). 请注意,2006/95/EC 指令已经失效,现行有效的低电压指令参见:Directive 2014/35/EU of the European Parliament and of the Council of 26 February 2014 on the harmonisation of the laws of the Member States relating to the making available on the market of electrical equipment designed for use within certain voltage limits (OJ L 96, 29. 3. 2014, pp. 357-374)。

②　Directive 2004/108/EC of the European Parliament and of the Council of 15 December 2004 on the approximation of the laws of the Member States relating to electromagnetic compatibility and repealing Directive 89/336/EEC (OJ L 390, 31. 12. 2004, pp. 24-37). 请注意,2004/108/EC 指令已经失效,现行有效的电磁兼容性指令参见:Directive 2014/30/EU of the European Parliament and of the Council of 26 February 2014 on the harmonisation of the laws of the Member States relating to electromagnetic compatibility (recast)(OJ L 96, 29. 3. 2014, pp. 79-106)。

③　Directive 2001/95/EC of the European Parliament and of the Council of 3 December 2001 on general product safety (OJ L 11, 15. 1. 2002, pp. 4-17).

④　Directive 1999/92/EC of the European Parliament and of the Council of 16 December 1999 on minimum requirements for improving the safety and health protection of workers potentially at risk from explosive atmospheres (15th individual Directive within the meaning of Article 16(1) of Directive 89/391/EEC) (OJ L 23, 28. 1. 2000, pp. 57-64).

⑤　Council Directive 92/58/EEC of 24 June 1992 on the minimum requirements for the provision of safety and/or health signs at work (ninth individual Directive within the meaning of Article 16 (1) of Directive 89/391/EEC) (OJ L 245, 26. 8. 1992, pp. 23-42).

（续表）

| | |
|---|---|
| ·能够保障移动机器人应用的安全实施的可行性研究和解决方案；<br>·开发新的机器人解决方案期间进行个别的风险评估，并辅助 CE 标签认证；<br>·研究和识别机器人领域新兴应用的安全要求；<br>·需要考虑整个应用(包括流程、固定装置、固定装置技术、机器人，而不仅仅是机器人本身)；<br>·确保远程控制机器人在控制功能和安全措施方面的透明度；<br>·机器人和操作员之间的任务、角色和职责分配；<br>·不同的自动化程度和各种应用领域的不同发展程度的考量；<br>·用户界面、切换、传递等的多变性。<br>·转换频率、典型的批量大小；<br>·用于部分自动化或人机混合环境下接收的密钥识别；<br>·需要针对应用程序设计和人体工程学进行新的测试，并为设计人员和用户提供量身定制的培训计划；<br>·考虑对所有类型的人机协作进行强制性的事前风险评估；<br>·可能需要为新一代机器人的研究和开发引入特殊的安全保障和测试协议；<br>·可能需要在风险评估程序中纳入非技术参数(例如,心理社会因素)的考量,例如机器通信的间接影响； | ·关于工人对工作现场个人保护设备使用的最低安全和健康要求的指令 ( Directive 89/656/EEC)①；<br>·关于工作地点最低安全和健康要求的指令( Directive 89/654/EEC)②；<br>·关于采取措施鼓励改善工人在作业中安全和健康的指令( Directive 89/391)③；<br>·《联合国残疾人权利公约》。<br>*ISO* 标准：<br>·ISO 10218–1 机器人和机器人设备–产业机器人安全要求–第一部分:机器人；<br>·ISO 10218–2 机器人和机器人设备–产业机器人安全要求–第二部分:机器人系统和集成；<br>·ISO/TS 15066 机器人和机器人设备–协作机器人；<br>·ISO 12100 机械安全–设计通用原则–风险评估和风险降低；<br>·ISO 13849–1 机械安全–安全相关部件控制系统–第一部分:一般；<br>·ISO 13849–2 机械安全–安全相关部件控制系统–第二部分:确认； |

---

① Council Directive 89/656/EEC of 30 November 1989 on the minimum health and safety requirements for the use by workers of personal protective equipment at the workplace ( third individual directive within the meaning of Article 16 ( 1 ) of Directive 89/391/EEC) ( OJ L 393, 30. 12. 1989, pp. 18–28).

② Council Directive 89/654/EEC of 30 November 1989 concerning the minimum safety and health requirements for the workplace ( first individual directive within the meaning of Article 16 ( 1 ) of Directive 89/391/EEC) ( OJ L 393, 30. 12. 1989, pp. 1–12).

③ Council Directive 89/391/EEC of 12 June 1989 on the introduction of measures to encourage improvements in the safety and health of workers at work(OJ L 183, 29. 6. 1989, pp. 1–8).

（续表）

| | |
|---|---|
| ·需要根据预先确定的要求使用合适的组件实施安全功能；<br>·缺乏专门适用于机器人假肢的国际安全标准，包括适用于自主机器人具有风险和不安全活动的标准；<br>·辅助型机器人长期护理保险合同的可能性；<br>·需要不断更新安全措施；<br>·针对自主产业机器人的机器人专用安全条款；<br>·可能存在数据安全威胁带来的安全问题；<br>·需要确保和管理系统的可预测性，并增加人们对日益复杂的自动化安全性的理解。 | ·ISO 60204-1 机械安全-机械电子设备-第一部分：一般要求。 |
| 5. 健康(临床试验/医疗器械/电子医疗设备) | |
| 相关委员会：<br>·环境、公共卫生和食品安全委员会(ENVI)；<br>·产业、研究与能源委员会(ITRE)。 | |
| 潜在的考虑、问题和挑战 | 可能需要审查和更新的法律文件和条款(指示性清单) |
| ·认证和批准(例如 ISO 安全标准)，特别是为测试新的医疗机器人设备可能需要调整当前的试验程序(主要用于测试药物)；<br>·个性化(或定制)产品的认证；<br>·认证和标准制定应考虑设备(包括组件升级在内)的复杂性和互连性日益增加的趋势，同时患者也更容易受到影响； | ·人类使用的药品临床试验指令(Directive 2001/20/EC)①； |

---

① Directive 2001/20/EC of the European Parliament and of the Council of 4 April 2001 on the approximation of the laws, regulations and administrative provisions of the Member States relating to the implementation of good clinical practice in the conduct of clinical trials on medicinal products for human use (OJ L 121, 1. 5. 2001, pp. 34-44). 请注意,2001/20/EC 指令已经失效,现行有效的人类使用的药品临床试验条例参见：Regulation (EU) No 536/2014 of the European Parliament and of the Council of 16 April 2014 on clinical trials on medicinal products for human use, and repealing Directive 2001/20/EC (OJ L 158, 27. 5. 2014, pp. 1-76).

（续表）

| · 需要在 CPS 的设计阶段就进行有效的验证和认证；<br>· 审查医疗职业保密行为守则,包括评估使用机器人作为"电子健康记录"相关的挑战；<br>· 需要先在医疗器械立法框架内讨论电子医疗设备和手术机器人的使用以及各自的实施措施；<br>· 机器人的临床认证和批准程序以及当前医疗机器人框架的适用性审查,特别关注受损用户或紧急情况时的使用情况；<br>· 随机化,包含对照组,基于临床结果的功效计算,以及对所测试干预的可重复描述。 | · 体外诊断医疗器械指令(Directive 98/79/EC)①；<br>· 被 2000/70/EC 指令②修改的医疗器械指令(Directive 93/42/EEC)③；<br>· 有源可植入医疗器械指令(Directive 90/385/EEC)④；<br>· 2014 年 4 月,欧洲议会和理事会通过了新的临床试验法规(EU NO 536/2014),取代人类使用的药品临床试验指令(Directive 2001/20/EC)并在欧盟适用。 |
|---|---|

**6. 能源和环境**

相关委员会：
· 农业和农村地区发展委员会(AGRI)；
· 环境、公共卫生和食品安全委员会(ENVI)。

| 潜在的考虑、问题和挑战 | 可能需要审查和更新的法律文件和条款(指示性清单) |
|---|---|
| · 可能需要审查标识、能源效率、生态设计和标准产品信息规则；<br>· 为进行能源效率立法,澄清是否应将残疾人的 CPS 定义为家用电器和/或电动机； | · 能源效率指令(Directive 2012/27/EU)⑤； |

---

①　Directive 98/79/EC of the European Parliament and of the Council of 27 October 1998 on in vitro diagnostic medical devices (OJ L 331, 7.12.1998, pp.1−37)

②　Directive 2000/70/EC of the European Parliament and of the Council of 16 November 2000 amending Council Directive 93/42/EEC as regards medical devices incorporating stable derivates of human blood or human plasma (OJ L 313, 13.12.2000, pp.22−24).

③　Council Directive 93/42/EEC of 14 June 1993 concerning medical devices (OJ L 169, 12.7.1993, pp.1−43)；

④　Council Directive 90/385/EEC of 20 June 1990 on the approximation of the laws of the Member States relating to active implantable medical devices (OJ L 189, 20.7.1990, pp.17−36).

⑤　Directive 2012/27/EU of the European Parliament and of the Council of 25 October 2012 on energy efficiency, amending Directives 2009/125/EC and 2010/30/EU and repealing Directives 2004/8/EC and 2006/32 (OJ L 315, 14.11.2012, pp.1−56).

（续表）

| | |
|---|---|
| ·审查欧盟关于家用电器消耗能源和其他资源的标签和标准产品信息的指示规则的可适用性；<br>·最大限度地减少(主要是产业)机器人的可能的环境或生态影响(提高能源效率、减少浪费、采用新的环保技术)；<br>·审查稀有和贵重材料的使用是否符合欧盟的方法学路径以及关键性评估；<br>·审查 REACH 框架对微观化学机器人的适用性；<br>·使用稀有和贵重材料可能需要根据欧洲委员会的方法学路径(methodological approach)和关键性评估(原材料倡议等)进行评估；<br>·数据管理和存储问题以及对关键系统运行(包括供应保障和安全等)的法律控制程度；<br>·需要促进生产和将生产过剩的能源传输至电网的法律解决方案；<br>·为传输能量或作为电力或能源网络一部分的机器人基础设施可能被滥用或被捕获；<br>·关于在测试农业机器人或电子机器时使用或对待动物,以及在机器人、人类和动物之间进行交互的条件,可能需要审查《欧洲农业动物保护公约》和欧盟关于农场动物和动物实验的法律。 | ·保护实验用动物指令(Directive 2010/63/EU)①；<br>·能源标识指令(Directive 2010/30/EU)②；<br>·关于化学品注册、评估、授权和限制(REACH)的条例(Regulation 2006/1907)③；<br>·保护农业目的饲养的动物指令(Directive 98/58/EC)。④ |

① Directive 2010/63/EU of the European Parliament and of the Council of 22 September 2010 on the protection of animals used for scientific purposes (OJ L 276, 20.10.2010, pp.33-79).

② Directive 2010/30/EU of the European Parliament and of the Council of 19 May 2010 on the indication by labelling and standard product information of the consumption of energy and other resources by energy-related products (OJ L 153, 18.6.2010, pp.1-12).

③ Regulation (EC) No 1907/2006 of the European Parliament and of the Council of 18 December 2006 concerning the Registration, Evaluation, Authorisation and Restriction of Chemicals (REACH), establishing a European Chemicals Agency, amending Directive 1999/45/EC and repealing Council Regulation (EEC) No 793/93 and Commission Regulation (EC) No 1488/94 as well as Council Directive 76/769/EEC and Commission Directives 91/155/EEC, 93/67/EEC, 93/105/EC and 2000/21/EC (OJ L 396, 30.12.2006, pp.1-850).

④ Council Directive 98/58/EC of 20 July 1998 concerning the protection of animals kept for farming purposes (OJ L 221, 8.8.1998, pp.23-27).

(续表)

| 7. 跨部门法律问题(跨委员会) |
| --- |

相关委员会：
- 农业和农村地区发展委员会(AGRI)；
- 就业与社会事务委员会(EMPL)；
- 内部市场和消费者保护委员会(IMCO)；
- 产业、研究与能源委员会(ITRE)；
- 法律事务委员会(JURI)；
- 公民自由、正义和内部事务委员会(LIBE)；
- 交通和运输委员会(TRAN)。

| 潜在的考虑、问题和挑战 | 可能需要审查和更新的法律文件和条款(指示性清单) |
| --- | --- |
| · 这些系统与通信技术集成而在控制、监控以及其功能或决策的可逆性方面产生的问题；<br>· 鉴于社会和医疗政策的国家性质,保障所有需要援助的人能够接触和获得平等机会相关的法律问题；需要考虑机器人技术/产品的可负担性/可获得性,并协调国家法律制度以加强平等原则；<br>· 促进长期护理合同的立法措施,如税收减免或类似的激励措施,并对老年人和残疾人使用辅助型机器人适用此类激励措施；<br>· 对CPS和相应算法的法律控制和权力；<br>· 知识产权；<br>· 产品/用户的严格责任和保险工具；<br>· 考虑通过与法律主体类别进行类比,在电子人(electronic person)类别下为智能机器人创建新的法律类别的可能性；<br>· 开发在涉及移动传感器网络和多机器人系统应用中保证并保持网络连接性的有限控制原则； | · 欧盟基本权利宪章和联合国残疾人权利公约<br>· 患者跨境医疗权利指令(Directive 2011/24/EU)[1]；<br>· 欧盟委员会关于推进欧洲积极和健康的老龄化创新伙伴关系战略实施计划的通信[2]； |

---

[1] Directive 2011/24/EU of the European Parliament and of the Council of 9 March 2011 on the application of patients' rights in cross-border healthcare ( OJ L 88, 4. 4. 2011, pp. 45-65).

[2] Communication of the European Commission, Taking forward the Strategic Implementation Plan of the European Innovation Partnership on Active and Healthy Ageing, COM(2012) 83 final.

| ·增强机器人可接受度和利用，或者直接支持机器人（社交机器人技术）主要功能的拟人投影（anthropomorphic projection）的法律和监管标准；<br>·在设计和部署过程中转化为算法的法律。 | ·欧洲理事会关于欧洲积极老龄化和团结一致年的宣言。① |
|---|---|

## 第二节　政策战略及官方报告

### 一、欧洲经济和社会委员会：关于人工智能的意见

2017 年 5 月 31 日，欧洲经济和社会委员会（European Economic and Social Committee，EESC）采纳并发布了《欧洲经济和社会委员会关于"人工智能——人工智能对（数字）单一市场、生产、消费、就业和社会的影响"的意见》②（以下简称《意见》）。

《意见》指出，EESC 从技术、伦理、安全和社会的视角密切关注人工智能的发展，未来将关注和促进关于人工智能的公共讨论，组织所有利益相关方参与讨论，包括政策制定者、产业、社会合作伙伴、消费者、NGO、教育和医疗机构、多种学科（包括人工智能、安全、伦理、经济、职业科学、法律、行为科学、心理学和哲学等）的专家和学者。

EESC 目前识别出 11 个人工智能带来社会性问题的领域：伦理、安全、隐私、透明性和可问责性、就业、教育和技能、（不）平等和包容性、法律和规制、治理和民主、福利、超智能，并据此提出相应的建议，见表4.2。

---

① Council Declaration on the European Year for Active Ageing and Solidarity between Generations (2012): The Way Forward, Guiding Principles for Active Ageing and Solidarity between Generations, Brussels, 7 December 2012.

② Opinion of the European Economic and Social Committee on "Artificial intelligence — The consequences of artificial intelligence on the (digital) single market, production, consumption, employment and society" (OJ C 288, 31.8.2017, pp.1-9).

表 4.2　EESC《意见》涉及的 11 个领域的机遇和挑战及 EESC 建议

| 领域 | 机遇和挑战 | EESC 建议 |
|---|---|---|
| 伦理 | ·自主人工智能对个人完整性、自主、尊严、独立性、平等、安全和自由选择有何影响。如何确保我们的基本准则、价值观和人权得到尊重和保障。 | ·呼吁制定人工智能开发、应用和使用的伦理准则(包括统一的全球伦理规范),在人工智能系统运行的整个过程中保证其符合欧洲的价值观和基本人权原则。 |
| 安全 | ·内部安全:人工智能系统是否能够持续良好运行,算法编程是否良好,能否抵御崩溃或黑客攻击,是否具有有效性和可靠性。<br>·外部安全:人工智能系统在社会使用时是否安全,能否在正常情况下,以及在未知、关键或不可预测的情况下仍然保持安全运行;人工智能的自学能力对安全有什么影响,包括系统在投入使用后是否继续学习。 | ·EESC 呼吁建立一个标准化系统,以便基于安全性、透明度、可理解性、可问责性和伦理价值等领域的广泛标准核准、验证和监控人工智能系统。 |
| 透明度、可理解性、可监督性和可问责性 | ·人工智能的接受度和可持续发展及应用与理解、监控和验证人工智能系统行为和决策的能力有关,包括追溯性。<br>·人工智能系统的行动和决定(通过智能算法)越来越多地干预人们的生活,人工智能系统决策过程的可理解性、可监督性和可问责性至关重要。<br>·许多人工智能系统很难为用户甚至系统开发人员所理解,神经网络通常是"黑匣子",其中发生的决策过程不再被理解,并且没有解释机制。 | ·通过开发和推广"负责任的欧洲人工智能系统"认证和标识体系,欧洲可以在全球市场中获得竞争优势。 |
| 隐私 | ·许多消费产品(家用电器、儿童玩具、汽车、健康管理设备和智能手机)已经内置了人工智能,都将(通常是个人的)数据传输到其制造商的云平台。隐私是否得到充分保证是一个值得关注的问题,特别是 | ·有益于人类的人工智能的研究和开发还需要各种高质量、公开可用的培训和测试数据以 |

（续表）

| 领域 | 机遇和挑战 | EESC 建议 |
|------|-----------|-----------|
| | 考虑到数据交易正在蓬勃发展,这意味着所生成的数据不会留在生产者身上,而是出售给第三方。<br>·通过分析大量个人数据,人工智能还能够影响人们在从商业决策到选举和公民投票的许多领域的选择,儿童是一个特别脆弱的群体。有必要防止人工智能以限制人们实际或感知自由的方式利用数据。应确定哪些决策程序可以或不可以交给人工智能系统,以及何时需要强制进行人为干预。 | 及真实的测试环境。呼吁欧洲建立人工智能基础设施,由尊重隐私的开源学习环境、现实生活场景下的测试环境、人工智能系统开发和培训的高质量的数据集组成。 |
| 对工作、就业、工作条件和社会系统的影响 | ·人工智能被用于危险、困难、疲劳、肮脏、令人不愉快、重复或烦琐的工作时具有显著优势。<br>·可以常规化的工作、数据处理和分析工作、计划或预测发挥主要作用的工作(原本通常由高技能人员完成)可以越来越多地由 AI 系统执行。<br>·人工智能系统提供越来越多的机会来跟踪和监控员工,工作通常由算法确定和分发,无须人为干预,这会影响工作的性质和工作条件。使用人工智能系统,还存在工作质量下降和重要技能丧失的风险。<br>·就业(数量):人工智能作为通用技术,可能影响所有部门,不仅包括低技能(蓝领)劳动者,还影响中高技能(白领)劳动者,同时也会增加新的工作机会。<br>·不仅要关注人工智能的能力,还应关注人的能力(创造力、同理心、合作)以及我们希望人们继续做什么。寻找机会使人和机器更好地协同工作(互补)。 | ·欧盟、成员国政府和社会合作伙伴应共同识别哪些就业部门将受到人工智能的影响,及其影响的范围和时间进度,并为适当地解决对就业、工作性质、社会系统和(不)平等问题寻找解决方案。<br>·建议各利益相关方在其工作中为实现互补性的人工智能系统及其创造而努力,例如人机小组,利用人工智能补充和改善人类的绩效。 |

（续表）

| 领域 | 机遇和挑战 | EESC 建议 |
|------|-----------|-----------|
| 教育和技能 | ·为了使人们有机会适应人工智能领域的快速发展,维持或获得数字技能是必要的。因此,政策和财政资源需要针对不受人工智能系统威胁的领域的教育和技能开发(即人类互动至关重要的任务,人与机器合作的任务或我们希望人类继续做的任务)。<br>·当使用人与人工智能的互补性(增强情报)时,从小就开始,所有人都需要从事人工智能系统的交易和工作教育,以确保人们在工作中保持自主权和控制权。由于人工智能在这些领域具有重大影响,因此关于道德和隐私的教育尤为重要。<br>·算法歧视:有意或无意的歧视通过人工智能所学习的数据被嵌入,数据易于被操纵,可能含有偏见或错误。应当保障数据的准确性、高质量、多样性、足够详细和无偏见。<br>·人工智能及其所有相关要素(开发平台、数据、知识和专业知识)的绝大部分发展都掌握在"五大"科技公司(亚马逊、Facebook、苹果、谷歌和微软)手中。尽管这些公司支持人工智能的开放式研发,并且其中一些公司使其人工智能开发平台可用于开源,但这并不能保证 AI 系统的完全可访问性。 | ·各利益相关方也应向正式或非正式的学习、教育和培训进行投资,以使人们在和人工智能共同工作的同时,发展那些人工智能不可能或不应当拥有的技能。<br>·欧盟、国际政策制定者和民间社会组织在确保所有人都能获得人工智能系统方面发挥着重要作用,而且它们应当在开放的环境中发展。 |
| 技术规制和福利平等 | ·有利于资本的技术变革(即创新主要使拥有资本的人受益)削弱了劳动力相对于资本的地位。技术变革还可能导致人们(本地以及区域和全球)之间的收入差异。AI 可 | ·在先前的意见中,EESC 确定了为实现正增长效应而平等分享数字红利的可能性。EESC 将重视研究所有这些解决方案。但是,在开发有益 |

（续表）

| 领域 | 机遇和挑战 | EESC 建议 |
|---|---|---|
|  | 能会进一步强化这些趋势。<br>·人们已经呼吁人工智能税、人工智能红利或由工人和雇主共同拥有人工智能系统，人们越来越多地谈论基本收入制度。 | 于人的人工智能与这些解决方案可能产生的阻碍效应之间应该取得适当的平衡。 |
| 法律和法规 | ·人工智能对现行法律法规的影响是相当大的。2016 年 6 月，欧洲议会的 STOA 部门公布了将受到机器人、网络物理系统和人工智能发展的影响的欧盟法律和规则的概述，并指出交通运输、两用物品、公民自由、安全、健康和能源等六个领域，其中可能有多达 39 个欧盟法规、指令、声明和通信以及欧盟基本权利宪章需要被修改或调整，需要对这些法律和规制进行迅速有力的评估。EESC 有能力并愿意在对欧盟法律和规制进行的详细评估中发挥作用。 | ·关于在人工智能系统造成损害时谁应该承担责任的问题，欧洲议会已经制定了关于机器人技术民法规则的建议，包括一项探索机器人"电子人格"的建议，以便他们可以对造成的任何损害承担民事责任。EESC 反对机器人或人工智能系统的任何形式的法律地位，因为这会带来不可接受的道德风险。责任法基于预防性行为纠正功能，一旦制造商不再承担责任风险，该功能可能会消失，因为这会转移到机器人或人工智能系统。还存在不当使用和滥用此类法律地位的风险。将电子人格类比为公司有限责任是错误的，因为在这种情况下，自然人总是最终负责。应当审查当前成员国和欧盟在产品和风险责任和自身风险领域的法律、规则和判例在多大程度上为这个问题提供了充分的答案，如果没有，那么什么样的法律可以提出解决方案。<br>·对人工智能采取正确的法律和规制方法还需要很好地理解人工智能在短期、中期和长期内可以、不能和将来能 |

（续表）

| 领域 | 机遇和挑战 | EESC 建议 |
|---|---|---|
| | | 够做什么。<br>·人工智能不受国境限制。因此必须探索全球法规的必要性。鉴于其经过验证的产品和安全标准体系、其他洲的保护主义趋势、欧洲内部的高水平知识、欧洲基本权利和社会价值体系以及社会对话，EESC 建议欧盟在为人工智能建立统一的全球政策框架方面发挥主导作用，并在全球范围内促进这一进程。 |
| 治理和民主 | ·人工智能应用程序可以帮助促进公众参与公共政策和更透明的行政决策。 | ·EESC 呼吁欧盟和各国政府为此目的使用人工智能。<br>·EESC 还关注人工智能系统被用来影响人们投票行为的迹象。人们的偏好和行为似乎已经使用智能算法进行预测和积极影响。这是对公平和开放民主的威胁。这种宣传技术的精确性和强度可能很快导致社会进一步受到干扰。EESC 认为，智能算法的透明度和监控需要标准。 |
| 战争 | ·联合国某些常规武器公约决定于 2017 年召集专家讨论自主武器的影响。 | ·EESC 支持人权观察和其他机构关于禁止自主武器系统的呼吁。EESC 认为人工智能在网络战中的应用也应该在联合国协商会议上进行审查。<br>·应确保人工智能不落入旨在将其用于恐怖主义活动的人或政权手中。 |

(续表)

| 领域 | 机遇和挑战 | EESC 建议 |
|---|---|---|
| 超智能 | ·近期对未来超智能(superintelligence)的讨论占据主导地位。 | 但 EESC 将努力加强和拓宽对人工智能的认识,借此推动"知情的和平衡的"(informed and balanced)讨论,而不是局限于最差或极端的情况。在促进人工智能的发展服务于人类福祉的同时,EESC 也将致力于认知、识别和监控人工智能的破坏性的发展,以便及时和充分地解决人工智能带来的问题。<br>·EESC 呼吁对人工智能采取"人类控制的路径"(human-in-command approach),包括使人工智能实现负责任、安全、有用发展的条件方面,机器始终是机器,始终由人类控制机器。 |

## 二、欧盟委员会:欧洲人工智能倡议

于 2018 年 4 月 25 日发布的《欧盟委员会关于欧洲人工智能与欧洲议会、欧洲理事会、欧洲经济和社会委员会及区域委员会的通信》①(以下简称《通信》),对人工智能所带来的变化、欧洲在国际竞争中的定位以及欧盟层面已经进行的工作等进行了介绍和总结,并在此基础上提出在欧盟层面共同行动的欧盟人工智能倡议。

《通信》首先指出,人工智能已经成为人们生活的一部分,正在改变我们的世界、社会和产业。面对激烈的全球竞争,欧盟层面需要一个坚实的整体框架,应当合作利用欧洲所拥有的世界一流的研

---

① Communication from the Commission to the European Parliament, the European Council, The Council, The European Economic and Social Committee and the Committee of the Regions on Artificial Intelligence for Europe [COM(2018) 237 final].

究人员、实验室和创业公司,数字单一市场,丰富的产业、研究和公共部门数据等优势,以及欧盟成员国的强大的政治支持,引导人工智能的开发和应用服务于所有人的福祉。

　　绝大多数发达经济实体均承认人工智能的颠覆性,并已经根据其政治、经济、文化和社会特点采纳不同的路径,如美国的人工智能战略和中国的《新一代人工智能发展规划》,并由公共和私人进行巨大的投资。欧洲在私人投资方面 2016 年对人工智能的私人部门投资为 24 亿—32 亿欧元,而同期亚洲为 65 亿—97 亿欧元、北美为 121 亿—186 亿欧元。因此,在欧洲建立刺激投资的环境是至关重要的。欧洲在研究社区方面领先世界,拥有创新企业、高科技创业企业和强大的产业,但欧盟需要加强经济领域对人工智能技术的采纳。

　　欧洲"地平线 2020"(Horizon 2020)研究和创新计划在 2014—2017 年向人工智能相关研究和创新投资了 11 亿欧元。委员会还启动了对人工智能至关重要的重大举措,包括开发更高效的电子元件和系统,如专为运行人工智能而构建的芯片(神经形态芯片)、世界一流的高性能计算机,以及量子技术和人脑映射等旗舰项目。

　　为此,《通信》提出欧洲人工智能倡议,旨在促进欧盟的技术和产业实力及经济领域对人工智能采纳,为人工智能所带来的经济社会变化做好准备,保障适当的伦理和法律框架,而所有这些都需要欧盟层面的共同努力,见表 4.3。

表 4.3　欧盟委员会《欧洲人工智能倡议》内容和举措

| 促进欧盟的技术和产业实力以及经济领域对人工智能的采纳 | 为人工智能所带来的经济社会变化做好准备 | 保障适当的伦理和法律框架 | 共同的努力 |
| --- | --- | --- | --- |
| (1) 加大投资力度：<br>• 欧洲整体在 2020 年年底之前应当将对人工智能的投资（包括公共和私人投资）增加至 200 亿欧元，包括欧盟通过"地平线 2020"计划投入 15 亿欧元，并通过公私合作投资吸引 25 亿欧元左右的私人投资，其余为成员国及其私人部门进行的投资。<br>• 在 2020 年以后的 10 年内，保持每年超过 200 亿欧元的投资。 | (1) 加强数字技能的教育和培训：<br>• 呼吁成员国采取行动为因自动化改变或者失去工作的劳动者提供新的技术，并在劳动力市场转型过程中技能更新和培训；<br>• 欧洲结构性投资基金 (the European Structural and Investment Funds) 将在 2014 年—2020 年期间提供 270 亿欧元用来支持技能开发，此外，还将专门为数字技能投资 23 亿欧元；<br>• 利用欧洲社会基金 (European Social Fund)，为可能被自动化取代的劳动者制定专门的（再）培训计划； | (1) 2018 年制定人工智能伦理指南：<br>• 指南的制定应尊重欧盟《基本权利宪章》并加强所有利益相关方的参与；<br>• 指南应处理未来的工作、公平性、安全性 (safety and security)、社会包容性和算法透明性问题，并考虑对隐私、尊严、消费者保护、非歧视等基本权利的影响；<br>• 指南的制定应参考欧洲新技术伦理小组 (the European Group on Ethics in Science and New Technologies) 和其他类似工作成果； | (1) 支持成员国的参与：<br>• 2018 年 4 月 10 日,25 个成员国①在挪威签署人工智能合作宣言，承诺在人工智能领域开展合作；<br>• 委员会将促进成员国之间的对话，并力图在 2018 年内就成员国之间关于人工智能的合作计划达成一致； |

① 初始 25 个成员国包括：奥地利，比利时，保加利亚，捷克共和国，丹麦，爱沙尼亚，芬兰，法国，德国，匈牙利，爱尔兰，意大利，拉脱维亚，立陶宛，卢森堡，马耳他，荷兰，波兰，葡萄牙，斯洛伐克，斯洛文尼亚，西班牙，瑞典，英国，挪威。随后，罗马尼亚，克罗地亚等也陆续加入该合作宣言。

（续表）

| | |
|---|---|
| （2）从实验室到市场的研究和创新：<br>· 委员会将通过向关键应用领域的项目进行投资，支持人工智能技术的基础和产业研究；<br>· 通过欧洲创新理事会（European Innovation Council）支持突破性的市场创新；<br>· 通过欧洲研究理事会（European Research Council）为基础性研究提供资金支持。 | （2）培养人才、多样性和跨学科性：<br>· 欧洲应努力增加掌握人工智能技术和技能的人才数量，并鼓励其多样性；<br>· 通过包容性的人工智能教育和培训，鼓励有不同背景的人群，包括女性和残疾人参与到人工智能开发中，以保障人工智能的非歧视性和包容性；<br>· 通过鼓励共同学位（如法 |
| · 为预测劳动市场的变化和技能错配进行细致分析和专业投入，为欧盟、成员国和地方政府的决策提供信息。 | （2）安全和责任：<br>· 欧盟已经建立较为完善的安全监管和责任法律框架，第一部欧盟范围的《网络和信息系统安全指令》（NIS 指令）①和《通用数据保护条例》（GDPR）②于 2018 年 5 月起适用。<br>· 委员会在数字单一市场战略下还推进了一系列至关重要的提案，如《非个人数据自由流动... |
| · 为自治（self-regulation）提供指引的同时，应确保人工智能开发应用的监管框架符合上述价值和基本权利。 | （2）各利益相关方的参与，建立欧洲人工智能联盟：<br>· 欧盟委员会在 2018 年 6 月建立由各利益相关方广泛参与的平台——欧洲人工智能联盟（the European AI Alliance），并促使该联盟与欧洲议会、成员国、欧洲经济和社会委员会，区域委员会和国际组织进行良好的互动。 |

① 《网络和信息系统安全指令》参见：Directive (EU) 2016/1148 of the European Parliament and of the Council of 6 July 2016 concerning measures for a high common level of security of network and information systems across the Union.

② 《通用数据保护条例》参见：Regulation (EU) 2016/679 of the European Parliament and of the Council of 27 April 2016 on the protection of natural persons with regard to the processing of personal data and on the free movement of such data, and repealing Directive 95/46/EC（General Data Protection Regulation），OJ L 119, 4.5.2016。

（续表）

| |
|---|
| 伴或心理学与人工智能），支持跨学科发展，考虑到伦理在新技术开发和应用中的重要性，在教育项目和课程中予以重视；<br>·培养最优秀的人才，同时创造能够吸引人才留在欧洲 | 条例）①，以及将加强网络世界可信度的提案，如《ePrivacy条例》②和《网络安全法》③，这些提案应尽快被采纳；<br>·目前，委员会已经完成对《产品责任指令》④和《机械指令》⑤的审查，并将在一个 |

① 《非个人数据自由流动条例》立法提案，参见：Proposal for a Regulation of the European Parliament and of the Council on a framework for the free flow of non-personal data in the European Union [COM/2017/0495 final – 2017/0228 (COD)].

② 《ePrivacy 条例》立法提案，参见：Proposal for a Regulation of The European Parliament and of The Council Concerning the Respect for Private Life and The Protection of Personal Data in Electronic Communications and Repealing Directive 2002/58/EC (Regulation on Privacy and Electronic Communications) [COM/2017/010 final-2017/03 (COD)].

③ 《网络安全法》立法提案，参见：Proposal for a Regulation of the European Parliament and of The Council on ENISA, the "EU Cybersecurity Agency", and repealing Regulation (EU) 526/2013, and on Information and Communication Technology cybersecurity certification ("Cybersecurity Act") [COM/2017/0477 final-2017/0225 (COD)].

④ 欧盟现行《产品责任指令》参见：Council Directive 85/374/EEC of 25 July 1985 on the approximation of the laws, regulations and administrative provisions of the Member States concerning liability for defective products (OJ L 210, 7. 8. 1985, pp. 29–33). 欧盟委员会对现行《产品责任指令》的指导性文件，以澄清指令中的部分重要概念，评估报告具体参见：Report from the Commission to the European Parliament, the Council and the European Economic and Social Committee on the Application of the Council Directive on the approximation of the laws, regulations, and administrative provisions of the Member States concerning liability for defective products (85/374/EEC) (COM/2018/246).

⑤ 欧盟现行《机械指令》参见：Directive 2006/42/EC of the European Parliament and of the Council of 17 May 2006 on machinery, and amending Directive 95/16/EC (OJ L 157, 9. 6. 2006, pp. 24–86). 欧盟委员会对现行《机械指令》进行评估认为，《机械指令》的某些条款并没有明确地处理新出现的数字技术问题，欧盟委员会将进一步审查这些条款是否需要修订性立法，具体参见：Commission Staff Working Document on E-valuation of the Machinery Directive [SWD(2018)160 final].

（续表）

| | |
|---|---|
| 的环境；<br>·旨在提高学生和应届毕业生数字技能的数字机会培训计划（Digital Opportunity Trainee-ships），鼓励年轻人选择人工智能或相关领域作为职业；<br>·通过数字技能和工作联盟（Digital Skills and Jobs Coali-tion）鼓励商业与教育之间的合作关系，吸引和储备更多人工智能人才并促进其持续性的合作。 | 专家小组的帮助下进一步从人工智能和其他技术的角度评估现有的责任框架；<br>·在 2019 年中期之前发布关于解释文件，关于现行责任和安全框架①对人工智能、物联网和机器人的影响，差距和方向性的报告。<br>·2020 年 2 月 19 日，欧盟委员会发布《关于人工智能、物联网，机器人对安全和责任影响的报告》，介绍了当前的欧盟产品安全制度和改进措施，以及对人工智能、物联网和机器人技术领域的不断创新发展②。 |

---

① 欧盟安全框架包括《机械指令》（the Machinery Directive）《广播设备指令》（the Radio Equipment Directive）《通用产品安全指令》（the General Product Safety Directive）和其他特别安全规则，例如医疗器械或玩具。

② Eurpoean Commission: "Report on safety and liability implications of AI, the Internet of Things and Robotics," 19 February 2020, https://eur-lex. europa. eu/legal-content/en/TXT/? qid=1593079180383&uri=CELEX%3A52020DC0064, 访问日期:2020 年 11 月 30 日。

（续表）

| | | |
|---|---|---|
| （3）支持在成员国的共同努力下建立欧洲人工智能研究卓越中心。<br>（4）促进人工智能对所有小型经营者和潜在用户的可及性。<br>• 促进所有潜在用户，尤其是中小型企业、非科技部门的公司和公共行政获得最新技术并鼓励其采用和测试人工智能技术，建立"人工智能按需定制平台（AI-on-demand platform）"为所有人工智能资源（包括知识、数据库、算力、工具和算法）提供一个单一入口。<br>（5）支持人工智能测试和实验。<br>• 基于现有的数字创新中心（Digital Innovation Hubs）建立人工智能测试和服务的基础设施。 | 使个人和消费者能够充分利用人工智能：<br>• B2C 交易中大规模使用人工智能工具需符合公平、透明性原则，并符合消费者保护立法；<br>• 消费者应获得明确的信息,对使用这些工具产生的数据拥有控制权,并知晓其是否与其他机器或系统进行通信。在与自动化系统交互时应注意让用户知晓如何确认系统决定的正确性；<br>• 支持人工智能可解释性方面的研发，并执行欧洲议会意识建设（Algorithmic Awareness Building）旗舰项目。为制定政策解决自动化决策所带来的挑战（包括偏见和歧视）提供有充分证据支持的信息。 | （3）监测人工智能的开发和采用。<br>• 为促进高质量和明智的政策制定,委员会将通过监测人工智能应用情况,识别人工智能价值链的发展,劳动力市场的可能变化、社会和法律的发展,以及由人工智能所带来的产业价值链的可能变化、社会和法律的发展,劳动力市场的可能变化情况。<br>（4）国际推广<br>• G7/G20、联合国、OECD 已经开始在解决人工智能问题方面发挥作用，欧盟将继续鼓励关于人工智能及其各个维度的讨论，并在价值观和基本权利方面为国际讨论做出独特的贡献。 |

（续表）

| | |
|---|---|
| （6）吸引私人投资，支持人工智能的开发和应用：<br>·将调动欧洲战略投资基金（the European Fund for Strategic Investments）吸引私人投资；<br>·委员会将与欧洲投资银行集团（the European Investment Bank Group），在 2018—2020 年期间在该领域总投资 5 亿欧元；<br>·委员会与欧洲投资基金合作启动了 21 亿欧元的泛欧风险投资母基金计划"VentureEU"。<br>（7）提供更多数据的可获得性：<br>·开放公共部门的信息和公共资金支持的研究结果，公共政策还应鼓励私人拥有的数据的更大范围的可获得性，在法律和技术上支持数据分享中心。 | ·通过欧洲消费者咨询组（European Consumer Consultative Group）和欧洲数据保护理事会支持国家和欧盟层面的消费者组织和数据保护监管机构建立对人工智能应用的理解。 |

# 第五章 美 国

## 第一节 人工智能的界定

美国目前还没有关于人工智能的一般性或综合性立法,但自2015年以来,多部有关人工智能的法律提案被提交至国会,并获得了不同程度的审议。

具体而言,以"Artificial Intelligence"为关键词在美国国会网站检索 2015—2020 年期间(第 114—116 届国会)的立法性文件,共检索到被提交至国会的 195 份法案。通常情况下,提交至国会的法案需要依次通过介绍和转介阶段(Introduction and Referral of Bills)、委员会论证阶段(Committee Consideration)、纳入参议院或众议院议会日程(Calendars & Scheduling)①、参议院或众议院中的一方审议通过后转交给另一方审议(House Floor & Senate Floor),从而获得两院审议通过(Bicameral Resolution),并提交总统签署(Presidential Actions)后成为正式法律。在上述 195 份法案中,仅 14 部通过了上述所有阶段成为正式法律,大部分法案仅停留在介绍和转介阶段。

此类法案大致可以划分为:综合性或机构设置类法案和预算或

---

① 进入介绍和转介阶段仅仅意味着参议院或众议院接收到由议员提交的法案,并在会议中决定转介给相关的委员会进行论证。一旦进行转介,该法案即进入委员会论证阶段。委员会将通过听证、评论等方式对法案进行论证和考虑,并经表决将法案报告给议会审议。相比于委员会收到转介的法案数量,只有很少一部分法案能够完成论证并进入下一阶段。委员会将法案报告给议会之后,该法案将被列入议会(参议院或众议院)日程,意味着其符合议会审议的资格,但并不保证列入议程的法案都会在国会两年任期内获得审议。

拨款类法案。与人工智能监管的关联度较高的综合性或机构设置类法案有《人工智能倡议法案》《2020 年推进人工智能研究法案》《2017 年/2020 年人工智能未来法案》《2018 年国家安全委员会人工智能法案》《2018 年/2019 年人工智能工作法案》《2018 年人工智能报告法案》《2018 年能源部老年人健康倡议法案》《人工智能标准和国家安全法案》等；预算或拨款类法案主要涉及国家标准与技术研究院（NIST）、情报部门、能源部、国防部门和联邦航空管理局（FAA）等部门，分别涉及人工智能相关的国家安全（包括网络安全）、就业、技术研发、医疗健康（老龄化）等主题。但上述各类法案均是旨在促进人工智能研究和开发或政府的"促进性的"立法提案，并没有狭义监管意义上的立法性举措。但自动驾驶汽车领域作为具体的人工智能应用部门，已经形成了一定的监管体系（尽管目前还仅是软法性规范），并在美国国会有两项重要的立法程序，分别为 SELF DRIVE 法案和 AV START 法案，各州政府也大多针对自动驾驶汽车发布了州立法或行政命令。

一、综合性或机构设置类法案

1.《2017 年/2020 年人工智能未来法案》

2017 年 12 月 12 日，众议员乔治·德莱尼（John K. Delaney）和参议员玛丽亚·坎特韦尔（Maria Cantwell）分别向众议院（H. R. 4625）和参议院（S. 2217）提交了内容完全相同的《2017 年人工智能未来法案》（FUTURE of Artificial Intelligence Act of 2017），该法案的全称为《根本性地理解人工智能可用性和现实演变的 2017 年法案》（Fundamentally Understanding The Usability and Realistic Evolution of Artificial Intelligence Act of 2017 or the FUTURE of Artificial Intelligence Act of 2017）。

该法案指出，鉴于人工智能对美国经济繁荣和社会稳定的影响和其他益处和挑战，应由商务部部长建立一个联邦人工智能开发和实施顾问委员会,对有关人工智能开发的下列事项提供顾问意见:(1)美国的竞争力,包括有关促进公私部门在人工智能开发领域的投资和创新的事项;(2)劳动力,包括由于潜在的技术替代效果,利用人工智能对工人进行再培训的事项;(3)教育,包括有关开展科学、技术、工程和数学(STEM)教育,为劳动力市场需求变化做好准备的事项;(4)人工智能技术人员的伦理培训和发展;(5)与数据开放共享和人工智能研究的开放共享有关的事项;(6)国际合作和竞争力,包括人工智能相关产业的国际竞争全景;(7)可问责性和法律权利,包括人工智能系统违反法律的责任和国际监管的可兼容性;(8)通过主流文化和社会规范形成的机器学习偏见;(9)关于人工智能可以如何强化农村地区发展机会的事项;(10)政府效率,包括如何促进低成本和顺畅的运行。

顾问委员会还应就以下事项进行研究:(1)如何建立公私部门的人工智能投资和创新环境;(2)开发人工智能对美国经济、人才、竞争力的潜在益处和影响;(3)网络化、自动化的人工智能应用和机器人是否以及如何取代或创造就业,如何将人工智能就业相关收入最大化;(4)如何在人工智能开发和算法中识别和消除偏见,包括选择和处理训练人工智能所使用的数据,人工智能开发中的多样性,部署系统的方式和地点及潜在的有害影响;(5)是否以及如何将伦理标准纳入人工智能的开发和实施过程;(6)联邦政府如何鼓励人工智能实施过程中有益于社会所有阶层的技术进步;(7)人工智能相关技术创新如何影响个人隐私权;(8)人工智能技术发展是否已经或将要超越为保护消费者而实施的法律和监管制度;(9)现行法律(包括关于数据接触和隐私的法律)是否需要调整以发挥人工智能的潜力;(10)联邦政府如何利用人工智能处理大量和复杂的数据集;(11)当前各利益相关方集团之间的对话与磋商如何最大化人工智能的潜力并促进有益于所有人的人工智能技术开发;(12)人工智能开发如何影响政府在医疗健康、网络安全、基础设施、疾病恢复等领域低成本和顺畅的运行;(13)顾问委员会认为适当的其他问题。

该法案被提交至参议院之后被转介给商业、科学和交通委员会;而被提交至众议院的法案则被决定转交给能源和商业委员会,并指定对法案涉及事项也具有管辖权的科学、空间和技术委员会,教育和劳动力委员会,外国事务委员会,司法委员会和监督和政府改革委员会进行论证。然而该法案没有被委员会通过。

2.《2020 年人工智能倡议法案》

2019 年 5 月 21 日,参议员 Martin Heinrich 向参议院提交了名为《2020 年人工智能倡议法案》(Artificial Intelligence Initiative Act of 2020)的法案(S. 1558)。2020 年 3 月 21 日,众议员埃迪·柏妮丝·约翰逊(Eddie Bernice Johnson)向众议院提交了内容基本类似的,名为《2020 年国家人工智能倡议法案》(National Artificial Intelligence Initiative Act of 2020)的法案(H. R. 6216)。《2020 年人工智能倡议法案》包括若干积极措施:

第一,该法案为人工智能研究和教育提供了大量资金。例如,它向美国能源部在 2021—2025 年财年提供 12 亿美元,以开展一项 AI 研发计划。此外,该法案将在未来 5 年内向国家科学基金会(NSF)拨款 48 亿美元,用于 NSF 资助 AI 研究和教育活动。增加的资金将有助于美国国家科学基金会资助所有它认为竞争激烈的项目。

第二,该法案要求 NSF 创建和协调一个 AI 研究机构网络,该网络专注于特定的经济部门,社会部门或跨领域的 AI 挑战。这项要求可以扩展 NSF 当前的美国国家人工智能研究所(NAIRI)计划,并有助于确保 AI 研究的进步是广泛的。

第三,该法案要求 NSF 为教育计划提供赠款,包括 AI 奖学金、实习生和 K-12、本科生和社区大学课程开发。重要的是,高等教育机构可以使用见习津贴来支付追求与 AI 相关的研究生学位的学生的学杂费。这些努力将增加美国 AI 人才的供应。人工智能大学的博士后研究人员数量的增加也可能会增加人工智能讲师的人数。

第四,该法案为 2021—2025 年财年提供了 3. 91 亿美元给美国国家标准技术研究院,用于多项措施,包括为人工智能系统创建性能基准、评估人工智能系统可信赖性的框架以及数据共享最佳实践。这些程序将为 AI 开发人员提供设计 AI 系统的有用指南,允许对 AI 系统进行比较,并为将来的立法和监管行动提供信息。此外,数据集的标准化和创建将刺激创新,数据科学家和公司经常将与数据质量有关的问题视为成功进行 AI 项目的重要障碍。

第五,该法案将以多种方式帮助美国政府更好地适应不断变化的 AI 格局。例如,该法案将建立一个由学术界、工业界和国家实验室的成员组成的咨询委员会,以评估该倡议和美国的竞争力。该法案还需要 NSF 资助一项研究,该研究涉及 AI 将如何影响劳动力和当前劳动力需求。最后,该法案将要求政府问责办公室评估政府支持的民用计算资源并预测该国的未来需求。

这些规定扩大了美国领导人工智能的能力,应予以支持。此外,国会应评估其他方法以促进美国 AI 的发展,包括 AI 教育。例如,国会应考虑建立相当于"网络公司:服务奖学金"计划的 AI,该计划向同意在政府工作期限等于其奖学金期限的网络安全学生提供奖学金。创建此类程序将为 AI 专家提供稳定的政府工作渠道。此外,国会应指示 NSF 为兼职的"学术服务之旅"提供赠款授予政府和私人工作者的奖学金,以教授大学水平的 AI 课程,并向教授与 AI 相关的课程的教授提供奖励,条件是他们必须在学术界停留 5 年。

该法案已由众议院转介给科学、空间和技术委员会;参议院则将该法案转介给了商业、科学和交通委员会。

3.《2020 年推进人工智能研究法案》

2020 年 6 月 4 日,参议员克里·加特纳(Cory Gardner)(R-CO)和盖里·皮特斯(Gary Peters)(D-MI)向参议院提交了名为《2020 年推进人工智能研究法案》(Advancing Artificial Intelligence Research Act of 2020)(S. 3891)的法案。

该法案的目的是要求国家标准与技术研究所所长推进人工智能技术标准的制定,建立国家推进人工智能研究计划,要求美国国家科学基金会促进人工智能研究。

该法案的主要要求是：(1)要求国家标准与技术研究所建立一个国家研究计划，以支持"开发技术标准和指南，促进可靠、可靠和值得信赖的人工智能"等行动。它建议在 2025 年财政年度之前每年为该项目提供 2.5 亿美元的资金。(2)要求国家科学基金会通过向高等教育机构或非盈利研究中心提供资助，创建至少 6 个人工智能研究机构，每个中心的建议预算高达 5000 万美元。(3)要求国家科学基金会创建实习项目，为研究生项目、导师和在主任认为具有国家重要性的领域工作的研究生个人提供资助。主任必须选择人工智能作为第一个主题。(4)要求国家科学基金会建立一个试点项目，为主任选定的"快速发展、高度优先的课题"的研究提供资助。主任必须选择人工智能作为第一个主题。(5)要求国家科学基金会建立一个联邦人工智能奖学金服务项目，该项目将向符合条件的机构提供为期 3 年的全额学费，作为交换，学生在联邦、州或地方政府实体从事人工智能项目的工作年限与获得资助的年限相同。

该法案已由参议院转介给了商业、科学和交通委员会。

4.《2018 年国家安全委员会人工智能法案》

2018 年 3 月 20 日，众议员 Elise M. Stefanik 向众议院提交了一份名为《2018 年国家安全委员会人工智能法》(National Security Commission on Artificial Intelligence Act of 2018) 的法案 (H. R. 5356)；2018 年 5 月 9 日，参议员乔尼·恩斯特(Joni Ernst)也向参议院提交了同名法案(S. 2806)。

该法案建议在行政部门建立一个独立的人工智能国家安全委员会，作为联邦政府的独立、临时性机构。该委员会的职责在于审查美国人工智能、机器学习和相关技术的发展，并考虑美国为促进能够综合性解决国家安全需要(包括经济风险、国防部和国家一般防御部门的其他需求)的技术开发应采取的方法和方式。委员会在其工作中应考虑：(1)美国在相关技术领域的竞争力，包括国家安全、经济安全、公私合作和投资方面；(2)美国在相关技术领域(包括

量子计算和高性能计算)维持技术优势的方式方法;(3)国际合作和
竞争的进展和趋势,包括相关技术领域的外国投资;(4)促进在相关
技术领域的基础和高级研究投资和重要性的方式方法;(5)吸引和
招募相关技术领域尖端人才的劳动力和教育奖励;(6)美国和外国
在军事领域采用相关技术的进展带来的风险,包括关于武装冲突的
国际法、国际人权法;(7)相关技术未来被应用时的相关伦理考量;
(8)在数据驱动产业建立数据标准和为开放共享训练数据提供激励
的方式;(9)相关技术中的数据隐私和安全(security)保护措施的开
发;(10)委员会认为与国家一般防御有关的任何事项。

　　该委员会应由 11 名成员组成,分别由国防部部长指定 3 名、参
议院军事服务委员会议长和由少数党担任的副主席各指定 2 名、众
议院军事服务委员会议长和由少数党担任的副主席各指定 2 名。在
2019 年度国防拨款中使用不超过 1000 万美元用于该委员会的经
费,委员会应在成立后 180 天内向总统和国会提交关于其职责和考
虑事项的初步报告,并在 1 年内提交综合性报告。

　　该法案已由众议院转介给军事服务委员会,教育和劳动力委员
会,外国事务委员会,科学、空间和技术委员会,能源和商业委员
会,目前正在由上述委员会指定其下属分委员会进行讨论;参议院
则将该法案转介给了商业、科学和交通委员会。

　　5.《2018 年/2019 年人工智能工作法案》

　　2018 年 1 月 18 日,众议员达伦·索托(Darren Soto)向众议院提
交了一份名为《2018 年人工智能工作法》(AI JOBS Act of 2018)的法
案(H. R. 4829),全称为"人工智能工作机会和背景简介 2018 年法"
(Artificial Intelligence Job Opportunities and Background Summary Act
of 2018)。

　　该法案首先提出,人工智能在提高人们生活质量的同时,也会
对劳动力市场带来巨大影响。法案要求劳动部长在法案生效后的 1
年内与地方教育机构、高等教育机构、劳动培训组织和国家实验室、
广泛的个人利益相关方代表以及相关政府机构合作,向众议院教育

和劳动力委员会和参议院健康、教育、劳动和养老委员会提交关于人工智能及其对劳动力影响的报告。报告应运用具体数据分析人工智能的影响和增长,识别受到人工智能影响的产业并指出在这些产业应用人工智能会加强劳动者的能力还是取代其工作,分析在未来20年内开发、操作人工智能或与之共同工作所需要的专业技能和教育,分析因人工智能增加或减少工作机会的人群(如种族、性别、经济地位、年龄和地区)以及应对工作替代并帮助劳动者做好准备的建议等。该法案目前被转介至教育和劳动力委员会进行讨论。

2019年1月18日,众议员达伦·索托向众议院再次提交了名为《2019年人工智能工作法》(AI JOBS Act of 2019)的法案(H. R. 827)。《2019年人工智能工作法案》将收集数据,以分析哪些行业预计将通过人工智能增长最快、可能经历扩大就业机会以及最容易流离失所的人口统计数据。该法案将授权劳工部与企业和教育机构合作,以创建一份报告,分析人工智能的未来增长及其对美国劳动力的影响。该法案是在美国国家科学基金会公开征集探索性研究的 EArlyconcept 补助金(EAGERs)期间提出的,这是一项联邦补助金,用于支持 AI 项目,以提高对 AI 技术的理解并为克服所面临的挑战提供科学贡献。

6.《2018年人工智能报告法案》

2018年6月13日,众议员布伦达·劳伦斯(Brenda L. Lawrence)向众议院提交了一份名为《2018年人工智能报告法》的法案(H. R. 6090)。该法案要求国家科学技术委员会(National Science and Technology Council, NSTC)的机器学习和人工智能小组,在本法生效后的120天内以及此后的每年度,向众议院监督和政府改革委员会,科学、空间和技术委员会,以及参议院商业、科学和交通委员会提交报告。报告应包含:(1)机器学习和人工智能研发战略计划,应与网络化和信息技术研发项目及其下属小组,包括机器人和智能系统完整性工作小组商议制定;(2)联邦政府对机器学习和人工智能应用的使用情况和现状;(3)为了通过容纳多样化的劳动力以加强联邦研发事业所采取的努力。该法案目前被转介给众议院科学、空间和技术委员会论证。

7.《2018 年能源部老年人健康倡议法案》

2018 年 7 月 17 日,众议员拉天·诺曼(Ralph Norman)向众议院提交了一份名为《2018 年能源部老年人健康倡议法》(Department of Energy Veterans' Health Initiative Act)的法案(H. R. 6398),该法案目前被转介给科学、空间和技术委员会和老年人事务委员会。科学、空间和技术委员会于该法案转介的第二天即召开了论证和评论会议,并通过向众议院报告该法案的表决。

该法案的目的在于通过下列措施,促进能源部在人工智能和高性能计算领域的专业技术,从而改善老年人口的健康:(1)应用人工智能、高性能计算、建模和仿真、机器学习和大规模数据分析,帮助识别和解决健康科学中的难题;(2)提高能源部使用和推进人工智能和高性能计算的能力,最大限度发挥退伍军人事务部和其他来源提供的健康和基因数据的效用;(3)建立合作关系促进合作研发,改善联邦机构、国家实验室、高等教育机构和非营利组织之间的数据共享;(4)建立多个设施收容和提供可用数据以促进转换性成果;(5)推动技术开发,改善能源部的人工智能、高性能计算和网络任务应用。具体措施包括设立人工智能和高性能计算研究项目,进行人工智能、数据分析和计算研究试点项目,开发能够利用联邦机构、高等院校、非盈利研究组织和产业生产的数据的大数据分析工具等。

二、预算或拨款类法案

除上述的"综合性或机构设置类"法案之外,其他与人工智能相关的法案均是为相关机构拨付财政预算,以支持该机构开展与其职责有关的人工智能领域的研究、开发、投资或机构能力建设的法案。具体包括:(1)《2018 年国家标准与技术研究院(NIST)再授权法案》(H. R. 6229);(2)《2018 财年情报授权法案》(S. 1761);(3)《2018

年能源部科学和创新法案》(H. R. 5905);(4)《2018 财年国防授权法案》(S. 1519);(5)《2018 财年联邦航空管理局(FAA)再授权法案》(H. R. 4);等等。

### 三、部门性立法:自动驾驶监管

如上所述,美国目前还没有关于人工智能的综合性立法。尽管在上文所介绍的多部立法提案中有部分立法提案涉及人工智能的综合性或部门性提案,如《2017 年人工智能未来法案》(H. R. 4625, S. 2217)提议建立的联邦人工智能开发和实施顾问委员会涉及经济、就业、安全等跨领域问题的研究和政策建议;《2018 年国家安全委员会人工智能法案》(H. R. 5356, S. 2806)、《2018 年人工智能工作法案》(H. R. 4829)、《2018 年人工智能报告法案》(H. R. 6090)、《2018 年能源部老年人健康倡议法案》(H. R. 6398)等,分别涉及人工智能相关的国家安全(包括网络安全)、就业、技术研发、医疗健康(老龄化)等主题。但截至目前,在上述领域尚未形成较为完善的、具有正式法律效力的监管性立法,大多仅涉及设立专门机构以研究和报告人工智能对相关领域的影响,并提出政策建议的促进性立法。可见,目前在美国对于该领域的监管采取的是保守和谨慎的态度,或者尚未就人工智能给各领域带来的具体机遇、挑战、问题及其监管方法达成一致意见。

在具体监管性立法(而非促进性立法)上,发展相对较为快速和完善的是关于自动驾驶汽车的监管。但即使是在该领域,虽然目前有两部关于自动驾驶的法案(SELF DRIVE 法案和 AV START 法案)被提交给国会审议,联邦层面上还没有生效的专门立法,而仅依赖于美国国家公路交通安全管理局(the National Highway Traffic Safety Administration, NHTSA)发布的软法性规范(《自动驾驶系统:安全愿景 2.0》,以下简称《愿景》)。另外,各州层面上已经有大量生效的立法。以下将对美国目前在自动驾驶监管方面的立法或法案进行简要介绍。

1.《自动驾驶系统:安全愿景 2.0》(软法性规范)

2017 年 9 月 12 日,美国交通部和 NHTSA 发布了《愿景》①。《愿景》是对其 2016 年版本的更新,主要内容包括两部分:自愿性指南和对州政府的技术性支持。

在引言部分,美国交通部首先指出其作用在于制定一个鼓励而不是阻碍自动驾驶汽车技术的安全开发、测试和部署的监管框架。例如,鼓励提供更安全车辆的新进入者和创意;使部门监管流程更加灵活以适应私营部门创新的步伐;支持行业创新,鼓励与公众和利益相关者进行开放的沟通,从而建设和塑造人工智能给交通系统带来的前景,降低交通事故致死率和强化残疾人等群体的移动能力。为此,NHTSA 对自动驾驶技术的安全问题采取的是非监管性的路径。

《愿景》第一部分是自动驾驶系统的自愿性指南,帮助汽车产业和其他利益相关方参考并设计、测试和安全部署自动驾驶系统(ADSs,是指 SAE 自动化区分中的 L3-L5 级)的最佳实践。自愿性指南中包含了 12 个优先考虑的安全设计元素,包括系统安全、操作设计领域、目标和事件检测和应对、倒退(最低风险条件)、验证方法、人机界面、汽车网络安全、耐撞性、碰撞后的 ADS 行为、数据记录、消费者教育和培训,以及联邦、州和地方法律等。考虑到该领域的技术正在快速发展,自愿性指南采用了灵活性的框架,允许产业界选择如何解决特定的安全设计元素。但为了促进公众的信任和信心,自愿性指南鼓励企业测试并公开发布自愿性的安全自测情况,向公众展示其为实现安全性所采取的各种方法。

《愿景》第二部分是对州政府的技术性支持。汽车在公共道路上的行驶同时受到联邦和州法管辖,而各州已经开始制定有关安全

---

① The Department of Transportation, NHTSA, Automated Driving Systems (ADS): "A Vision for Safety 2.0", 12 September 2017, available at https://www.nhtsa.gov/sites/nhtsa.dot.gov/files/documents/13069a-ads2.0_090617_v9a_tag.pdf,last visited:19 Sep. 2018.

部署 ADSs 的立法。为帮助州的工作,NHTSA 在第二部分澄清了联邦和州在 ADSs 监管方面的职权划分:NHTSA 继续负责监管机动车和机动车设备的安全设计和完成,包括制定和执行联邦机动车安全标准、调查和管理对不合规或有相关安全缺陷的汽车的召回和救济、就汽车安全问题与公众进行沟通或为其提供培训;州负责监管人类驾驶许可,汽车注册,制定交通法律法规,进行安全监督并监管汽车保险和责任。第二部分还提供了关于 ADSs 立法和州道路安全官员执法的最佳实践例及监管建议。州立法的最佳实际例包括:(1)提供技术中立的环境;(2)提供许可和注册流程;(3)提供向公共安全官员报告或与之进行沟通的方法;(4)审查可能对 ADSs 的行驶构成障碍的交通法律法规。道路安全官员执法的最佳实践例,为州立法 ADSs 安全行驶条件和程序设计提供了可供参考的框架,如测试申请和许可、注册和授权、与公共安全官员的合作以及责任和保险等。

2.《在未来部署和研究车辆进化过程中安全地保护生命的法案》

2017 年 7 月 25 日,众议员 Robert E. Latta 向众议院提交了全称为《在未来部署和研究车辆进化过程中安全地保护生命的法》的法案(Safely Ensuring Lives Future Deployment and Research In Vehicle Evolution Act,以下简称 SELF DRIVE 法案)。该法案被转介给能源和商业委员会,该委员会于 9 月 5 日将其修改意见报告给众议院,而众议院于次日部分修改并表决通过了该法案;随后,该法案被递交给参议院进行审议。

该法案是对美国法典第 49 章(交通运输)相关条款的修订案,主要内容包括五个方面:

(1)联邦在高度自动化汽车①、自动化驾驶系统或其组成部分的

_____

① 高度自动化汽车是指商用汽车以外的、配备有能够连续执行整个动态驾驶任务的自动驾驶系统的机动车。

设计、建造、性能和安全标准监管方面的优先管辖权。第30103条的修订规定,州不应保持、执行或实际上继续维持任何与高度自动化汽车、自动化驾驶系统或其组成部分的设计、建造或性能有关的法律或法规,除非这些法律或法规与联邦规定的标准相同。另外,州可以制定或维持可适用于机动车或机动车设备的相同领域的安全标准,前提是应与联邦标准相同。本节的规定不应理解为禁止州继续保持、执行、制定和维持有关注册、许可、驾驶教育和培训、保险、法律执行、事故调查、安全和排放、拥堵管理的法律或法规,除非这些法律或法规对高度自动化汽车、自动化驾驶系统或其组成部分的设计、建造和性能构成不合理的限制。

(2)更新或制定新的机动车安全标准和安全评估认证。该法案要求交通部最晚在法案生效后的24个月内,发布最终规则,要求所有开发高度自动化汽车或自动驾驶系统的实体提交安全评估认证,说明其如何解决安全问题。该法案还要求考虑为高度自动化汽车和其他所有与高度自动化汽车共同在道路上行驶的机动车,更新或发布新的机动车安全标准。

(3)自动驾驶汽车系统网络安全和隐私保护。法案要求高度自动化汽车、执行部分驾驶自动化的汽车、自动驾驶系统的制造商制定网络安全计划和隐私保护计划,否则,不得出售、许诺销售、引进和交付流通,或者向美国进口上述汽车和系统。网络安全计划包括书面网络安全政策、指定网络安全负责人、限制接入自动驾驶系统的流程、员工培训和监督上述政策或流程执行情况的程序。隐私保护计划则包括隐私保护计划,向汽车所有人或占有人通知隐私保护政策的方法;如果汽车所有人或占有人修改或混合其信息,使得无法合理地识别该汽车或该所有人或占有人,或者占有人的信息是匿名的,生产商关于此类信息的处理或流程不需要纳入隐私政策。

(4)适用于特定高度自动化汽车的安全标准豁免和测试。安全标准豁免针对的是符合条件的生产商所生产的高度自动化汽车,其申请豁免的某一特性的安全水平应至少相当于其申请豁免的标准（通常是为传统汽车制定的安全标准）所规定的安全水平，或者其整车的安全水平应至少相当于非豁免汽车的整体安全水平。对于上述符合豁免条件的生产商所生产的每年不超过10万辆汽车，可以简化开发或实地测试。该法案还规定了对高度自动化汽车、自动驾驶系统或其组成部分的测试和评估程序。

（5）交通部应当：①通过研究确定有效的方法，向高度自动驾驶汽车或部分驾驶自动化汽车的潜在买方提供有关该汽车能力和限制的信息；②在 NHTSA 中建立高度自动化汽车顾问委员会，由多样化的群体代表组成，进行信息调查、制定技术性建议、提出最佳实践例或向交通部长提出关于促进残疾人和青少年群体移动服务可获得性、网络安全和信息共享、劳动和就业、消费者隐私和安全保护、乘客安全、独立认证和验证程序等方面的建议；③要求所有整车重量小于1万磅的汽车都配备后座成员警报系统；④研究并更新汽车前照灯安全标准。

参议院于 2017 年 9 月 7 日收到众议院移交的 SELF DRIVE 法案，并将该法案转介给商业、科学和交通委员会进行审议。而不到 1 个月，参议员 John Thune 向参议院提交了有关自动驾驶的另一份法案，即 AV START 法案，后者与 SELF DRIVE 法案在许多方面具有相似性，但又添加了一些新的内容。这使得 SELF DRIVE 法案在参议院的审议实际上处于停滞状态，而参议院的审议更加集中于 AV START 法案。

3. AV START 法案

2017 年 9 月 28 日，参议院收到参议员约翰·图恩（John Thune）提交的一份全称为《美国关于通过革命性技术实现更安全交通的愿景法》（American Vision for Safer Transportation through Advancement of Revolutionary Technologies Act，以下简称 AV START 法案）的法案（S. 1885）。该法案被转介给商业、科学和交通委员会进行论证，该委员会于 11 月 28 日完成论证并将修改后的文本报告给参议院进行审议。但由于参议院有更多积压的行政提名和拨款法案需要处理,同时部分民主党参议员担心自动驾驶汽车的安全性不足,允许其在没有更严格性能要求的情况下进入公共道路将导致更大的危险,从而阻碍该法案的通过,因此该法案目前在参议院的推进陷入停滞状态。

从内容上看,AV START 法案与 SELF DRIVE 法案具有明显的相似性。例如,AV START 法案也是对美国法典第 49 章(交通运输)部分条款的修订案,也涉及 SELF DRIVE 法案所提议的(1)联邦优先管辖权;(2)高度自动化汽车、自动驾驶系统或其组成部分的安全标准豁免和测试评估程序;(3)网络安全和隐私保护(但具体内容有较大差异)。

但 AV START 法案所涵盖的内容比 SELF DRIVE 法案更加宽泛,体现在:

(1)条款数量:SELF DRIVE 法案包含 13 个条款(section),而 AV START 法案涉及 22 个条款。

(2)新增安全评估报告条款,要求生产商在引进一款新的高度自动化汽车或自动驾驶系统(至州际贸易)应提供安全评估报告,说明其如何解决该汽车或系统所涉及的安全问题。

(3)设立高度自动化汽车技术委员会,为利益相关方提供讨论和提出技术建议的论坛,主要涉及安全、隐私等技术方面,相比于 SELF DRIVE 法案拟设立的顾问委员会更加专业化。

(4)网络安全。AV START 法案界定了网络安全事故、网络安全风险、网络安全漏洞等概念,在与 SELF DIVE 法案一样要求生产商制定网络安全计划的基础上,还要求交通部监督生产商的行为,并与生产商合作和激励生产商自愿采纳漏洞披露合作计划。此外,交通部还应制定有关网络安全的教育或宣传材料,帮助消费者认识和降低汽车网络安全的潜在风险。

(5)隐私保护。在隐私保护方面,法案要求成立高度自动化汽车数据接入顾问委员会,为利益相关方提供讨论的场所,向国会提出有关高度自动化汽车或自动驾驶系统收集、产生、记录、存储的数据的产权、控制权、接触的政策建议。

（6）交通部的职责：①制定高度自动化汽车相关政策，相比于 SELF DRIVE 法案要求为高度自动化汽车、自动驾驶系统或其组成部分更新或制定新的安全标准在职责范围上更加宽泛；②建立负责消费者培训的小组，相比于 SELF DRIVE 法案所要求的向潜在买方提供有关该汽车能力和限制的信息更为具体和主动；③在交通安全和执法方面与州或地方交通和道路安全机构及执法机构合作，研究、协调有关交通安全和执法的事项，并改善事故调查数据汇集系统等，这些职责原本是州权限范围内的事宜，AV START 法案实际上要求联邦更加积极地参与和协调此类事宜；④研究并报告高度自动化汽车对交通基础设施、流动性、环境、能源消费的影响；⑤个人隐私和儿童安全保护措施等。

4. 各州立法情况概述

根据美国全国州议会会议（National Conference of State Legislatures, NCSL）的统计，截至 2017 年年底，美国共有 33 个州制定了对自动驾驶汽车的立法、行政命令或允许在公共道路上部署自动驾驶汽车的举措，如图 5.1 所示。NCSL 还建立了自动驾驶汽车立法数据库，提供有关 50 个州和哥伦比亚特区自动驾驶立法的信息。[①]

各州发布的自动驾驶汽车相关立法和行政命令在具体内容和规定上呈现出多样性，包括自动驾驶汽车的测试和公共道路上的行驶、驾驶员定义和资格、个人数据保护、保险和责任、注册和许可、研究、商业、基础设施和汽车联网等广泛的主题。其中，加利福尼亚州是最早（2014 年）推出相关立法并对自动驾驶汽车最为友好的州，不仅允许由驾驶员坐在车内随时准备接手驾驶的测试，还允许在驾驶

---

① National Conference of State Legslatures: "Autonomous Vehicles State Bill Tracking Database", 10/16/2020, available at http://www. ncsl. org/research/transportation/autonomous-vehicles-legislative-database. aspx. , last visited: 30 Nov. 2020.

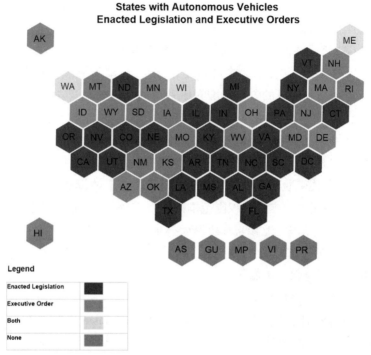

图 5.1　制定自动驾驶汽车立法和行政命令的州

员不在场的情况下进行公共道路测试,因此,大量自动驾驶汽车在
加利福尼亚州进行测试。

## 第二节　政策战略及官方报告

　　尽管美国目前还没有制定关于人工智能的一般性立法,但政府
已经发布了较多的政策性文件或官方调查报告。针对人工智能这
一主题,美国政府发布了《为人工智能的未来做好准备》①《人工智

--------

　　① See NSTC:"Preparing for the future of Artificial Intelligence", October 2016,available at https://obamawhitehouse. archives. gov/sites/default/files/whitehouse_files/microsites/ostp/NSTC/preparing_for_the_future_of_ai. pdf,Last visited:27 Sep. 2018.

能、自动化和经济》①《国家人工智能研究和开发战略计划》②《人工智能带来的机遇、挑战和影响》③四份文件，全面和详尽地阐释了人工智能对美国的影响和美国未来的人工智能发展计划。

早在2016年10月，美国总统行政办公室国家科学技术委员会（National Science and Technology Council, NSTC）发布了《为人工智能的未来做好准备》（以下简称《准备报告》），调查了人工智能的现状、现有和潜在的应用以及人工智能发展给社会和公共政策带来的问题，还就联邦机构和其他相关方应当如何应对提出了建议。与该报告同时发布的还有《国家人工智能研究和开发战略计划》，其在《准备报告》的基础上描绘了人工智能技术的现状，并重点提出了技术研发方面的计划。根据《准备报告》中提出的建议，两个月后，美国总统行政办公室又发布了《人工智能、自动化和经济报告》，进一步研究了人工智能驱动的自动化对美国就业市场和经济的影响，并提出了一些对策建议。最近的一份报告是美国政府问责办公室（Government Accountability Office, GAO）于2018年4月发布的《人工智能带来的机遇、挑战和影响》，这份报告是给美国国会众议院科学、空间和技术委员会的报告，聚焦于人工智能在网络安全、无人驾驶、刑事司法和金融服务等领域的机遇、挑战、影响和需要进一步研究的问题。

本书选取两份报告对其内容进行综述。其中一份为最全面和综合性的《准备报告》，体现了美国在政府服务中应用人工智能，联

---

① See Executive Office of the President: "Artificial Intelligence, Automation, and the E-conomy", December 2016, available at https://obamawhitehouse. archives. gov/sites/white-house. gov/files/documents/Artificial – Intelligence – Automation – Economy. PDF, Last visited: 27 Sep. 2018.

② See NSTC: "The National Artificial Intelligence Research and Development Strategic Plan", October 2016, available at https://www. nitrd. gov/PUBS/national_ai_rd_strategic_plan. pdf, Last visited: 27 Sep. 2018.

③ See GAO: "Artificial Intelligence Emerging Opportunities, Challenges, and Implications for Policy and Research," 28 Mar 2018, available at https://www. gao. gov/products/GAO-18-644T, Last visited: 27 Sep. 2018.

邦政府在人工智能领域的努力(和角色),人工智能与规制,研究和人才,人工智能、自动化和经济,公平、安全和治理,全球问题和安全(security)等方方面面的定位和战略;另一份是美国《国家人工智能研究和开发战略计划》,该计划体现了美国政府在人工智能技术研发方面的七大重点战略。

一、NSTC:《准备报告》

《准备报告》由 NSTC 下设机器学习和人工智能分委员会撰写,是继美国白宫科学技术政策办公室(the White House Office of Science and Technology Policy, OSTP)于 2016 年组织的五场公开研讨会和公共信息征求①等一系列公共宣传活动后的成果。

《准备报告》的主要内容包括人工智能的过去和现状,公共产品中的人工智能应用,联邦政府在人工智能领域的努力,人工智能与规制,研究和人才,人工智能、自动化和经济,公平、安全和治理,全球问题和安全(security),并在每个部分就联邦机构和其他相关方应当如何应对提出了相关建议。

贯穿整个报告的主线是面对人工智能的发展及其带来的益处和挑战,政府能够发挥哪些作用,或在哪些方面做好准备。所有政策建议的指导思想是"监管与促进并行",即对人工智能引发担忧和风险的安全、公平等领域,政府应当进行监管以保护公众,但同时应注意所采取的监管框架应当能够鼓励创新并促进人工智能的研发和应用。政府应当组织和引导对人工智能相关重要问题的公共讨论,加深公众对人工智能的理解,同时帮助公众获得在人工智能时代就业、生活所需的知识和数字技能;政府应该支持私人部门不会投资的基础性、长期性和高风险的研究,培养相关的人才,为人工智能带来的自动化及其对经济的影响做好研究和应对准备;政府自身

①　OSTP 向公众征求对公共研讨会话题的评论共收到 161 份意见,OSTP 于 2016 年 9 月 6 日发布了公开意见征求情况及委员会的回答。

应通过与利益相关方的合作加深对人工智能及其发展趋势的了解和应用能力,从而利用人工智能更好地为社会提供公共服务。

1. 公共产品中的人工智能应用

人工智能和机器学习最具前景的一个应用是帮助人们解决全球性问题和低效率问题,从而改善人们的生活。公共和私人部门对人工智能基础研究和应用研发的投资已经开始在医疗健康、交通、环境、刑事司法和经济包容等领域为公众带来重大利益。例如,利用人工智能更好地预测并发症、进行预防性治疗和提高治疗效果;健康数据的预测分析在精准医疗和癌症研究等领域发挥关键作用。智能交通管理应用程序减少等待时间、能源消耗和排放;响应式车辆调度,可以为公众提供更快、更廉价和便捷的公共交通。利用人工智能改善对动物迁徙的追踪,建立迁移数据库,优化防止偷猎的巡逻策略或设计动物栖息地保护策略;自主海洋航行设备可以完成人类船员因过于危险而难以完成或成本高昂的探测和数据收集任务,加强天气监测或防止非法捕鱼。改善刑事司法系统的各个方面,包括犯罪预测、警务、保释、判刑和假释决定。一些美国学术机构已经发起了使用人工智能来应对经济和社会挑战的举措,如解决失业、辍学、流浪汉、贫困问题等。

在公共产品中应用人工智能的许多方式都依赖于可用来训练机器学习模型和测试人工智能系统性能的数据可用性。拥有可以在不涉及个人隐私或商业秘密的情况下发布的数据的代理商和组织,可以向研究人员提供这些数据来帮助人工智能的开发。数据模式和格式的标准化可以降低提供新的可用数据集的成本和难度。

**政策建议**

(1)鼓励私营和公共机构研究是否以及如何以有利于社会的方式负责任地利用人工智能和机器学习。在工作中通常不涉及先进技术和数据科学的公共政策机构应考虑与人工智能研究人员和从业人员建立伙伴关系,这些人员可以帮助将人工智能策略应用于这些机构当前以其他方式解决的广泛的社会问题。

（2）联邦机构应优先考虑开放训练数据和开放数据标准。政府应重视发布应用人工智能应对社会挑战所需的数据集。可能的步骤包括制定"人工智能开放数据"倡议，目的是发布大量政府数据集以加速人工智能的研究，并促进政府、学术界和私营部门使用开放数据标准和最佳做法。

2. 联邦政府在人工智能领域的努力

政府正在努力制定能够最大限度地发挥人工智能经济和社会效益并促进创新的政策和内部实践，这些政策和做法包括：

投资于基础和应用研发（R&D）；成为人工智能技术及其应用的早期客户；支持试点项目并为现实环境中的测试提供平台；向公众提供数据集；赞助激励性奖项；确定并实施 Grand Challenges，为人工智能制定宏大但具有可行性的目标；为人工智能应用的评估提供资金，以严谨地评估其影响和成本-收益；建立能够繁荣创新同时保护公众免受伤害的政策、法律和监管环境。

3. 投资研发和应用人工智能

利用人工智能改善公共服务面临的一个障碍，是联邦政府各机构之间在培养和利用创新以更好地为国家服务方面的能力差异很大。一些机构更关注创新，特别是那些拥有大量研发预算、人才、创新和实验的文化以及与私营部门创新者保持良好合作关系的机构。许多机构还有专门负责支持高风险、高回报研究的组织（如国防和能源部的高级研究项目及情报界），并为从基础研究到高级开发所有范围的研究提供资金，其他机构如 NSF 将研发作为其主要任务。相反，一些机构，特别是那些负责减少贫困、增加经济和社会流动性的机构，只有较少的相关能力、资源和专业知识。例如，美国国立卫生研究院（NIH）的研发预算超过 300 亿美元，而劳工部的研发预算仅为 1400 万美元。又如，DARPA 赞助的数字导师开发项目，可以利用人工智能模拟专家与新招募的海军学员进行互动,从而加快培养海军专家的进度。该试点项目的初步证据还表明,通过数字导师的培训计划,劳动者更可能获得高科技工作,从而大幅度增加收入,其工资增长幅度比当前的劳动力发展计划更大,但劳工部的预算和资源限制了其应用人工智能的能力。

**政策建议**

(3)联邦政府应探索提高关键机构在其任务中应用人工智能的能力的方法。例如,联邦机构应该探索创建类似 DARPA 的组织的潜力,以支持高风险、高回报的人工智能研究及其应用,以确定是否以及如何利用人工智能和其他技术改善其提供的公共服务。

(4)*NSTC MLAI* 分委员会应在政府机构的人工智能实践者之间建立一个实践社区。各机构应共同努力,制定和分享在政府工作中利用人工智能的标准和最佳做法。各机构应确保联邦员工培训计划包括相关的人工智能机会。

## 二、人工智能与监管

人工智能在许多产品中都有应用,如汽车和飞机,这些产品受到旨在保护公众免受伤害并确保经济竞争公平性的监管。将人工智能纳入这些产品会如何影响相关的监管方法?一般而言,应通过评估人工智能可能会降低的风险以及可能增加的风险等方面,来了解监管具有人工智能功能的产品以保护公共安全的方法。此外,如果风险落在现有监管制度的范围内,政策讨论应首先考虑现有法规是否已经足够解决风险,或者是否需要因增加人工智能而进行调整。此外,如果监管机构对增加人工智能的回应有可能增加合规成本,或减缓有益创新的发展或应用,决策者应考虑如何调整这些回应以降低成本和创新阻碍,同时不会对安全或市场公平性产生不利影响。

信息征求中的一般共识是,现阶段对人工智能研究或实践的宽泛监管是不可取的。评论者们认为,现行监管措施的目标和结构已足够,现行监管应考虑人工智能的影响并在必要时进行调整。例如,评论者们提到汽车监管应考虑自动驾驶汽车的预期,并在现行汽车安全监管框架内进行必要的改革。政府机构在监管时应留意公共产品安全监管的根本目的和目标,为人工智能的创新和成长保留空间。

对人工智能等技术的有效监管要求政府机构拥有内部技术专家指导其作出监管性决策。对资深技术专家参与的需求不仅存在于监管部门和机构,还在于监管流程的所有阶段。一系列人员分配和交换模式(如招聘机构)可用于培养联邦劳动力。例如,政府间人事法案(IPA)流动计划,该计划规定联邦政府与州和地方政府、学院和大学、印第安部落政府、联邦政府资助的研发中心和其他符合条件的组织之间的人员临时派遣,如果战略性地使用,IPA 计划可以帮助机构满足它们对难以填补的职位需求,并提高它们从不同技术背景中招聘候选人的能力。

**政策建议**

(5)在为应用人工智能的产品制定监管政策时,各机构应利用高级别的适当技术专长。对具有人工智能功能的产品进行有效监管需要机构领导、熟悉现有监管框架和监管实践的员工以及具有人工智能知识的技术专家之间进行合作。机构领导应采取措施招聘必要的技术人才,或在现有机构工作人员中确定,并应确保在监管政策讨论中有足够的技术"席位"。

(6)各机构应采用全方位的人事分配和交换模式(如招聘机构)来培养联邦劳动力,使其对当前的技术状况有更多不同的看法。

[案例]自动驾驶汽车和飞机

更新传统法规以考虑新的基于人工智能的产品的监管事例,是交通部关于自动驾驶汽车和无人驾驶飞行系统(unmanned aircraft systems，UAS 或无人机)的工作。在交通部内部，自动驾驶汽车由 NHTSA 监管，飞机由联邦航空管理局(FAA)监管。

从长远来看，自动驾驶汽车将通过减少驾驶员错误来挽救性命，并增加老年人和普通人的移动性，减少交通环节能源消耗和排放。行政机关正在采取措施实现上述前景，如提供研发和应用资金投资预算。

近年来，无人驾驶飞行系统已经被用于空中摄影、土地和农作物勘察、监控森林大火、灾害响应和检查关键基础设施等，政府机构已经在其工作中应用 UAS。FAA 为促进商用 UAS 采取的措施包括于 2016 年 8 月发布的"小型无人驾驶飞行系统规则"(Small UAS Rule)和于 2015 年 12 月启动的 FAA 小型 UAS 注册服务。

1. 保障安全

●考虑到这些技术的潜在收益，政府在采取措施保障空中和道路安全的同时，还应继续促进创新和成长。

●安全标准和监管框架:联邦机动车安全标准(Federal Motor Vehicle Safety Standards，FMVSS)是对汽车安全生产的要求，NHTSA 有权召回具有不合理安全风险的汽车。在这些以安全为核心的环境中应用人工智能技术面临诸多挑战，其中之一是如何将人类的安全责任嵌入驾驶或飞行软件中。严格地遵守所有交通规则很简单，但为减少失败发生的风险，系统必须具有在例外或罕见情形下成功处理任务的能力，如人类驾驶员可能会为了避开事故而跨越双黄线。

●事故或安全数据共享:对于依赖机器学习的系统，如果训练集中包含类似情况，就可以更加确信此类事件能够被系统正确地处理。问题在于，如何开发一个包含可能导致事故的罕见情形数据集以供训练?传统的商业航空拥有在整个行业中共享事故和安全数据的机制，但 UAS 作为新加入成员对传统航空业的安全和问责文化尚不熟悉。目前，在汽车行业没有可比的共享系统(仅报告致命事故),并且各州或地方分别以不同方式收集和报告其他交通安全信息,缺乏统一的事故报告或失败数据,增加了建立系统安全所需的投入,对需依赖大量数据测试和验证的人工智能方法构成障碍。

• 提供安全测试平台:FAA 在全国范围内指定 6 个 UAS 测试站点,并为这些站点内的 UAS 操作提供"一揽子"许可,如低空空域大规模超视距 UAS 作战操作;连接汽车试点(Connected Vehicle Pilots)项目和哥伦布市部署自动驾驶汽车,为人工智能研究人员提供丰富的开发基础(baseline)和交互数据。

**政策建议**

(7)交通部应与产业和研究人员合作,增加用于安全、研究和其他目的的数据共享方法。鉴于未来人工智能在地面和空中的重要性,联邦参与者短期内应关注开发(尊重消费者隐私)越来越丰富的数据集,随着技术成熟,这些数据可以更好地为决策提供信息。

2.调整现行监管

尽管国家空域和高速公路的监管方法不同,但自动驾驶汽车和飞机有着共同的目标:FAA 和 NHTSA 正在建立在保障安全的同时鼓励创新的灵活并富有弹性的监管框架。

(1)空域监管

•《FAA 小型 UAS 最终规则》(2016 年 8 月 29 日生效)。该规则最初授权重量低于 55 磅的 UAS 非休闲飞行(non-recreational flight)。该规则限定允许在白天低于 400 英尺的高度、由持牌操作员控制并在操作员直接视距范围内的飞行,并禁止在人群上空飞行。后续的规则将根据实验和数据来放松这些限制。交通部当前正在开发一个建议规则制定的通知(Notice of Proposed Rulemaking),提议特定类型的微型 UAS 可以由人来进行操作,并规定扩大业务活动范围。

• 利用人工智能和基于机器学习升级空中交通管制架构。空域管理的新方法还包括增强基于人工智能的空中交通管制系统。

由于目前的空中/地面一体化限制和实践中对空中、地面之间人与人通信的依赖,在现行空域管理架构中很难实现预期的空中交通密度和多样性。采用新的航空技术使得政策和基础设施升级可以显著提高美国空域的运营效率。这些解决方案包括人工智能和基于机器学习的架构,这些架构可能更好地适应更广泛的空域用户,包括驾驶和无人驾驶飞机,并且在不破坏安全的情况下更有效地利用空域。开发和部署此类技术将有助于确保空域用户和服务提供者的全球竞争力,同时提高安全性并降低成本。

(2)地面交通管制

• 《联邦自动驾驶汽车政策》(Federal Automated Vehicles Policy,2016 年 9 月 20 日发布)。该政策包括若干部分,并计划随着学习或完成研究的新数据,定期更新指南和各州政策示范。

• 制造商、开发者和其他组织的指南,规定了安全设计、开发、测试和部署高级自动驾驶汽车"安全评估"的 15 个要点。

• 州政策示范,明确区分联邦和州政府的责任以及建议州政府考虑的政策领域,目标是为自动驾驶汽车的测试和运行创建一致的州法框架,同时为各州的试验留出空间。

• 对 NHTSA 目前可用于提高自动驾驶汽车安全开发的监管工具的分析,如解释现行规则以允许设计中的适当灵活性、提供有限的豁免以允许测试非传统车辆设计,以及确保从道路交通中移除不安全的自动驾驶车辆。

• 为帮助部署安全的、有效的、新的救生技术,并确保在道路上部署的技术的安全性,该机构未来可能考虑采取的新工具或权限讨论。

**政策建议**

(8)美国政府应投资开发和实施高度可扩展的先进自动化空中交通管制系统,该系统完全可以同等对待自动驾驶飞机和有人驾驶飞机。

（9）交通部应继续开发一个不断发展的监管框架，以便将全自动车辆和 UAS（包括新型车辆设计）安全地整合到运输系统中。

3. 研究和人才培养

政府可以通过投资于研发、培养高技能和多样化的劳动力以及在这些技术发展过程中管理这些技术的经济影响等方式，在推动人工智能方面发挥重要作用。随《准备报告》还单独发布了《国家人工智能研究与开发战略计划》。

（1）监测和预测人工智能的发展

● 随时间推移定期调查专家的判断。一种潜在的研究方向是随着时间的推移定期调查专家的判断，用经济激励来鼓励专家对市场和技术作出准确的判断；通过出版物或专利数据中的趋势准确地预测技术发展。

● 鼓励发表人工智能的研究成果。目前，人工智能的大部分基础研究都是由学者和商业实验室进行的，这些实验室会定期公布他们的研究成果并在研究文献中发表。如果竞争使得商业实验室偏向于加强保密性，监测进展会变得更加困难，而公众的担忧则会增加。

● 重点关注里程碑式的技术进展。一个特别有价值的研究方向是确定能够代表或预示人工智能的能力发生显著飞跃的里程碑式的技术进展。在公共研讨会期间当被问及政府可以怎样识别该领域的里程碑式的技术进展，特别是预示着通用人工智能已经到来的成果，研究人员倾向于给出三种不同但相关的答案：

第一，在更广泛、结构更少的任务中取得成功。从限定领域人工智能到通用人工智能的过渡，将逐渐扩展人工智能系统的功能，在单个系统中覆盖更广泛和结构更少的任务。

第二，不同的人工智能技术路径走向"统一"。目前，人工智能依赖于一种单独的路径进行发展，通用人工智能将会逐渐统一这些不同的技术路径。

第三,解决特定的技术难题,如转移学习(Transferring Learning)。根据这一方法,通用人工智能的路径不在于逐渐扩大范围,也不在于统一现有的路径,而在于攻克具体的重大技术难题,开辟新的进展方向。其中,最常被提及的是转移学习,其目标是创建机器学习算法,其结果(或知识)可广泛应用(或转移)到一系列新的应用程序,使新的应用能够在继承前者的基础上更快学习新的任务。

**政策建议**

(10)NSTC 机器学习和人工智能分委员会应监测人工智能的发展,定期向行政部门高级领导报告人工智能的状态,特别是有关里程碑的情况。随着知识的进步和专家共识随着时间推移而变化,分委员会应更新里程碑清单。分委员会应酌情考虑向公众报告人工智能的发展。

(11)政府应监测其他国家的人工智能状况,特别是在里程碑方面。

(12)产业界应与政府合作,让政府随时了解人工智能在产业中的总体进展,包括即将实现里程碑的可能性。

(2)联邦支持人工智能研究

• 2015 年美国政府对人工智能相关技术研发的投资为约 11 亿美元;在 OSTP 召开的研讨会和人工智能公共宣传活动中,政府官员听到商业领袖、技术专家和经济学家呼吁政府对人工智能研发进行投资。

• 人工智能前沿研究人员对继续保持人工智能的快速发展及其更广泛的应用势头持乐观态度。同时,他们也强调存在许多有待解决的问题,且目前没有明确的实现通用人工智能的路径。

• 人工智能的研究热情和投资在近几十年来一直在波动,这一强调持续投资的重要性,因为计算机科学的主要进步需要 15 年或更长时间才能实现从实验室概念到成熟产业的过渡。

● 可以肯定,私营部门将成为人工智能发展的主要动力。但就目前而言,基础研究尽管能让每个人受益,由于私营企业很难从这种研究中获得直接回报而投资不足。

**政策建议**

(13)联邦政府应优先考虑基础和长期的人工智能研究。整个国家将受益于联邦和私营部门人工智能研发的稳步增长,特别强调基础研究和长期高风险的研究计划。由于基础研究和长期研究是私营部门不太可能投资的领域,因此,联邦投资对于这些领域的研发非常重要。

(3)人才开发和多样性

● 人工智能的快速增长极大地增加了对具有相关技能的人才的需求。人工智能人才包括推动人工智能基本性进步的研究人员、为特定应用程序改进人工智能方法的大量专家,以及在特定环境中运行这些应用程序的更多用户。

——研究人员:人工智能培训本质上是跨学科的,研究人员通常需要具备计算机科学、统计学、数学逻辑和信息理论方面的强大背景;

——专家:培训通常需要具备软件工程和应用领域的背景;

——用户:需要熟悉人工智能技术才能可靠地应用该技术。

● 政府的作用。人工智能人才的问题部分是科学、技术、工程和数学(STEM)教育的挑战,也是 NSTC、OSTP 和其他机构的重点。联邦 STEM 教育项目越来越强调人工智能技术和教育。联邦政府在人工智能人才培养中有几个关键角色,包括支持研究生、资助对人工智能课程设计及其影响的研究,以及认证人工智能教育项目。

● 学校和大学的作用。在整个国家的教育体系中整合人工智能、数据科学和相关领域,对于培养能够满足国家优先事项的人才至关重要。学术机构有几个关键角色:

——建立和维持研究人才库,包括计算机科学家、统计学家、数

据库和软件程序员、管理者、图书管理员和数据科学专业的档案管理员;

——通过在软件开发课程中强调人工智能方法、提供人工智能应用课程、展示人工智能在其他领域的应用以及将行业、民间社会和政府提出的人工智能和数据科学的挑战(问题)纳入积极的案例研究,从而培训专业人员队伍;

——确保用户熟悉人工智能系统,以满足用户和产业、政府和学术界机构的需求;

——通过补助、专业发展津贴、实习、奖学金和暑期研究实践以支持培训;

——招聘和留住教师,因为产业界的工资增长速度快于熟练研究人员的学术人才的工资增长。

• 技能与就业。社区学院、两年制学院和证书课程在为学生和专业人士提供获得必要技能的机会方面发挥着重要作用。这些机会可能与扩大技能的工人、返回劳动力队伍的退伍军人以及寻求重新进入劳动力市场的失业人员相关。

• 公民数字素养。基于人工智能的世界需要具有数据素养的公民,要求其能够阅读、使用、解释和沟通数据,并参与有关人工智能影响的政策辩论。早在小学或中学的数据科学教育可以帮助提高全国的数据素养,同时也为学生提供更高级的数据科学概念和高中毕业后的课程。

• 经济机会和社会流动的必备"新基础技能"。美国经济正在迅速转变,教育工作者和商业领袖都越来越认识到计算机科学(CS)是经济机会和社会流动所必需的"新基础"技能。

• 人才多元化与避免狭隘的技术研发。所有行业都面临着如何实现人工智能人才多元化的挑战,人工智能人才缺乏性别和种族多样性,反映出技术行业和计算机科学领域缺乏多样性。公共研讨会和回应 OSTP 信息征求请求的许多评论都讨论了多样性问题;利用更广泛的经验、背景和观点,多样性有助于避免狭隘的人工智能开发的负面影响,包括开发算法的偏差风险。

**政策建议**

(14)NSTC 机器学习和人工智能分委员会和 NITRD 应与 NSTC 科学、技术、工程和教育委员会(CoSTEM)委员会一起开展关于人工智能人才途径的研究,以便采取行动确保该领域人才(包括研究人员、专家和用户)在规模、质量和多样性有适当增长。

4.人工智能、自动化和经济

人工智能在短期内的核心经济效应是将过去无法实现的任务自动化,是新的自动化浪潮。政府必须了解其潜在的影响,以便制定支持人工智能的政策和制度,同时降低社会成本。同过去的创新浪潮一样,人工智能将创造收益和产生成本。自动化的主要好处是生产力的增长。而过去的自动化浪潮所引发的一个问题是对特定类型的工作和经济部门具有潜在影响,以及由此产生的对收入不平等的影响。人工智能有可能消除或降低某些工作的工资,特别是低技能和中等技能工作,政府可能需要采取政策干预措施,以确保人工智能的经济收益得到普遍分享,减少或控制收入不平等现象的恶化。

人工智能驱动的自动化引发的经济政策问题非常重要,但最好由白宫独立工作组解决。白宫将对自动化对经济的影响及其政策建议进行单独的跨机构研究,并在未来几个月内公布。①

5.公平、安全和治理

应用人工智能代替人类行为者和机构作出关于人的决策,引发人们对如何确保正义、公平和可问责性的担忧,这与之前在"大数据"背景下提出的问题也是相关的。使用人工智能来控制物理世界的设备会导致对安全性的担忧,特别是当系统完全暴露于复杂的人

————————

① 即总统行政办公室在两个月后发布的《人工智能、自动化和经济》报告。

类环境中时。在技术层面上,公平与安全性问题是相关联的。在这两种情况下,实践者都需要努力防止故意歧视、失败及避免意外后果,并获得必要的证据让利益相关者有理由相信其不会发生失败。

(1)正义、公平和可问责性

法律和治理、公共产品中的人工智能以及人工智能的经济社会影响三个研讨会的共同主题是确保人工智能促进正义和公平,以及基于人工智能的过程可问责性。

● 数据质量导致的偏见。人工智能需要良好的数据,如果数据不完整或有偏见,人工智能可能会加剧偏见问题。在刑事司法系统中,大数据的最大问题是缺乏数据和缺乏高质量的数据。例如,一些法官在刑事量刑和保释听证中以及某些监狱官员指派和假释决定中使用明显含有偏见的"风险预测"工具,会产生带有偏见的风险评分,也会影响预测性警务工具的公平性和有效性。又如,如果使用机器学习模型来筛选求职者,并且用于训练模型的数据反映了过去含有偏见的决策,其结果可能是使过去的偏见永久化。

● 人为的偏见和意外产生的偏见。算法开发人员有意或无意识的偏见会被传导至算法中。但实践中,即使是无偏见且具有良好意图的开发人员也可能无意中开发出具有偏见的系统,因为即使是开发人员也可能无法完全理解其算法从而完全避免意外的结果。偏见可能在机器学习的过程中无意中出现。例如,判断用户输入的姓名真伪的算法,如果出现其训练集中未曾出现的罕见的少数族群的名字,很可能将其识别为假名从而产生偏见。

● 通过透明性、可问责性和可解释性克服偏见。根据公共行政理论,授权行政机构作出公共决策时,往往通过正当程序、促进透明度和监督的措施以及授权范围限制等措施来控制权力的行使。一些研讨会发言者提出,应当为人工智能制定一个类似的理论,在将决策交给机器的同时保持可问责性。透明度问题不仅关注所使用的数据和算法,还关注基于人工智能作出的决策的可解释性。对此,人工智能专家提醒说,由于系统的复杂性及其使用的大量数据,试图理解、预测和解释高级人工智能的行为存在固有的困难。

●通过广泛的测试排查偏见。研讨会参会者提出,由于人工智能算法的不透明性,最有效的将出现意外结果的风险最小化的方法是对算法进行广泛的测试,主要是列出可能发生的不良结果的类型,并通过建立许多专门的测试来排查这些问题。

●对人工智能从业者和学生的伦理培训。理想情况下,每个学习人工智能的计算机科学或数据科学的学生都会接触到关于伦理和安全主题的课程和讨论。但仅仅依靠伦理是不够的,伦理规范可以帮助从业者了解他们对所有利益相关者的责任,但伦理培训必须通过技术能力得到增强,在建立和测试系统的过程中通过技术性预防措施将良好的意图付诸实践。

●用技术方法增强可问责性。随着从业者努力使人工智能系统变得更加公正、公平和可问责,有机会让技术促进可问责性,而不是成为可问责性的障碍。有几种技术方法可以增强复杂算法决策的可问责性和可靠性。例如,可以通过黑盒测试向算法呈现合成的场景并观察其行为,从而在可能不会自然发生的场景中测试算法的行为。另外,可以在保留系统的专有或私人信息的情况下,发布系统设计的某些或全部细节,让分析师们能够复制和分析其内部行为的各个方面,帮助公众评估一个系统的偏见风险。

(2)安全和控制

●人工智能专家在研讨会上表示,在现实世界中部署人工智能的主要制约因素之一是对安全和控制的担忧。如果从业者无法合理地证明系统是安全可控的,部署系统不会产生严重负面的不可接受的风险,则系统就不可能也不应该被采用。

●安全和控制方面的一个主要挑战就是建立能够安全地从实验室的"封闭环境"过渡到现实的"开放环境"的系统,因为在开放环境中,系统可能会遇到在设计和构建时未预料到的对象和情况。人工智能系统的"智能"可能是深度但狭隘的:系统可能具有超人的检测污垢并优化其拖地策略的能力,但不知道应当避免用湿拖把擦洗电源插座,即如何才能为智能机器提供常识,研究人员在这些问题上进展缓慢。

(3)人工智能安全工程

● 技术、安全和控制研讨会的一个主题是将开放环境中的人工智能方法与更广泛的安全工程学领域联系起来:建立其他类型的安全关键系统(如飞机、发电厂、桥梁和汽车)的经验,可以为人工智能实践者提供认证和验证、为技术构建安全案例、管理风险以及与利益相关者沟通风险等方面的启发。

● 目前,人工智能实践的某些方面不是由完善的理论支持,而是依赖于从业者的直观判断和试验,这在新兴技术领域并不罕见,但它确实限制了该技术在实践中的应用。一些利益相关者建议,需要将人工智能发展成为更成熟的工程领域,整合工程学更严谨的方法、专家、完善的理论和产品的专业化。成熟的工程领域在创建可预测、可靠、稳定、安全(safe and secure)的系统方面取得了巨大的成功。随着更复杂的系统的出现,人工智能成为一个成熟的工程领域的持续性的进步,将成为推动安全性和可控性的关键因素之一。

**政策建议**

(15)使用人工智能系统为相关个人提供决策或提供决策支持的联邦机构,应特别注意基于有证据支持的认证和验证来确保这些系统的效力和公平性。

(16)向州和地方政府提供资助以支持其使用人工智能系统进行决策的联邦机构应审查拨款条款,以确保用联邦拨款基金购买的人工智能产品或服务所产出的结果,应以足够透明的方式得出,并能够得到有效性和公平性证据的支持。

(17)学校和大学应将伦理和安全、隐私和安全相关主题纳入人工智能、机器学习、计算机科学和数据科学课程。

(18)人工智能专业人员、安全专业人员及其专业协会应共同努力,继续向人工智能安全工程学的成熟迈进。

6. 全球性考量和网络安全

除人工智能的长期挑战以及关于公平和安全的具体问题之外,人工智能在国际关系、网络安全和国防等方面也带来相应的政策问题。

(1)国际合作

随着各国、多边机构和其他利益相关方开始评估人工智能的利益和挑战,人工智能已经成为近期国际讨论的主题。这些实体之间的对话与合作有助于促进人工智能的研发和有效应用,并应对相关的挑战。特别是人工智能的一些技术突破是多国人员、资源和机构合作研发的直接或间接成果。与其他数字政策一样,各国需要共同努力,寻找合作机会并制定有助于促进人工智能研发和应对任何挑战的国际框架。作为人工智能研发领域的领导者,美国可以通过政府间对话和伙伴关系,继续在全球研究协调中发挥关键作用。

● 国际参与的必要性及其主要议题。国际参与对于充分探索人工智能在医疗保健、制造业自动化以及信息和通信技术(ICT)中的应用是必要的。人工智能应用程序还有可能解决全球性问题,如灾害准备和响应、气候变化、野生动物贩运、数字鸿沟、就业和智能城市。美国国务院预计隐私问题、自动驾驶汽车的安全性以及人工智能对长期就业趋势的影响等将成为国际性的政策领域。

● 国际合作。为支持美国在这一领域的外交政策优先权,包括确保美国的国际领导力和经济竞争力,美国政府在与包括日本、韩国、德国、波兰、英国、意大利在内的其他国家的双边讨论或多边论坛中加入了人工智能研发和政策议题。联合国、七国集团、经合组织(OECD)和亚太经济合作组织(APEC)也提出了国际人工智能政策问题和人工智能的经济影响等议题。美国政府希望人工智能成为国际交往中的热点话题。

● 标准化战略。美国一直致力于与产业界和相关标准组织合作,以便以产业主导、自愿、共识的方式,基于透明性、开放性和市场需求,促进国际标准化的发展。美国的这一标准化路径已经在法律(NTTAA,PL 104-113)和政策(OMB Circular A-119)中被正式规定,并在美国标准战略①中得到重申。

**政策建议**

(19)美国政府应制定政府范围内与人工智能相关的国际参与战略,制定需要国际参与和监督的人工智能专题领域清单。

(20)美国政府应深化与主要国际利益攸关方的接触,包括外国政府、国际组织、产业界、学术界和其他方,交流信息并促进人工智能研发方面的合作。

(2)人工智能与网络安全

目前,限定领域人工智能在网络安全方面具有重要的应用,并且预计将在防御(反应)措施和攻击(主动)措施中发挥越来越大的作用。

• 人工智能对网络安全的影响。目前,设计和运行安全系统需要专业人员的大量时间和关注。部分或全部自动化执行这些工作,可以更低的成本在更广泛的系统和应用程序中实现强大的安全性,并且可以提高网络防御的灵活性。使用人工智能有助于快速响应检测和应对不断变化的网络威胁。人工智能和机器学习系统有很多机会来帮助应对网络空间的复杂性,并辅助人类进行有关应对网络攻击的高效决策。未来的人工智能系统可以通过可用数据源生成动态威胁模型来预测分析网络攻击。这些数据源是庞大的、不断变化的,而且通常是不完整的。这些数据包括网络节点的拓扑和

---

① United States Standards Strategy Committee: "United States standards strategy", New York: American National Standards Institute (2015), available at https://share.ansi.org/shared%20documents/Standards%20Activities/NSSC/USSS_Third_edition/ANSI_USSS_2015.pdf, last visited: 21 Nov. 2020.

状态、链路、设备、架构、协议和网络。人工智能可能是解读这些数据、主动识别漏洞并采取措施防止或减少未来攻击的最有效的方法。

● 网络安全对人工智能的影响。人工智能驱动的应用程序应实施健全的网络安全控制,以确保数据和功能的完整性,保护隐私、保密性和可用性。最近的联邦网络安全研发战略计划强调了"可持续安全系统开发和运营"的必要性。随着政府和私人部门业务中对人工智能的利用逐渐增多,网络安全的进步对于人工智能应对恶意网络活动从而确保安全性和弹性至关重要。人工智能可以支持规划、协调、整合、同步和指导有效地运营、保护美国政府网络及系统的活动,有助于私营部门保障网络和系统的安全运行并根据所有适用情况采取法律、法规和条约规定的行动。

**政策建议**

(21)各机构的计划、战略应考虑到人工智能对网络安全的影响和网络安全对人工智能的影响。涉及人工智能问题的机构应当让美国政府、私营部门的网络安全专家参与讨论如何确保人工智能系统和生态系统的安全和弹性。涉及网络安全问题的机构应当让美国政府和私营部门的人工智能专家帮助其创新工作方法,利用人工智能有效和高效地保障网络安全。

(3)武器系统中的人工智能

几十年来,美国已将自治纳入某些武器系统。这些技术改进可以使这些武器系统的使用更加精确并且实现更安全、更人道的军事行动。精确制导弹药能够在更少的武器消耗和较少的附带损害的情况下完成操作,并且远程驾驶的车辆可以通过在它们之间设置更大的距离和危险来减少军事人员的风险。尽管如此,摆脱对武器系统的直接人为控制涉及一些风险,并可能引发法律和伦理问题。进一步将自主和半自主武器系统纳入美国国防规划和部队结构的关键是继续确保所有的武器系统,包括自主武器系统,都以符合国际人道法的方式被使用。此外,美国政府应继续采取适当措施控制扩散,并与合作伙伴和盟国合作制定与此类武器系统的开发和使用有关的标准。

• 致命性自主武器系统(LAWS)。在过去的几年中,国际社会的技术专家、伦理学家和其他人提出了有关开发所谓"致命性自主武器系统"(Lethal Autonomous Weapon Systems, LAWS)的问题。美国将积极参与在《特定常规武器公约》(Convention on Certain Conventional Weapons, CCW)框架下进行的关于 LAWS 的国际讨论,并期待对这些潜在武器系统持续的国际讨论。

•《特定常规武器公约》(CCW)。特定常规武器公约的缔约国正在讨论与新兴技术有关的技术、法律、军事、伦理和其他问题,尽管很明显对法律没有达成共识。美国反对一些国家将 LAWS 与遥控飞行器(军用无人机)混为一谈,因为根据定义,遥控飞行器就像有人驾驶飞机一样由人类直接控制。其他国家则专注于人工智能、机器人军队或者是否对生命和死亡决策进行"有意义的人为控制"(一个未被定义的术语)。美国的优先事项是重申所有自主或其他武器系统必须遵守国际人道法,包括区分原则和相称性。因此,美国一直强调新武器系统开发和采用中武器审查程序的重要性。CCW 将在 2016 年 12 月的审议会议期间决定是否以及如何举行有关 LAWS 及相关问题的未来会议。

• 美国政府也正在全面审查自主在国防系统中的影响。2012年 11 月,美国国防部(DoD)发布了关于自主武器系统的国防部指令 3000.09,其中概述了自主和半自主武器的开发和部署要求。对于能够自主选择和使用具有致命武力的目标的武器系统,需要在这些武器系统进入正式开发之前和在部署之前再次进行高级国防部审查及批准。国防部指令既不禁止、也不鼓励这种发展,但要求它在经过高级国防官员审查及批准后才能认真进行。除其他事项外,国防部指令要求对自主和半自主武器系统进行严格测试,并对人员进行适当的培训,以推进与武装冲突有关的国际规范。

- 人工智能有可能在一系列与国防相关的活动中有着显著的益处。物流、维护、基地运营、退伍军人医疗保健、战场医疗援助和伤员撤离、人员管理、导航、通信、网络防御和情报分析等非致命活动可以从人工智能中受益,使美国军队更安全、更有效。人工智能还可以在保护人员、高价值固定资产以及通过非致命手段阻止攻击的新系统中发挥重要作用。最终,这些应用可能会成为国防部最重要的应用。

- 鉴于军事技术和人工智能在更广泛的领域取得进展,科学家、战略家和军事专家都同意,很难预测法律的未来,因为其变化的步伐很快。许多新功能可能很快就会实现并且很快就能够开发和运行。政府正在进行积极的、持续的机构间讨论,以制定符合共同的人类价值观、国家安全利益以及国际和国内义务的政府范围的自主武器政策。

**政策建议**

(22)美国政府应根据国际人道法,针对自主和半自主武器制定单独的、政府范围的政策。

### 三、NSTC:《国家人工智能研究与开发战略计划》

美国总统行政办公室国家科学技术委员会(NSTC)在发布《准备报告》的同时,还发布了一份由其网络化和信息技术研究与开发分委员会(NITRD)准备的《国家人工智能研究与开发战略计划》(以下简称《研发战略计划》)。

回顾《准备报告》,其"研发和人才"部分提到,美国政府应当密切监测人工智能技术的发展,尤其是通用人工智能(General AI)等里程碑式的技术进展,从而根据技术发展及其预测做好应对准备。同时,政府还应优先考虑对基础性、长期性和高风险的人工智能研究进行投资,弥补私营部门研发投资的同时促进整个国家的利益。针对此项内容,《研发战略计划》建立了一项高层次框架,用以识别人工智能的科学和技术需求、跟踪技术进展并最大化研发投资的影响来满足这些需求。它还为联邦政府进行的或资助的人工智能研发确定了优先顺位,即超越短期的人工智能能力、关注人工智能对社会和世界的长期的转型影响,如图5.2所示。

《研发战略计划》第一部分介绍了制定目的、预期结果、愿景和人工智能的现状。制定《研发战略计划》的目的是回答关于政府人工智能研发的四个问题;通过《研发战略计划》的制定希望获得的成果是确定长期研发和短期研发的领域、发现目前研发投资的空缺、确定研发的优先顺序并帮助政策制定。第一部分还提出了以人工智能推进国家竞争力的愿景,即在14个具体领域应用人工智能,实现经济繁荣、改善教育机会和生活质量,并强化国家和国土安全。为制定具体的战略,第一部分的最后探讨了人工智能研究的现状,并提出人工智能目前处于第三次浪潮的初始阶段,其重点是解释性和通用性人工智能(General AI)技术。可解释性的目标是用解释和修正界面强化学习模型,加强人工智能据以作出决策的依据的可解释性和结果的可靠性,使其以高度透明的方式运行;通用性则是指超越目前的限定领域人工智能(Narrow AI),获得在更广泛的任务领域通用的能力。

《研发战略计划》的第二部分则提出了7项战略:(1)对人工智能研发的长期投资;(2)开发人机协作的有效方法;(3)理解和处理人工智能的伦理、法律和社会影响;(4)保障人工智能系统的安全(safety and security);(5)开发共享的公共数据库和人工智能训练和测试环境;(6)通过标准和基准测量和评估人工智能技术;(7)更好地理解国家人工智能研发人才需求。针对上述7项战略,《研发战略计划》的最后提出了两项建议:一是开发一个人工智能研发执行框架,以识别战略性机会并支持第1—6项战略性人工智能研发投资之间的有效合作;二是针对第7项战略提出的建议是,为建立和维持一个健康的人工智能研发人才库进行国家性的整体研究。

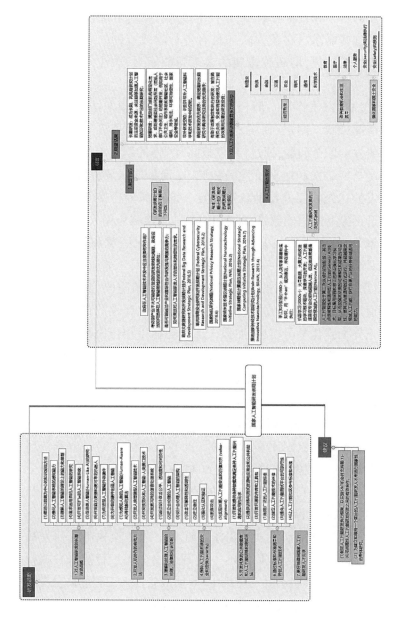

图 5.2　《研究战略计划》全景

　　《研发战略计划》在7项战略的每一部分均指明了应重点进行研发投资的具体技术领域。例如,在战略1:对人工智能研发的长期投资中,提出美国必须将投资重点放在基础和长期性的、高风险高回报的研究上。具体包括:改进以数据为中心的知识发现方法的研究、强化人工智能系统的感知能力的研究、理解人工智能理论上的能力和限制的研究、追求通用目的人工智能的研究、开发可扩展的(scalable)人工智能系统的研究、促进类人智能(Human-Like AI)的研究、开发能力更强和更可靠的机器人的研究、为改进型人工智能升级硬件的研究、为升级的硬件创造人工智能的研究等。

　　综观《研发战略计划》的全貌可以发现,美国政府拟重点投资的人工智能研发领域主要包括实现通用人工智能及其应用所需的基础研发,以及为支撑上述基础研发并影响公共利益的跨领域研发领域,如伦理、法律和社会影响,安全和安保,标准和基准,数据库和测试环境以及人工智能人才储备等。这些政府研究投资领域旨在弥补私人投资的不足,一方面是由于投资的长期性和高风险而没有足够的投资动力;另一方面是单独的私人投资难以实现的跨领域研发,而人工智能的具体应用层面则留给私人投资和研发机构进行开发。人工智能研发战略计划结构,如图5.3所示。

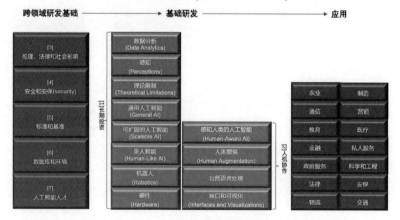

图5.3　人工智能研发战略计划结构

第一列方块是横向跨领域的研发基础(第 3—7 项战略),影响所有人工智能系统的开发;第二、三列方块包括人工智能的发展所需的许多基础研究领域(第 1—2 项战略),第四、五列方块是预计将从人工智能的发展中受益的应用领域(愿景部分)。人工智能研发战略计划的这些组成部分共同决定了联邦投资的高层次框架。

# 第六章　日　本

　　与其他各国的情形相同,日本至今尚未制定有关人工智能的综合性立法或监管规定。但日本政府自 2015 年以来在人工智能领域已经发布了多个全国性的战略规划,并基本确定了政府重点推动发展的领域、相关措施和发展路线。在人工智能相关战略的推行和具体领域监管措施的执行方面,日本也已经基本形成大致的推行体制。在人工智能技术应用的个别领域,如无人驾驶和无人机领域,日本政府的应对从早期对相关领域可能的影响和风险的研究评估、有条件允许技术应用和推动重点和融合性技术开发和应用、总结现有实践中发现的问题和制约因素等阶段,已经逐渐形成了初步的监管体系,并进入相关法律制度梳理和整备阶段。基于上述研究、政策、实践、监管等方面的经验,日本在人工智能相关的国际论坛、国际合作、国际标准和规则制定中也始终发挥着引领作用。下文将对日本在上述各方面的进展进行更进一步的介绍。

## 第一节　人工智能立法

　　日本至今尚未制定有关人工智能的综合性立法,尽管日本官方对人工智能战略的制定和推行,以及对人工智能社会影响的探讨和研究都进行得较为深入,与产业和学术界的沟通也极为密切,但不同于美国或欧洲,作为日本立法机关的日本国会层面上,并没有出现过人工智能综合性立法的议案或讨论。对于与人工智能相关的法律制定或修改,日本的各类政策和官方报告中通常使用"制度整备"一词,而非"监管"的表述,体现出日本对人工智能立法的定位和态度——在保障安全和隐私的前提下,更强调技术开发和应用的"促进",其立法性的调整和举措更多的是为人工智能技术的开发和应用解决制度性的障碍,同时,保护个人隐私等权利;即使是有必要制定监管措施,其路径更可能是对现有制度进行修订以适应人工智能,尚未从日本任何官方文件中发现制定综合性立法的提议或计划。由于这一定位,日本关于人工智能的法律调整,通常是在出现具体的调整目标(如自动驾驶汽车或无人机)和问题的情况下,从制度整备意义上对现行立法进行部分修订或微调,或者更加强调使用"指南"等软法性的规范予以调整。因此,下文将对数据利用、自动驾驶、无人机等具体语境下的相关立法进行简要的介绍。

## 一、数据利用

### ●《推进官民数据利用基本法》

日本的多份政策和官方报告都提及人工智能的开发、应用和产业化离不开大量和高质量数据的支持。日本国会于 2016 年 12 月 14 日通过并发布了《推进官民数据利用基本法》。该法的立法目的在于为推动适当和有效的官民数据利用(以下简称"官民数据利用")确立基本原则,明确国家、地方公共部门和公司的责任,确定对于制定促进官民数据利用基本计划及其他有关促进官民数据利用政策的根本性事项,设立官民数据利用促进战略会议,综合性地并高效地推动有关官民数据利用的政策。该法鼓励适当和有效地利用在网络和其他高级信息通信网络上流通的多种和大量的数据,为解决日本所面临的问题(如快速降低的生育率和人口老龄化问题)提供更为良好的环境,并为国民提供安全和安心的社会环境以及便利的生活环境。

该法所称的"官民数据"(或公私部门数据)是指由国家、地方公共团体、独立行政法人或其他经营者以电磁方式记录,并在其业务过程中管理、利用或提供的信息。为促进官民数据的适当和有效利用,该法第 3 条确立了若干基本原则,包括:(1)在官民数据利用中确保安全性、信赖性,并不得损害国民的权益、国家安全;(2)在提高国民便利性的领域和其他行政领域,充分利用信息通信技术;(3)在保护国民权益的同时,为官民数据的正确利用整备基础设施;(4)为确保多种主体之间的相互连接性,整备数据规格和互换性等基础;(5)在促进官民数据利用的过程中,充分运用人工智能、物联网、云技术等先进技术。

除官民数据利用的基本原则外,该法规定政府应制定全国和地方官民数据利用推进基本计划。为此,该法在 IT 战略本部之下设置了"官民数据利用推进战略会议",由内阁总理大臣担任会议议长,负责制定基本计划,并为根据基本计划实施具体措施而整备相关的体制,包括指定重点领域并向相关行政机关首脑提出建议。

该法规定的为促进官民数据利用采取的具体举措包括:(1)行政程序原则上实现在线处理,并鼓励民间经营者对其业务进行在线处理,从而积累更多的官民数据;(2)推进国家、地方公共团体、经营者拥有的官民数据的利用,并为此调整相关的制度;(3)建立个人对其数据流通的介入方法,从而促进官民数据的自由流通;(4)采取措施减少因地域、年龄或其他因素导致的对信息通信技术利用机会的数字鸿沟;(5)统一信息系统的规格,确保数据互换性,为官民信息系统的相互连接整备基础设施(如服务平台);(6)确保全国和地方公共团体政策的一致性;(7)推进研究开发、培养人才,提供数据利用相关的教育、培训和宣传。

二、自动驾驶

1.《自动驾驶相关制度整备大纲》

《自动驾驶相关制度整备大纲》(以下简称《大纲》)是高级信息通信网络社会推进战略本部、官民数据利用推进战略会议于 2018 年

4月17日发布的文件。上述机构制定并发布的《官民ITS构想和路线图2018》中提及,为顺应汽车自动驾驶的技术发展趋势,最大限度地享受自动驾驶带来的便利和好处,应积极地研究应对策略并整备现行的制度,使得技术发展和应用能够实现上述目标。《大纲》旨在梳理应当整备的自动驾驶相关现行制度的一份纲领性文件。

　　《大纲》对现行制度的审查和梳理,是为了预先了解自动驾驶汽车和非自动驾驶汽车并存的"过渡时期"(2020—2025年)应当具备的法律制度。根据《官民ITS构想和路线图2018》的规划,在这一过渡时期,日本社会的自动驾驶所处的阶段应当是:(1)私人汽车实现在高速公路和一般道路上的L2级自动驾驶,以及高速道路上的L3级自动驾驶;(2)物流服务实现在高速道路上的卡车列队行驶以及高速道路上的L3级自动驾驶;(3)客运服务实现在限定地区内的L4级无人自动驾驶和高速公路上的L3级自动驾驶。

表6.1　《汽车驾驶自动化系统等级分类及其定义》①

| 等级 | 名称 | 定义 |
|---|---|---|
| L0 | 非自动驾驶<br>(No Driving Automation) | ·驾驶者执行全部动态驾驶任务(Dynamic Driving Task,DDT)(包括在安全预防系统辅助驾驶的情形)。 |
| L1 | 驾驶辅助<br>(Drive Assistance) | ·驾驶自动化系统(ADS)在设计运行范围(Operational Design Domain,ODD)环境下持续执行横向或纵向(而非同时执行双向)车辆移动控制子任务;<br>·驾驶者须执行剩余的驾驶任务。 |
| L2 | 部分自动驾驶<br>(Partial Driving Automation) | ·ADS在ODD环境下持续执行横向和纵向车辆移动控制子任务;<br>·驾驶者需对驾驶子任务的对象或事项感知进行应答(OEDR)并监督驾驶自动化系统。 |

---

　　① 日本有关汽车自动驾驶系统的等级分类均采用JASO TP18004标准,而该标准实际上是对国际自动机工程师学会(SAE International)发布的《标准道路机动车驾驶自动化系统分类与定义》(SAE J3016)2016年9月版本的日文翻译。SAE J3016的最新版本是2018年6月更新的版本。

（续表）

| 等级 | 名称 | 定义 |
|------|------|------|
| L3 | 有条件的自动驾驶<br>（Conditional Driving Automation） | ・ADS 在 ODD 环境下持续执行全部 DDT。<br>・在难以继续驾驶的情况下,候补用户对 ADS 发出的干预请求和 DDT 相关系统故障作出及时应对。 |
| L4 | 高度自动驾驶<br>（High Driving Auto-mation） | ・ADS 执行全部 DDT,并在有限的领域对难以继续驾驶的情况进行应对;<br>在难以继续驾驶的情况下,需要用户响应系统的干预请求。 |
| L5 | 完全自动驾驶<br>（Full Driving Auto-mation） | ・ADS 执行全部 DDT,并无限制地对难以继续驾驶的情形作出应对;<br>・在难以继续驾驶的情况下,不需要用户响应干预请求。 |

　　针对这一场景设定,《大纲》审查并梳理了为实现上述目标同时保障安全性所需要相应调整的现行法律法规,拟根据该《大纲》渐进式地改进现有的制度,从而灵活地应对有关自动驾驶的环境变化。关于保障安全的基本思路,《大纲》提出应从人、车、驾驶环境等三个要素着手将安全水平提高至一定程度,包括提高驾驶人的安全意识和行动,汽车的特性、构造或功能上的安全保障,以及驾驶规则、驾驶路径、通信条件和自然条件方面的保障。但到 2020 年——自动驾驶汽车的市场引入期,《大纲》指出,不仅要保障一般车辆的驾驶环境安全,更应当针对自动驾驶汽车的驾驶环境设定能够保障安全的条件,并结合自动驾驶技术的进展,考虑制定与新技术相关的安全标准。

　　● 车辆安全

　　确保自动驾驶汽车的安全性首先需要从车辆自身的安全性方面入手,对此,《大纲》提出了车辆安全性保障(或监管)的思路和对策,并据此确定为实现该思路和对策需要审查和相应调整的法律法规。

这些思路和对策包括:(1)制定在自动驾驶汽车设计或开发时应考虑的自动驾驶汽车安全性条件和安全保障对策,于2018年夏季汇总发布安全设计开发指南,并参考国际讨论进展研究制定自动驾驶汽车的安全性评估方法;(2)该技术现正处于开发阶段,因此,自动驾驶汽车安全标准应参考技术开发的动向和国际讨论,阶段性地逐步推进标准的制定,但应注意不得因标准的制定阻碍技术发展的多样性;(3)强制为自动驾驶汽车配备驾驶记录装置;(4)在安全标准制定过程中逐步制定和完善车辆使用过程中的维护管理(整备车检制度和检验内容)和软件持续更新相关条件;(5)目前的应对:在自动驾驶汽车的试验验证阶段,对现行安全标准中没有必要适用于该服务的事项进行豁免认证制度,并考虑在未来商业化时也能够适用此类弹性措施。车辆自身安全性的上述思路和对策,主要涉及《道路运输法》的审查和调整;自动驾驶货运服务中电子牵引列队行驶的车辆安全要件,还涉及《道路法》。

● 交通规则

通过设定合理的交通规则来保障自动驾驶安全性的思路和措施包括:(1)为确认自动驾驶系统是否遵守道路交通法令所必要的措施;(2)审查和调整现行法项下驾驶者的义务,如是否需要新增义务,或允许自动驾驶汽车的驾驶人在行驶过程中进行哪些与驾驶无关的行为;(3)自动驾驶过程中的数据存储和利用,参见责任关系部分的讨论;(4)自动驾驶过程中违反道路交通法令时的处罚方式。关于交通规则的审查和调整主要涉及《道路交通法》。对于卡车电子牵引列队行驶,还需要研究规定有关车队全长、行驶速度、驾驶许可、行驶路线、电子连接突然中断时的处理方法等安全保障措施,还可能涉及《道路法》。

● 责任关系

自动驾驶相关的责任关系划分为5个方面。

(1)民事责任。对于在自动驾驶系统过程中产生的损害,《大纲》认为原则上应继续适用供用者责任,但需要考虑由保险公司在承担责任后向汽车制造商等行使求偿权的方法。关于"供用者"的认定,L4级自动驾驶可由作为车辆持有者的汽车运输经营者作为供用者,卡车列队行驶则根据具体的行驶形态确定谁是供用者。如果是黑客侵入等汽车持有者不承担供用者责任导致事故损害,《大纲》认为由政府保障事业进行救济的方式较为稳妥。但如果汽车持有者未采取必要的安保措施或违反维修检验义务,则也可能按照上述供用者责任进行赔偿。关于自动驾驶汽车导致事故的民事责任问题,主要须审查和调整《汽车损害赔偿保障法》和《民法》中关于损害赔偿责任的规定。

(2)软件相关责任。自动驾驶汽车装载软件原因导致事故的,需要对《制造物责任法》中的相关规定进行解释,可以解释为汽车缺陷的,由汽车制造者承担制造者责任;软件开发者可能另行被追究不法行为责任。另外,汽车出售后须持续更新所装载软件的,需要适用《制造物责任法》中风险转移时间点的规定,以判断出售者在何时开始摆脱软件更新相关的损害赔偿责任。

(3)使用上的指示和警告责任。汽车厂商有义务向消费者说明自动驾驶汽车的使用方法和风险,并在自动驾驶汽车上进行适当的指示和警告,如未进行适当指示和警告,可能被认为不具备《制造物责任法》所要求的"通常应具备的安全性",因此,有必要根据技术发展动向继续研究确定"通常应具备的安全性"与使用上的指示、警告的关系。

(4)在自动驾驶汽车市场化之前,需要通过交通规则、运输业务相关法律制度的设置,来明确驾驶人、用户、车内安全要员、远程监视和操作者、服务提供者等各类主体各自的角色和义务,并据此讨论刑事责任的承担问题,这涉及《驾驶汽车致人死亡行为处罚法》的审查和调整。

(5)行驶数据和存储。为在民事责任中有效地行使求偿权和在刑事责任中查明因果关系,都需要强制规定在自动驾驶车辆中配备行驶记录装置,并规定查明事故原因的方法。

●与运输服务相关的法律制度的关系

对于利用自动驾驶汽车从事货运或客运业务的经营许可条件和程序,应继续适用现行法律制度,涉及《道路运输法》和《汽车货物运输事业法》。现行《道路运输法》中关于保障运输安全和乘客便利的规定,都是以驾驶员在车内为前提设置的。《大纲》认为须进一步研究制定自动驾驶(驾驶员不在车内)的情况下,如何保障相同程度的安全性和便利性的方法。

●其他

(1)现行自动驾驶道路测试指南中要求在车身作出其为自动驾驶汽车的标识,《大纲》提出应在 2020 年之前决定,在自动驾驶汽车投入市场之后,如何以适当方式标识自动驾驶汽车;(2)高速公路上的自动驾驶将减轻驾驶员的负担,相关部门应审查这对于远距离运输驾驶员健康的影响;(3)对于道路上设置的保障自动驾驶安全性的设备或通信基础设施(包括路-车协调),须根据驾驶形态、技术进展、测试结果、用户和经营者的意见进行研究,涉及《道路法》和《道路整备特别措施法》;(4)防止自动驾驶汽车销售者夸大宣传、误导消费者的方法,以及促使其向消费者说明自动驾驶汽车使用方法和风险的方式。

2. 自动驾驶相关法律

结合《大纲》所提及的需要整备和调整的法律,整理了自动驾驶相关的法律及其简要信息,见表 6.2。

表 6.2　自动驾驶相关法律及简要信息

| 法律 | 最新修订时间 | 涉及内容 |
| --- | --- | --- |
| 《道路法》 | 2018 年 3 月 31 日 | 道路(及其附属物,如路标、路灯、道路信息管理设施、停车场等)的种类、路线确定、认定、管理、构造、保全、费用分担等事项。 |

（续表）

| 法律 | 最新修订时间 | 涉及内容 |
|---|---|---|
| 《道路整备特别措施法》 | 2018年3月31日 | 可以对通行或使用征收费用的道路的新设、改建、维持、修缮和其他管理等特别措施（通常由公司或地方道路公司、有偿道路管理者等主体参与上述活动）。 |
| 《道路运输车辆法》 | 2017年5月26日 | 关于车辆登记、安全标准、车检、维修保养等事项。 |
| 《道路交通法》 | 2018年4月1日 | 关于车辆及路面电车的交通方法，包括速度、横穿马路、超车、停车等，驾驶者及使用者的义务、交通事故的处置、驾驶许可等。 |
| 《道路运输法》 | 2017年6月2日 | 汽车客运和货运业务的分类、许可条件、许可程序、运费、运输服务合同、运输经营者的义务、反垄断条款、安全管理规程、运行管理者资格、驾驶员的条件、事故报告、禁止行为等。 |
| 《汽车货物运输事业法》 | 2016年12月16日 | 汽车货物运输业务经营许可条件、标准和程序、运输服务合同、安全管理规程、运行管理者的资格和义务、禁止有碍运输安全的行为、事故报告、禁止有碍公众便利性的行为等。 |
| 《汽车损害赔偿保障法》 | 2017年6月2日 | 汽车致人生命或健康受到损害时的损害赔偿保障制度，包括损害赔偿责任、保险和救济基金、纠纷处理等制度。根据该法规定，原则上由汽车供用者（为自己的利益将汽车投入运行之人）承担损害赔偿责任，并规定可适用民法关于损害赔偿责任的规定。 |
| 《制造物责任法》 | 1994年 | 关于制造物的缺陷导致人的生命、身体或财产受到损害时，制造者等承担的损害赔偿责任，其中包括制造物、缺陷、制造者等的定义，免责事由，承担责任的期限限制等。 |
| 《刑法》 | 2017年6月23日 | 有关驾驶汽车之人伤亡的刑事责任。 |
| 《驾驶汽车致人死伤行为处罚法》 | 2013年 | 规定了危险驾驶致人死伤、过失驾驶致人死伤的刑事处罚，以及无照驾驶的加重情节。 |

d. 自动驾驶汽车道路实测相关软法性规范和行政命令

● 警察厅《自动驾驶系统道路实测指南》

针对自动驾驶汽车的道路测试,日本警察厅于 2016 年 5 月制定和发布了《自动驾驶系统道路实测指南》(以下简称《道路实测指南》)作为指导性文件。《道路实测指南》开篇即明确提出,本指南的目的并非禁止本指南未提及的道路测试,而是旨在帮助测试者合法合规地进行道路测试,并为测试者提供有用的信息和警察厅的协助服务。

《道路实测指南》首先梳理了现行的道路测试相关制度,只要满足:(a)测试车辆符合道路运输车辆安全标准(昭和 25 年运输省令第 67 号)的规定;(b)驾驶人坐在驾驶席上监控周边道路交通情况和车辆状况,并在紧急情况下可以采取安全措施避免对他人的危害;(c)遵守道路交通法等相关法令,无论何时何地均可以进行道路测试。

《道路实测指南》进一步规定了道路测试实施主体的基本义务是采取充分的安全保障措施。安保措施应当符合道路测试的内容,道路测试实施主体应在行人或自行车较少、难以发生意料外事态的环境下进行测试,并向可能受到影响的相关方共享有关其应对紧急情况的预案。《道路实测指南》规定进行测试的驾驶人应当具备必要的驾驶许可,遵守道路交通法等相关法令项下的义务,并规定了驾驶人及其自动驾驶系统应具备的条件。道路测试应配备可以记录周边情况和车辆状态信息的设备,并妥善记录和保存传感器收集到的信息,包括交通事故和发生违章等信息。在道路测试过程中发生交通事故的处置应遵守《道路交通法》第 72 条的规定,对交通事故的原因进行调查,并采取防止再发的措施。在进行道路测试前,实施主体应加入相关的保险,具备适当的赔偿能力。当道路测试涉及新型高新技术自动驾驶汽车或进行大规模道路测试的,实施主体应事先联络有关机关从而获得有关机关的协助与配合。

● 警察厅《关于对远程型自动驾驶系统道路实测道路使用许可申请的审查标准》

《道路实测指南》要求自动驾驶汽车道路实测时驾驶人须坐在

驾驶席上,而远程自动驾驶汽车无法满足这一条件。为此,警察厅于 2017 年发布《关于对远程型自动驾驶系统道路实测道路使用许可申请的审查标准》,明确了远程自动驾驶汽车道路测试的条件。该审查标准规定,远程型自动驾驶汽车的道路测试须根据《道路交通法》第 77 条获得道路使用许可,并规定了许可时的审查标准,包括测试的目的、测试时间地点、安全保障措施、远程型自动驾驶系统的结构、紧急情况的处置、远程监视或操作者、驾驶资格审查、一名监视或操作者测试多辆汽车时的审查标准、许可期间、许可所附条件、交通事故等的处置、许可相关的指导性事项等内容,从而为远程自动驾驶系统的道路实测提供了明确的指引和依据。

### 三、无人机

除自动驾驶汽车之外,无人机是人工智能应用中发展较为完善的一个分支。日本在无人机监管方面已经对相关法律法规和制度进行了一定程度的整备。

1.《航空法》

日本于 2017 年 6 月 2 日修订并发布的《航空法》对无人机作出了专门性的规定。该法所定义的"无人航空机",是指可用于航空的飞行机、旋翼航空机、滑空机、飞行船及政令确定的其他机器,其结构上无法由人乘坐,通过远程操作或(通过程序)自动操控飞行(由国土交通省令根据其重量及其他事项确定的、其飞行可能对航空机的航行安全和地上、水上的人和物件的安全带来危害的航空机除外)。

《航空法》第九章是有关无人航空机的专门章节,共包括 4 个条款,对禁止无人航空机飞行的空域、允许其飞行的方式、搜索和救助的例外以及违反相关法律规定时的刑事处罚进行了规定。

2. 国土交通省航空局《无人机安全飞行指南》

《航空法》授权国土交通省确定"无人航空机的飞行可能对航空机的航行安全带来影响的空域"以及对允许飞行的方式作出细化的

规定。国土交通省航空局于 2018 年 3 月 27 日发布《无人机安全飞行指南》(以下简称《指南》),对有关事项进行了细化。

根据《指南》的解释,如果机身加电池的重量不足 200g,该飞行器不属于《航空法》规定的无人航空机,而被界定为"模型航空机"。模型航空机不适用无人航空机飞行相关规则,其在机场周边和一定高度以上的飞行应获得国土交通大臣的许可并遵守相应规定(《航空法》第 99 条之二)。

无人航空机的禁止飞行区域除《航空法》第 132 条所规定的区域之外,还包括机场周边空域、150m 以上的高空以及人口集中地区的上空。而《航空法》132 条之二第 3 项所规定的"与地上或水上的人或物件保持国土交通省令确定的距离"被明确为"与他人或他人的建筑、车辆等物品保持 30m 以上的距离"。由此,允许或禁止无人航空机飞行的区域,如图 6.1 所示。

图 6.1　无人机禁飞区域

如果违反《航空法》和国土交通省规定的禁止飞行区域和允许飞行方式的规定,可能被处以 50 万日元以下的罚金。另外,《指南》还提及,如果利用电波进行无人航空机飞行的,应遵守《电波法》及其主管部门总务省的相关规定,还须遵守自治团体、条例等的禁止性规定,或口头或书面的行政指导。而利用无人航空机进行影像摄影、在互联网上公开的,应当遵守总务省《关于在互联网上提供无人机摄影影像等的指南》并注意不要侵犯他人隐私。

3.《电波法》以及总务省《关于在无人机等上使用的无线设备》

部分无人机的飞行可能须利用无线电波等方式进行操纵或通信。早在无人机无线以前,日本的《电波法》(该法最早于 1950 年颁布,最新修订时在 2018 年 5 月 23 日)已经对无线电波的公平和有效利用形成了较为完善的制度,因此,日本并没有针对无人机这一新的事物作出另行规定,而是通过部分修改和解释法律的方式进行应对。作为无线电波管理部门的总务省在其网站上专门为此设立专栏,从而对无人机飞行中使用无线设备的有关法律规定和注意事项进行了梳理。

根据《电波法》第 2 条的定义,无线电台是指无线设备和对无线设备进行操作的人的总体,但不包括仅为接收信号的目的设置的无线设备。根据该法第 4 条的规定,拟开设无线电台原则上需要获得总务大臣的许可。但总务省确定的发射的电波极为微弱的无线电台,以及由总务省具体规定并符合一定技术条件的部分小电力无线电台无须获得许可或进行注册,亦无须取得无线从业者资格,但需要获得符合一定技术条件的证明(符合技术标准证明和工程设计认证)并进行适当标示。根据总务省的解释,无人机等主要使用的是无线电控制机专用微弱无线电台或小电力数据通信系统,通常不需要获得许可或进行登记。

## 第二节 政策战略及官方报告

### 一、政策战略

日本自 2015 年以来制定了多部人工智能的政策或战略。最早是在 2015 年 1 月发布的《机器人战略》,该战略的实际内容不仅仅涉及机器人这一领域,实际上也涉及人工智能相关内容。在

2015 年 6 月制定的《日本复兴战略改订 2015:面向未来的投资、生产性革命》,明确承认新的技术创新已经远远超过机器人技术这一领域,并且开始用"第四次产业革命"一词来概括这一新的技术变革。于 2016 年 6 月发布的《日本复兴战略 2016:走向第四次产业革命》(以下简称《2016 年战略》)进一步深化了对"第四次产业革命"的界定和应对措施,明确指出人工智能技术是第四次产业革命的"钥匙",并决定成立由产学官各界共同组成的"人工智能技术战略会议"以发挥"司令塔"职能,制定人工智能研发目标和产业化路线图。由此建立的人工智能技术战略会议经过多次讨论,于 2017 年 3 月 31 日发布了总结性的《人工智能技术战略》,详尽地描述了人工智能技术研发的战略及其实现路线图。

于 2016 年 1 月发布的《第五期科学技术基本计划》则在"第四次产业革命"概念基础上,又提出了"5.0 社会"(或称"超智能社会")的概念,用以指代第四次产业革命所开启的人类社会发展阶段。于 2017 年 6 月 9 日通过并发布的《未来投资战略 2017:为实现 5.0 社会的改革》承继了 2015—2016 年两期《日本复兴战略》和《第五期科学技术基本计划》所提出的概念和思路,认为打破日本经济长期停滞的状态,实现中长期增长的关键在于在所有产业和社会生活领域引入第四次产业革命的创新,实现向 5.0 社会的转型,并决定为此选择若干集中扶持的战略性领域,强化共同性的基础设施,以现行试点等方式逐步形成具体政策等举措。

(一)《机器人新战略》与机器人革命倡议

日本政府在人工智能相关政策探索和制定方面的努力,最早可以追溯至日本机器人革命倡议协调会(Robot Revolution Initiative)于 2015 年 1 月发布的《机器人新战略》。该战略首先指出,在国际上机器人技术呈现出自律化、信息终端化和网络化三大发展趋势。① 在此发展趋势下,《机器人新战略》提出"机器人革命"的倡议,即随着机器人传感装置、人工智能等技术的发展,将汽车、家电、手机或住宅等过去从未被定位为机器人的事物逐渐"机器人化",在日常生活中普及机器人的应用,利用机器人解决社会问题、提高生产服务的竞争力,并创造新的附加值,实现便捷和富有的社会。

机器人革命的三大战略目标是让日本成为世界机器人创新基地、世界第一的机器人应用国家,并在机器人领域引领世界。为此,《机器人新战略》提出的主要措施包括:(1)彻底强化机器人技术创造能力,如建立机器人革命倡议协调会进行总体协调,培养人才并促进下一代机器人技术的研发,其中就包括人工智能和大数据技术;(2)面向国际社会战略性地开展和参与机器人技术的标准化;(3)政府促进机器人的应用和普及,并设定具体 KPI 促使政府帮助产业界匹配机器人领域的需求和供给,为促进机器人的应用进行规制和制度性的改革,如梳理机器人利用无线电波段的规则,医疗机器人的快速审批,自动驾驶汽车、无人机等相关法令的修订和改革。

(二)《日本复兴战略》与第四次产业革命

从《机器人新战略》的具体内容中即可看出,"机器人革命"倡议及其具体措施实际上已经超出单纯的机器人技术开发应用的范围,涉及人工智能相关技术的开发,以及无人机、自动驾驶汽车等人工智能技术的应用。在《机器人新战略》发布仅 5 个月后,日本政府很快认识到被称作"第四次产业革命"的大变革正在加速到来,这一变革远远超出机器人技术范围,涉及物联网、大数据、人工智能等技术领域,并将彻底动摇未来的商业和社会的运行方式。

---

① 自律化是指机器人从单纯的作业机器转变为具有自我学习和行动功能的自律型机器人;信息终端化是指原本受到数据单向控制的机器人,逐渐拥有了通过自行积累和应用各种数据创造出新的服务和附加值的能力;网络化则是指原本仅作为个体发挥功能的机器人,随着物联网(Internet of Things)时代的到来,正在逐渐实现机器人的网络化,成为更大的网络系统的一部分。

因此,日本内阁会议于 2015 年 6 月发布《日本复兴战略改订 2015:面向未来的投资、生产性革命》,指出政府应尽快在产业界、学术界和政府相关方之间建立广泛的联系机制,对物联网、大数据、人工智能对未来产业结构和就业结构的影响,以及政府和民间机构应当采取的应对措施进行研究。该复兴战略作为政府和民间机构之间共享并指导其未来投资和生产的指南,促进对新的商业模式的开发。在具体的应对措施方面,政府将以 2020 年东京奥运会为契机,推动部分引领性项目并建立新产业和新服务。其中,在自动驾驶技术方面,结合国家战略特区的政策,并基于日本的机器人战略进行必要的规制改革;在小型无人机技术方面,政府将考虑技术的合理性、未来的应用和普及程度,以及国际上关于小型无人机的规制改革动向,与相关方充分协调并分阶段地推动无人机安全运行相关规制的改革。

于 2016 年 6 月发布的《2016 年战略》进一步细化了日本为实现第四次产业革命应采取的主要措施。首先,《2016 年战略》将人工智能技术界定为开启第四次产业革命的“钥匙”,为促进人工智能技术的研发和社会实施,决定建立由产学官各界共同组成的“人工智能技术战略会议”以发挥“司令塔”职能,制定人工智能研发目标和产业化路线图。其次,推行规制和制度改革,并推进数据的跨企业、跨组织利用项目和网络安全保障项目。在制度改革方面,《2016 年战略》规定的目标是在 2017 年之前整备自动驾驶汽车试验制度的基础设施,在 2016 年夏季之前确定小型无人机制度设计的方向。再次,为支持第四次产业革命进行相关环境的整备。为此,《2016 年战略》确定环境整备重点内容包括:旨在促进数据利用的环境,促进快速的商业更新换代的环境(包括整备金融和资本市场、推进制胜第四次产业革命的知识产权和标准化战略、严格地、贴近市场实际状态地执行保障公平和自由竞争的法律),构建支撑第四次产业革命的人才培养和教育体制,促进中坚、中小企业应用 IT、机器人从而扩大第四次产业革命的范围,适应第四次产业革命的 IT 产业结构调整,保障网络安全及彻底贯彻 IT 的应用,信息通信环境的整备等,并对上述每一项主要内容均设定期限目标及具体措施。

(三)《第五期科学技术基本计划》与 5.0 社会

在《日本复兴战略》2015 年修订中采纳"第四次产业革命"概念的基础上,日本内阁会议于 2016 年 1 月发布的《第五期科学技术基本计划》提出了"5.0 社会"(或称"超智能社会")的概念,用以指代第四次产业革命所开启的人类社会发展阶段。① 根据定义,5.0 社会是指能够极为精细化地满足社会中的各种需求的社会,即在需要的时机将所需要的事物或服务以需要的量提供给有需要的人,让所有人能够超越年龄、性别、地域、语言等各种差异的限制,获得高品质的服务、富有活力和舒适的生活。

《第五期科学技术基本计划》指出,为实现 5.0 社会,需要通过网络将各种各样的事物进行连接,使其高度地系统化,同时还需要实现多个不同系统之间的相互连接和协调,收集和分析多种多样的数据,使其能够在相互连接和协调的系统中被横向地应用,从而创造出新的价值和服务。为此,日本政府曾在 2015 年确定了包括高级道路交通系统、智能生产系统等在内的 11 个重点开发系统,通过这些个别系统的优化,阶段性地实现相互连接和协调。与此同时,日本政府为实现不同系统之间的连接和协调,分阶段地构建能够在各类服务中通用的平台。例如,国家应在相关部门和产学官的紧密联系下,促进跨系统数据利用接口(interface)或数据格式(data format)的标准化,推动通用于所有系统的网络安全技术的优化和普及,建立能够适当进行风险管理的机制等。在应对个人信息保护、制造者和服务提供者的责任等问题方面,国家应强化伦理的、法律制度的、社会的方法,通过放松规制、制度改革使新的服务和业务成为可能,发展能够为正确的规制和制度作出贡献的科学技术。与此

---

① 即继狩猎社会、农耕社会(第一次产业革命)、工业社会(第二次产业革命)、信息社会(第三次产业革命)之后的第五个社会发展阶段。

同时,国家应培养能够为 5.0 社会服务平台的建设作出贡献的研发人才,以及能够应用上述平台创造新的价值和服务的人才。

在上述基本思路下,《第五期科学技术基本计划》主要内容可以总结为:(1)提高日本在 5.0 社会的竞争力,努力为未来的工业创造和社会变革创造新的价值①,(2)在此过程中将在实现经济发展的同时解决日本所面临的社会问题作为总体战略目标②,并将(3)加强科技创新的基本力量和(4)建立人力资源、知识和资金的良性循环系统作为实现战略目标的重要手段。

(四)《未来投资战略》与 5.0 社会

日本内阁会议于 2017 年 6 月 9 日通过并发布的《未来投资战略2017:为实现 5.0 社会的改革》(以下简称《未来投资战略》)承继了2015—2016 年两期《日本复兴战略》和《第五期科学技术基本计划》所提出的概念和思路,认为打破日本经济长期停滞的状态,实现中长期增长的关键在于在所有产业和社会生活领域引入第四次产业革命的创新,实现向 5.0 社会的转型。

为此,《未来投资战略》提出以下几点具体措施的方向:第一,选择若干集中扶持的战略性领域;第二,强化为创造价值所需的共同性的基础设施;第三,以先行试点等方式逐渐形成具体政策;第四,适应 5.0 社会的产业结构调整及其更新换代体系的构建;第

---

① 提高日本在超智能社会的竞争力,努力为未来的工业创造和社会变革创造新的价值。日本的主要战略是强化和掌握超智能社会的"核心基础性技术",即基于网络空间传播、处理、存储信息的相关技术,具体包括两类:第一类是构建超智能社会服务平台所需的基础性技术,特别是网络安全技术、物联网系统构建技术、大数据分析技术、人工智能技术,能够以低电力消耗高速和实时地处理大量数据的设备技术;能够高速传输大量数据的网络技术、边缘计算技术和支撑上述基础技术的跨学科的数理科学。第二类是具有创造新价值潜力的核心基础性技术,特别是机器人技术、传感器技术、执行器技术(actuator)、材料和纳米技术、光和量子技术等。为此,计划提出的具体措施包括创建产学官联动的研发机制、为实现技术创新及其商业化创造社会环境,并从全球范围内引进优秀人才、知识和资金等。

② 应对经济和社会性的问题。实现经济发展的同时解决日本所面临的问题是战略的总体目标,这些社会问题具体包括:可持续发展问题(稳定的能源、资源和食品供应,老龄化和人口减少,制造业和创新竞争力),维护国家和公民的安全和提高生活质量问题,应对气候变化、生物多样性等全球问题,发达国家的战略前沿问题,如海洋和宇宙的适当开发等。

五,构建地方经济良性循环系统。不同于以往发布的战略单独地规定人工智能相关的政策,《未来投资战略》将人工智能相关的发展战略和政策措施融合到了上述所有方面,从而使得所有战略领域都更加细致地体现人工智能相关战略和政策。

具体而言,《未来投资战略》所选定的集中扶持的五大战略性领域包括:医疗健康和看护、移动(交通)革命、供应链升级换代、便捷的基础设施和街道建设、FinTech。其中,在医疗健康和看护领域,提出最大限度地利用大数据、人工智能等技术创新,建立最优化的健康管理、诊疗、看护系统。为此,需要将现有分散持有的健康、医疗、看护数据等进行整合,构建统一的医疗数据平台;整备为评估应用人工智能的医疗器械产品安全和品质所需的规则,在下一期医疗报酬改订过程中将医生正确利用 AI 辅助进行诊疗的情况纳入评估范围;对于在看护现场的机器人、传感器等的应用,在切实进行效果验证的基础上,根据其结果在下一期看护报酬改订过程中从看护报酬、人员和设备标准等方面进行制度性的应对。在移动(交通)革命①方面,主要项目包括:通过充分的验证过程梳理制度转换须解决的问题,并根据社会需求明确制度整备等的时期。以无人自动驾驶客运服务为例,《未来投资战略》指出该项服务目标将在 2020 年之前实现,因此,2017 年的年度目标为在全国 10 个以上的场所进行道路实测。

(五)《人工智能技术战略》

《人工智能技术战略》的具体内容如下:

首先,从人工智能技术相关论文数量来看,日本目前落后于美国和中国,官方和民间对研发的投入不足,有必要联合官方和民间的力量共同整备研发环境,以政府为中心进行基础性研究的同时,充分考虑官方和民间的角色分担,并提供社会部署的条件和制

---

① 移动(交通)革命是指有关人或物的移动,通过无人自动驾驶、小型无人机进行货物配送或通过自动运航船等,实现物流的效率化和移动服务的优化,减少交通事故、地方性的人力不足或减轻或消除不方便移动者的困难。

度性的整备。

其次,数据对于人工智能技术的应用是不可或缺的,数据本身逐渐成为核心竞争力。日本当前有多种数据的储备,但部分数据尚未被数字化,也有部分数据受限于个人信息保护和数据利用的限制。今后需要在医疗、交通、物流、基础设施等领域,通过官方和民间的共同努力,着力解决数据的可信赖性、安全性、体制的弹性、个人信息保护、数据垄断与数据利用之间的平衡、数据之间的连接等问题。

人工智能技术仅仅是一项服务(AI as a Service, AIaaS),AI 的使用和应用只有通过与多种数据结合才能扩展至各种领域。为此,战略首先选定了生产、健康医疗和福利、交通、信息安全等四个重点领域,具体制定了在这些重点领域通过 AI 与相关技术的融合进行产业化的路线图(以下简称"产业化路线图"),并将产业化的推进划分为三个阶段①,而无论在哪一阶段,现有的和 AIaaS 所产生的数据良性循环,都将为新的价值创造提供基本的助力。

生产领域的目标是不断创造出新的产品和服务,实现生产系统的自动化、最优化和服务产业的效率化、最优化,实现用户主导型超定制化(hyper customization),从"物品制造"转向"价值创造"的生产模式,从而提高社会整体的生产力。为实现这一目标,战略制定了详细的将人工智能等相关技术与生产领域进行融合的产业化路线图。

在健康医疗和福利领域的最终目标是实现人们享受健康和长寿的社会,通过技术与产业的深度融合,从疾病治疗转向先进的预防医疗。对此,战略也制定了具体的产业化路线图。

在交通领域的最终目标是让人们实现安全和自由地移动,特点在于这种交通和移动不再仅仅是一种成本(时间和金钱),而成为个人娱乐、工作和学习的私人空间,例如实现交通工具内的休闲娱乐

---

① 各阶段的大致期限仅具有参考意义,并且仅仅是指技术层面的预判,相关技术的社会实践期限还需考虑制度整备和社会的接受程度。

以及借助 VR 技术的工作场景。对这一领域，战略也制定了具体产业化路线图。

信息安全领域不同于上述三个领域，属于所有领域的技术发展都需要依赖的跨部门的建设，该领域的目标在于加强信息安全网络的可靠性、稳定性和保密性。

在确定重点领域产业化路线图的基础上，战略还对具体的路径和方法进行了规划，主要包括研发和培养人才两个方面。日本将以三大国立研究机构(总务省下属国立信息通信研究机构(NICT)、文部科学省下属理化学研究所(RIKEN)、经济产业省下设产业技术综合研究所(AIST))为主的国立研究机构作为联系产业界、学术界和政府的平台，主要进行基础设施性的技术研发，培养专业的人力资源，并维护公共数据，为创业企业提供支持等。

二、官方报告

日本自 2016 年起通过政府部门组织成立的各类研究机构和组织对人工智能(网络化)、第四次产业革命、5.0 社会、自动驾驶汽车等主题进行了持续、连贯、深入和富有价值的研究和探讨，这些研究所产生的成果报告和文件往往也能够直接影响日本相关政府部门采取相应的举措。

(一)人工智能网络化系列报告

日本官方所发布的研究报告中，最具影响力的官方研究报告是日本总务省信息通信政策研究所旗下的"人工智能网络化"系列报告。2016 年 2 月，该研究所成立"人工智能网络化审议会"，由理工科(信息科学、人工智能工学等)和人文社科等领域的专家组成。人工智能网络化审议会的前身是"ICT 智能化影响评估审议会"，原本其研究范围是"信息社会"背景下的信息通信技术(ICT)智能化的问题，随着日本政府自 2016 年起逐渐采用第四次产业革命的概念来概括当前的技术变革和趋势，"ICT 智能化影响评估审议会"也被改组并调整研究方向为"人工智能网络化"。

1.《人工智能网络化开启的智联社会(WINS)——走向超越第四次工业革命的社会》

审议会成立后立即对"人工智能网络化"和"第四次产业革命"等主题进行了研究,并于2016年4月15日发布了题为《人工智能网络化开启的智联社会(WINS)——走向超越第四次工业革命的社会》的中期报告(以下简称2016年中期报告)。[①] 2016年中期报告所解决的主要问题是:(1)什么是人工智能网络化;(2)人工智能网络化旨在实现一个什么样的未来社会;(3)人工智能网络化对经济和社会带来的影响和风险是什么;(4)为实现人工智能网络化的目标,当前所要解决的问题是什么。

(1)人工智能网络化的概念及其发展阶段

人工智能网络化的概念与审议会的前身所研究的"ICT智能化"具有密切关联。根据审议会2015年的报告,第三次产业革命(信息革命)的主要驱动力,是被称为信息通信技术(ICT)的计算机技术和通信网络技术,以及在其上发展出来的人工智能技术、多种数据的应用以及这些技术与人类的接口(interface)。这些技术的同时并行和快速的发展所带来的人类知性的大幅提高,以及ICT与人类之间关系的发展,被称为ICT智能化。ICT智能化的构成要素包括:CPU、存储及通信网络性能的提高;人工智能技术的优化;所有事物的数据化;网络的全球化;分布式处理的发展;以及人类(人脑)与人工智能的连接。在此基础上发展出来的"人工智能网络化",是指ICT网络化中构建和优化以人工智能为构成要素的信息通信网络系统。简言之,就是将不同人工智能系统以及人工智能系统与人脑进行相互连接,从而形成的整个网络。人工智能的网络化是分阶段实现的:最初的人工智能之间没有建立连接,单个系统通过接入互联

---

① 人工智能网络化审议会:《人工智能网络化开启的智联社会(WINS)——走向超越第四次工业革命的社会》,2016年4月,载 http://www. soumu. go. jp/menu_news/s-news/01iicp01_02000049.html,访问日期:2018年9月28日。

网等单独发挥其功能并辅助人类的生产生活;随后,人工智能相互之间逐渐形成网络共同运行,从而发展社会各领域内的自动调整和调和;进而人工智能网络系统与人类之间通过"人机接口"(human-machine interface)建立连接,人工智能网络系统将增强人类的身体和头脑,激发人类的潜能;最终人工智能网络化的高度发展将形成人类与人工智能系统共存的局面。

(2)人工智能网络化旨在实现的未来社会面貌和基本理念

人工智能网络化应追求的是怎样的社会面貌,在此过程中应当遵循哪些基本理念? 2016 年中期报告认为,人工智能网络化社会将会是"智联社会(Wisdom Network Society,WINS)"。人工智能网络化发展的结果,是人类与人工智能网络系统共存,自由和安全地创造、流通和连接各自的数据、信息和知识,构建智慧网络。人、物、事在所有领域超越空间限制地相互连接和协作,从而获得更具创造性和活力的发展的社会。因此,智联社会的特点可以归结为"人机共存""综智连环""协调遍在"。在追求实现"智联社会"的过程中,2016 年中期报告认为应当遵循若干基本理念:普惠共享、尊重人的尊严和个人自治、创新性地研发和公平竞争、可控性和透明性、利益相关方的普遍参与、物理空间和网络空间的调和、通过超越空间限制的协作来实现有活力的地方社会、通过分布式协调来解决全球性的问题等。

(3)人工智能网络化的影响和风险

2016 年中期报告认为需要事先充分地预测和评估人工智能网络化将会带来的影响,包括对公共领域、生活领域、产业领域的影响等,这一影响的预测和评估是 2016 年中期报告确定的当前需要解决的问题之一。在经济影响方面,至少须考虑:①对经济发展的影响,如经济增长、产业结构、创新、国际竞争力;②对就业的影响;③对收入分配的影响;④人工智能网络系统生态,保障创新和竞争性的生态,促进人工智能网络系统之间形成网络化;⑤评估人工智能网络化的进展及影响的评价指标。在社会和人类的影响方面,则需要进一步研究:①人工智能网络系统与社会;②人工智能网络系统与地域社会;③人工智能网络系统与国际社会;④人工智能网络系统与人类;⑤人工智能网络系统与科学;⑥人工智能网络系统与法律之间的关系问题。

在具有中立性的"影响"评估之外,2016年中期报告认为还需要对人工智能网络化的风险进行预判,并根据风险理论,用风险评估、风险管理、风险沟通等方法进行对风险的进一步研究。2016年中期报告初步认为,这些风险大致被分类为两种:(1)功能性风险:包括安全相关风险、信息通信网络系统相关风险、不透明性风险、失控风险;(2)法律制度和权益相关风险:包括事故风险、犯罪风险、消费者权益相关风险、隐私和个人信息相关风险、人的尊严和个人自治相关风险、民主主义和统治机构相关风险等。

(4)当前应解决的课题

基于上述讨论和分析,2016年中期报告为审议会列出了14个需要进一步研究和解决的课题,其中包括:①制定研究开发的原则或指南;②如何保障创新和竞争性的生态系统,包括确保人工智能网络系统的互联互通和互操作性,鼓励利益相关方之间就组建人工智能网络展开协商和对话,保障人工智能网络系统的开放性,促进人工智能网络系统的开发和利用相关创新活动;③如何保护:包括研究保护用户的方式,关注和评估有关的市场动向,市场划定和评估标准,相关信息搜集的方式,对损害用户利益的经营者行为的分类研究,纠纷处理,人工智能系统的持续更新服务,国际协调等;④如何保障人工智能网络化的安全;⑤隐私及个人数据相关制度问题;⑥内容(contents)相关制度课题,人工智能创造内容的著作权等知识产权法的保护方式,关注利用人工智能创造内容相关的垄断动向,适合机器学习的开放数据方式等;⑦社会基本规则相关研究,协调网络空间相关规则与物质世界相关规则的方式,人工智能网络系统相关的权利义务及责任归属方式,人工智能网络系统相关司法手续的法律制度;⑧加速信息通信基础设施的优化;⑨防止形成人工智能网络"鸿沟";⑩人工智能网络系统相关素质的培养;⑪适应人工智能网络化的专业人才培养;⑫社会安全(保障)网的整备;⑬通过解决全球性问题致力于提升人类福祉;⑭人工智能网络系统的治理方式等。

(5)2016年中期报告的直接影响

2016年中期报告是于2016年4月15日发布的,并且在其当时课题中提及应当制定人工智能开发和使用原则和指南,并对人工智能网络化的影响和风险进行评估,并且提及应当在此方面加强国际合作。而就在同一时期(4月29-30日),在日本作为东道主举办的香川七国集团(G7)信息通信技术部长级会议(以下简称 G7 ICT 部分会议)上,日本总务省官员提议,以 G7 成员国为核心并与经济合作与发展组织(OECD)等国际组织合作,就人工智能网络化给社会和经济带来的影响评估和人工智能开发原则的制定开展国际对话与合作。该项提议获得与会国的赞同,并体现在该次会议《联合声明》的附件《G7 合作机会》中:"日本、德国和意大利欢迎有关利用网络化人工智能、自主系统和机器人技术的 ICT 服务发展的合作研究。该研究将讨论和分享关于网络化人工智能开发原则及其社会和经济影响的信息。"在此次会议中,日本初步提议的人工智能开发指南八项原则包括:透明性原则、辅助用户原则、可控性原则、(AI 网络系统的)安全保障原则、(对用户和第三方的)安全保护原则、隐私保护原则、伦理原则、问责原则。可以说,2016年中期报告的研究成果直接支持了日本在 G7 ICT 部长会议上提出日本的倡议(这项提议也是 G7 和 OECD 等国际论坛和国际组织最早开始介入人工智能领域的缘由),从而帮助日本在人工智能相关国际对话与合作中掌握主动权和话语权。下文也将会进一步介绍该系列报告的后续进展以及日本据此在国际社会发挥的作用。

2.《报告书 2016:人工智能网络化的影响和风险——为实现智联社会的课题》

人工智能网络化审议会于2016年6月发布了《报告书 2016:人工智能网络化的影响和风险——为实现智联社会的课题》(以下简

称"2016年报告"),是在2016年中期报告的基础上继续深化的研究
成果。2016年报告的内容包括:(1)梳理了2016年中期报告发布以
来的人工智能网络化的最新动向;(2)分析人工智能网络化的发展
为产业结构或就业结构带来的影响,讨论人们在智联社会的生活面
貌;(3)研究人工智能网络化相关评价指标的设定方式;(4)分析人
工智能网络化的相关风险和预案;(5)提出了今后须进一步关注和
研究的问题(在中期报告14个问题的基础上追加了6个问题)。

(1)2016年中期报告发布以来(2016年4月-6月)的最新动向

• G7 ICT部长级会议召开;

• 人工智能技术战略会议的成立(2016年4月);

• 人工智能与人类社会恳谈会成立(2016年5月):根据《第五期
科学技术基本规划》的决定,在内阁府特命担当大臣管理下设置"人工
智能与人类社会恳谈会",对人工智能与人类社会的关系进行研究;

•《人工智能学会伦理指南》的发布(2016年6月):人工智
能协会伦理委员会在于2016年6月召开的全国大会上发布了人工智
能研究开发者应遵守的伦理纲领草案。

(2)智联社会的社会面貌

2016年报告着重分析人工智能网络化的进展对产业结构和就
业的影响,并认为智联社会的社会面貌将会是:(1)智慧、连接和协
调;(2)人类生活环境大大改善;(3)社会的价值观极其多样化;
(4)在就业方面将人从劳动中解放出来,劳动不再是一种谋生手
段,而是一种需求;(5)极大激发人类潜能等。

(3)人工智能网络化相关影响评估指标

2016年报告提出的问题,是在评估人工智能网络化给社会经济
带来的影响时,应当参考何种指标,以及应通过何种指标来评估因
人工智能网络化的发展而变化的人类幸福感和富足程度。2016年
报告预计,人工智能网络化的影响将涉及公共基础设施、防灾、智能
城市、行政等公共领域,生活支持(personal assist)、财富创造等生活
领域,以及公共交通、农林水产、制造业、运输和物流、金融和保险、

医疗和护理、教育和研究、服务业、建设等产业领域,并对评估指标的考察方向(评估项目和方法)等作出了指引。而在衡量幸福感和富足程度方面,2016 年报告提出了幸福生活指数(Better Life Index,BLI)、国民幸福指数(Gross National Happiness,GNH)、经济福利衡量标准(Measurement of Economic Welfare,MEW)、人类发展指数(Human Development Index,HDI)等许多可供参考的指标,并指出了评估指标的考察方向,并决定在日后继续深入开发评估指标。

(4)风险和预案分析

2016 年报告在中期报告基础上以机器人为例,对风险评估和预案分析给出了例示性的分析框架,包括风险的类型和种类、人工智能网络系统在具体应用场景下的风险(如机器人被黑客攻击、信息泄露、机器人的滥用或误操作等风险)、风险的应对(风险评估、管理和风险沟通等)、风险评估应包含的要素(发生时间、发生概率、损害规模、派生风险等),以及可能的预案事例等,最后指出基于该案例总结日后在开发风险和预案分析时应进一步研究和改进的方向。

(5)今后的课题

2016 年中期报告提出了 14 项当前应当解决的课题,而 2016 年报告对这些课题进行细化并增加为 20 项,新增:(1)人工智能网络化的发展所带来的影响之评估指标及幸福感和富足程度评估指标;(2)制定和共享风险相关预案;(3)关于人类生存方式的研究;(4)适应人工智能网络化的就业环境的整备,并且将原有的"如何保障创新和竞争性的生态系统"课题进一步拆分为三项:加强人工智能网络化发展的协调型(互联互通、互操作性和开放性)、保障竞争性的生态系统,以及促进经济发展和创新问题(快速和可持续的经济发展,促进人工智能网络化的研发及应用创新)。

3.《报告书 2017:为推进有关人工智能网络化的国际讨论》和《人工智能开发指南(草案)》

(1)《报告书 2017:为推进有关人工智能网络化的国际讨论》

2016 年 10 月,人工智能网络化审议会更名为人工智能网络社会推进会。2017 年报告的主题为《报告书 2017:为推进有关人工智能网络化的国际讨论》(以下简称"2017 年报告"),本次报告的重点在于制定和起草《人工智能开发指南》,并将该成果提交给 OECD 以供国际讨论。2017 年报告首先介绍了人工智能开发指南的制定背景和经过,梳理了指南草案征求意见的结果,并概述了《人工智能开发指南》的主要内容。相比日本在 2016 年 G7 ICT 部长会议中提出的八项原则,本次新增了互联性原则。

另外,2017 年报告也在之前两次报告的基础上再次对人工智能给经济社会带来的影响进行了更加深入的分析,并注意到在影响评估中,应当特别留意人类与人工智能共存的问题和角色分担,以及使用人工智能和不使用人工智能的人共存所带来的利益平衡问题。最后提出未来的挑战和课题,特别指出应进一步制定人工智能应用/利用指南,并开始更加关注人工智能网络系统的互联互通性问题。

(2)《人工智能开发指南(草案)》

《人工智能开发指南(草案)》作为该报告的附件,阐述了《人工智能开发指南》的制定目的、基本理念、用语定义和适用范围、开发原则及其具体内容。草案指出,人工智能技术研发的快速发展将会极大地促进社会和经济发展,但同时为了抑制人工智能系统非透明化、丧失控制等风险,需要解决与此相关的诸多社会、经济、伦理和法律课题。尤其是,利用 AI 系统提供的服务与其他信息通信服务一样,可以通过网络跨越国境提供,因此,需要通过开放性的讨论,在国际上达成共识,在利益相关方(开发者、服务提供者、使用者、各国政府、国际组织等)之间形成非规制性、非约束性、软法性质的指南或最佳实践(Best Practice),从而在促进人工智能系统的效益的同时抑制其风险。

鉴于上述目的,指南所遵循的基本理念包括:①最终目标是实现所有人能够普遍享受人工智能网络化带来的利益,尊重人的尊严和个人自治的以人为本的社会;②指南应作为非约束性的软法以及利益相关方在研发和利用 AI 系统时的国际最佳实践;③在 AI 网络的收益和风险之间寻求适当的平衡;④应从技术中立性的角度注意不致阻碍特定技术或方式的 AI 研发,还须注意不应要求开发者承担过高的负担;⑤本指南应根据人工智能网络化的进展,通过国际讨论不断地完善,并可以较为灵活地根据需要进行修订,见表 6.3。

表 6.3　人工智能开发指南

| 宗旨 | 原则 | 含义 | 具体注意事项 |
|---|---|---|---|
| 促进 AI 网络化的健康发展,增进 AI 系统便利性 | 互联性原则（Principle of collaboration） | 开发者应注意 AI 系统的互联性和互操作性 | ·合作实现有效的相关信息共享;<br>·国际标准化中应注意体现该原则;<br>·努力实现数据形式的标准化,包括 API 在内的接口或协议的开放性;<br>·注意避免因系统之间的互联性和互操作性产生意想不到的风险;<br>·就 AI 开发相关的知识产权,应注意保护与利用之间的平衡,对标准必要专利等有助于实现互联性、互操作性的知识产权许可协议及其条件应当努力实现公开和公正。 |
| 控制 AI 系统风险 | 透明性原则（Principle of transparency） | 开发者应注意 AI 系统输入和输出的可检验性及其判断结果的可说明性 | ·本原则的适用对象是指可能对使用者及第三方的生命、身体、自由、隐私、财产等带来影响的 AI 系统;<br>·开发者为获得包括使用者在内的社会的理解和信赖,应考虑所采用的技术的特性或用途,在合理范围内保障 AI 系统输入和输出的可检验性及其判断结果的可说明性。 |
|  | 可控性原则（Principle of controllability） | 开发者应注意 AI 系统的可控性 | ·开发者为评估 AI 系统的可控性相关风险,应努力采取所有的验证和妥当性确认程序,作为此类风险的评估方法,可在实用化之前的阶段在实验室等确保安全的沙箱等封闭空间进行实验;<br>·开发者还应考虑所采用技术的特性,在可能的范围内,通过人类可信赖的其他 AI 等进行监督(监控、警告等)和处理(停止 AI 系统、切断网络连接、修理等)的实际效果。 |

（续表）

| 宗旨 | 原则 | 含义 | 具体注意事项 |
|---|---|---|---|
|  | 安全保护原则（Principle of safety） | 开发者应保障 AI 系统不对使用者和第三方的生命、身体和财产造成危害 | ·开发者在参照本原则相关国际标准的同时，还应根据 AI 系统通过学习发生变化的可能性，留意以下事项：<br>·为评估和控制 AI 系统安全性相关风险，应努力采取所有的验证和妥当性确认程序；<br>·在 AI 系统开发过程中，应根据所采用技术的特性，努力在可能的范围内事先考虑保障系统本身及其功能安全的措施；<br>·开发者如果设计在涉及使用者及第三方生命、身体、财产安全的情形下进行判断的 AI 时，应尽力向使用者等利益相关方充分说明系统设计的宗旨及其理由。 |
|  | 安全保障原则（Principle of security） | 开发者应注意 AI 系统的安全 | ·开发者在遵守 OECD 网络安全指南之外，还应根据 AI 系统通过学习发生变化之可能性，留意以下事项：<br>·AI 系统的信息安全方面，应保障信息的保密性、完整性和可用性，根据需要，还应注意 AI 系统的可信赖性（按照预设程序完成动作、避免无权限的第三方进行操作）和健全性（对物理攻击或事故的耐受性）；<br>·为评估和抑制 AI 系统安全相关风险，应采取所有验证或妥当性确认程序；<br>·在 AI 系统开发过程中，应根据所采用技术的特性，努力在可能的范围内事先考虑保障安全的措施。 |
|  | 隐私保护原则（Principle of privacy） | 开发者应注意 AI 系统不对使用者及第三方的隐私构成侵害 | ·本原则所称隐私的范围包括与空间有关的隐私（私人生活安宁）、与信息有关的隐私（个人数据）及通信秘密。 |

（续表）

| 宗旨 | 原则 | 含义 | 具体注意事项 |
|---|---|---|---|
| | | | ·开发者除遵守 OECD 隐私保护指南等国际指南之外,还应注意以下事项:<br>·为评估隐私侵害风险,努力采取所有隐私影响评估;<br>·在 AI 系统开发过程中,根据所采取技术的特性,在可能的范围内预先准备措施防范在使用过程中的隐私侵害。 |
| | 伦理性原则（Principle of ethics） | 开发者在开发 AI 系统时应尊重人的尊严和个人自律 | ·开发与人脑或身体进行连接的 AI 系统的,应参考有关生命伦理的讨论,进行特别慎重的考虑;<br>·开发者应根据所采取技术的特性,在可能范围内采取措施,避免 AI 系统所学习的数据中含有偏见等导致歧视的可能;<br>·开发者应遵守国际人权法或国际人道法,注意避免 AI 系统不当减损人类价值。 |
| 提高用户等对 AI 系统的可接受性 | 辅助用户原则（Principle of user assistance） | 开发者应注意保障 AI 系统能够辅助用户并为用户提供适当的选择机会 | ·适时适当地提供可供使用者进行判断的信息,应注意设计便于使用者操作的接口/界面;<br>·应注意设计能够适时适当地为使用者提供选择机会的功能;<br>·努力采用通用设计等社会弱势群体易于使用的方式。 |
| | 问责原则（Principle of accountability） | 开发者应努力实现对包括用户在内的利益相关方的可问责性 | ·开发者应向使用者提供选择和使用 AI 系统所需的信息,为提高包括使用者在内的社会公众对 AI 系统的可接受程度,开发者应参考第 1—8 项开发原则的宗旨,向使用者提供和说明其 AI 系统的技术特性,通过与多种利益相关方的对话听取多种意见,促进利益相关方的积极参与;<br>·开发者应努力与使用其 AI 系统提供服务的服务提供者等共享信息并进行合作。 |

4.《报告书2018:为促进人工智能的应用利用和人工智能网络化的健康发展》与《人工智能应用指南(草案)》

2018年报告的主题为《报告书2018:为促进人工智能的应用利用和人工智能网络化的健康发展》(以下简称"2018年报告")。2018年报告在2016年中期报告、2016年报告和2017年报告的基础上,更新了人工智能网络化的最新动向,其中包括海外动向、包括G7和OECD等在内的国际讨论动向。在人工智能网络化给社会经济带来的影响评估方面,2018年报告开始在原有影响评估的基础上,设定人工智能的具体应用场景,并针对具体场景分析其影响和预案。2018年报告首先从公共领域中的行政领域、个人应用领域中的移动和居住领域等进行应用场景的影响分析。在《人工智能应用指南》方面,2018年报告提出了九项原则[包括①正确利用原则、②正确学习原则、③连接原则、④安全(security)原则、⑤隐私原则、⑥尊严和自律原则、⑦公平性原则、⑧透明性原则、⑨问责原则],并分析了九项原则的主要内容,提出今后须继续深入研究的课题。关于指南的制定,网络社会推进会指出,人工智能的研发和应用目前尚处于摇篮期,在这一时期通过法律等(即硬法)进行规制,可能会抑制人工智能的开发和应用,因此正确的方式应当是共享最佳实践(Best Practice)或非规制性、非约束性的指南(即软法规范),并在利益相关方之间达成共识。①

5.人工智能网络化系列报告对国际合作的影响

日本是第一个倡议以G7成员国为核心并与OECD等国际组织合作,在人工智能开发和应用指南以及人工智能的社会经济影响评估方面开展国际对话与合作的国家,并且通过人工智能网络化系列报告持续深入地在上述两个领域的研究,并积极地在国际社会推广其方案。因此,日本在G7和OECD等人工智能领域最主要的两个

---

① AI网络社会推进会:《报告书2018:为促进AI的应用利用和AI网络化的健康发展》,2018年7月17日,第10页。

政府间国际论坛中发挥了特别的领导力和影响力。这种影响力体现在其引导各国建立了 OECD 的主要工作范围,并由于其已经展开先期研究,从而在两个论坛中均拥有重要的话语权。同时,鉴于上述两个国际论坛在人工智能监管领域的后续工作(如国际人工智能开发和应用原则或指南)有可能在条件成熟时转换为国际规则,预计日本将有能力在国际规则的制定中持续发挥不容忽视的影响力。

(二)其他有价值的官方报告

除人工智能网络化系列报告之外,日本政府设立的各类智库或会议发布的有关人工智能官方报告中,以下报告也具有较高的参考价值。

1.人工智能与人类社会恳谈会报告①

人工智能与人类社会恳谈会是根据《第五期科学技术基本规划》在内阁府特命大臣之下设立的、研究人工智能与人类关系的顾问机构。恳谈会于 2017 年 3 月发布的报告主要对人工智能技术的伦理、法律、社会影响和问题(ELSI)进行探讨和梳理。第一章首先对人工智能技术给社会带来的影响、期待和担忧进行综述,对人工智能技术与之前技术的不同点进行比较,并介绍了设立恳谈会的目的。第二章则对人工智能与人类社会相关世界和日本的研究动向进行了梳理。第三章介绍了恳谈会的研究路径,包括研究领域的选择、审议的主要观点、梳理不同观点之间的共通之处。第四章是其主体部分,从伦理、法律、经济、教育、社会和研究开发等角度,梳理了探讨人工智能与人类社会的关系应当予以研究的问题。该报告的主要参考价值在于其在对伦理、法律、经济、教育、社会和研究开发等问题进行梳理的基础上,通过分析和比较的方式总结出人工智能在上述六个方面带来的具有共性的问题。

---

① 総合科学技術・イノベーション会議:《「人工知能と人間社会に関する懇談会」報告書》,November 2019,载 http://www8. cao. go. jp/cstp/tyousakai/ai/summary/aisociety_jp. pdf,访问日期:2020 年 11 月 30 日。

2.《自动驾驶民事责任及社会可接受性相关研究报告》①

日本经济产业省和国土交通省是自动驾驶汽车的主要监管机构,二者共同委托 Technova 公司进行的"智能交通系统研究开发、测试业务:自动驾驶的民事责任及社会可接受性相关研究"是为期 3 年(2016—2018 年)的研究项目。该研究项目的出发点在于,为最大限度地发挥自动驾驶汽车的经济社会效果,有必要促进使用者对自动驾驶技术的正确理解。而这有赖于厘清和解释用户对自动驾驶汽车的期待与技术之间的差异、事故时的法律责任关系并加强社会对自动驾驶汽车的接受程度。为此,经济产业省和国土交通省于 2016 年委托 Technova 公司进行了相关的研究,主要梳理了日本与自动驾驶相关的法律、制度和结构及各方的看法,从而研究为明晰自动驾驶相关的民事责任并加强社会对自动驾驶汽车的接受度,政府和产业界应采取的措施。该报告的参考价值主要在于其研究方法:2017 年的研究为明确未来在道路上实际部署各类自动驾驶汽车可能发生的事故及其责任分配方面的方向和问题,专门组织了 4 次针对虚构自动驾驶汽车事故案例的模拟裁判(模拟法庭),由资深法律和技术专家共同研究设定一个有具体细节的虚拟案例,然后由法律和技术专家分别扮演法官,原、被告及其代理人,并在技术专家、用户等的参与下进行模拟裁判,从而在各利益相关方和研究者之间就具体问题进行深入的讨论。该报告对其中两个案例的模拟裁判过程、各方意见和裁判结果进行了介绍,一个是在使用驾驶辅助系统(自动刹车功能)的过程中因驾驶员过于自信或错误相信系统的可靠性而导致的事故;另一个案件则是在驾驶 4 级(高度)自动驾驶汽车过程中导致事故的案例。

---

① Technova:《平成 29 年度経済産業省・国土交通省委託事業「自動走行の民事上の責任及び社会受容性に関する研究」シンポジウム開催報告》,2018 年 3 月 5 日,http://www. technova. co. jp/index_AVSymposiumHokoku. html,访问日期:2020 年 11 月 30 日。

### 三、人工智能政策推进和监管体制

日本在人工智能相关战略研究、制定、推行,以及具体领域监管措施的执行方面,已经基本形成大致的推行体制,并且是本书调查的几个国家中最为完善和富有特点的,故在此予以专门介绍。

日本的人工智能相关促进、应对和监管的内容与其他国家类似,大致都分为三个方面:(1)人工智能技术研发和产业化方面的促进;(2)对人工智能带来的伦理、法律、社会、经济、教育、就业等多种影响、问题和挑战进行研究和探讨;(3)发展较快速的个别领域的监管或促进措施,如无人机或自动驾驶。日本在上述三个方面形成了相对完善的推行和管理体制,并且三个方面的体制呈现出一定的共性和特点。

首先,在人工智能技术研发、产业化政策制定和推行方面,根据首相指示于 2016 年成立了人工智能技术战略委员会,作为人工智能技术研发和产业化的总指挥。委员会主要成员是来自内阁府负责科技业务的高层官员和顾问,由内阁府发挥主导作用,并整合了国立研究机构的负责人、产业界和学术界的代表以及相关省厅的负责人,由此实现产学官三个领域的总体协调。委员会下设研究合作会议和产业合作会议。研究合作会议主要负责官方机构之间的协调,由国立研发机构的负责人组成,以协调各省厅下属的国立研发机构之间的研究任务、进展并共享研发成果。各省厅下属的国立研发机构被划分为两组:总务省、文部科学省、经济产业省三省下属五大国立研发机构承担人工智能(基础性)技术的研发工作;作为人工智能相关产业主管部门的农林水产省(农业和水产)、厚生劳动省(医疗健康)、国土交通省(交通,包括无人驾驶汽车、无人机和道路基础设施)负责推进人工智能应用相关的研发任务,两组之间共享研究成果和信息。产业合作会议主要是促进产学官联动,强化利益相关方的参与,综合协调研究开发与产业之间的合作与联系,职责包括人才培养、制定标准化路线图、技术、知识产权动向分析和规制改革分析等。

其次,在人工智能带来的伦理、法律、社会、经济、教育、就业等影响、问题和挑战研究方面,主要通过内阁府(人工智能与人类社会恳谈会)、总务省(人工智能网络社会推进委员会)各自设立的研讨会议进行工作。另外,人工智能技术战略委员会于2018年3月新设"以人为本的AI社会原则研讨委员会",旨在基于前述两个委员会已经完成的研究成果,继续深入研究人工智能对社会的影响以及探讨人工智能社会原则,从而向G7和OECD等国际合作论坛推广日本的提案。此类研讨会或委员会的普遍特点在于强调产业界、学术界和其他社会有识之士的参与,从而集合各利益相关方的知识、视野,帮助政府更快、更全面和更深入地理解、把握人工智能的整体影响,并以研讨会报告的形式向社会公开其成果,从而引导社会的讨论和达成共识。经济产业省于2018年3月发布《人工智能、数据利用相关合同指南》,旨在帮助人工智能开发者、经营者和用户更好地把握其开发和应用过程中涉及人工智能和数据利用的法律风险,并引导上述实践者遵守政府所倡导的开发和应用原则,属于软法性规范;而人工智能学会所发布的《人工智能学会伦理指南》则从研究开发者职业伦理的角度,提出合伦理的研究开发理念和倡议,属于自治性规范。

# 第七章　韩　国

韩国的人工智能立法强调促进和振兴，并从税务、知识产权、政府资金和采购支持等方面制定专门性立法予以全力支持人工智能。在推进体制方面，韩国也建立了统一并且较高层次的专门机构(总统直接任命和管理的第四次产业革命委员会)来统筹以人工智能为代表的第四次产业革命政策制定和推进业务。另外，韩国也充分利用了此前在《国家信息化基本法》项下建立的现有推行体制，特别是通过智库性质的韩国信息化振兴院展开了有关人工智能法制问题的研究，较为全面和深入地梳理和挖掘为促进其人工智能产业的健康和安全发展，在法制层面面临的问题和需要的改革，并发布了一系列研究报告。

## 第一节　人工智能立法

韩国促进研发和产业技术革新、振兴信息通信产业并促进信息通信产业与相关产业的融合发展，并从政府资金和采购支持、税收征收、知识产权申请程序等各个方面为实现上述促进和振兴提供支持。韩国对自动驾驶、无人机和智能机器人都有部分专门性的立法，但其立法中的监管类规范较少，更多的是为促进该领域的技术发展和产业化应用，规定政府应当采取的举措。

韩国有关人工智能的立法大体可以划分为：基本法，产业振兴类立法，个人信息保护、机器人、自动驾驶和无人机相关专门性立法。基本法主要是为促进国家信息化、科学技术发展和第四次产业革命规定了基本体制和制度;产业振兴类立法则从具体振兴措施(如税收等)和具体振兴领域(如信息通信和融合发展、软件产业、产业技术革新)的角度进行规定;专门性立法则既包括促进和振兴措施,又包括部分监管性规范,从而体现了在促进和振兴同时适当监管的理念。

## 一、基本法

### 1.《关于设置并运营第四次产业革命委员会的规定》

为应对第四次产业革命,韩国总统于 2017 年 8 月 16 日发布《关于设置并运营第四次产业革命委员会的规定》,决定在总统管理下设立第四次产业革命委员会,并规定了委员会的设置、职能、构成和运行方式等。其设立目的在于,迎接以超链接(hyper connectivity)、超智能(superintelligence)为基础的第四次产业革命,做好与此相关的科学技术、人工智能及数据技术等基础性的准备,高效地审议和调整培育新产业、新服务并应对社会变化所需的主要政策。

第四次产业革命委员会是总统直属机构,由总统秘书室科学技术相关秘书人员、科学技术信息通信部长、产业通商资源部长、劳动部长、国土交通部长、中小创业企业部长和总统委任的相关领域专家等委员组成。委员会的组织机构,包括为委员会日常工作提供支持的秘书团,为专门执行委员会特定领域的业务而设置的各领域革新委员会,为审议特定议案设立的特别委员会。此外,在必要时还可以为审议具体事项设立由专家组成的顾问团。其中,科学技术信息通信部作为科学技术和信息通信产业主管部门(也作为国家信息化事业的主要领导部门)发挥着重要的作用,其职责包括进行第四次产业革命的前景预测、问题分析,并向委员会提出需讨论的核心议题,并为委员会的工作提供支持,如图 7.1 所示。

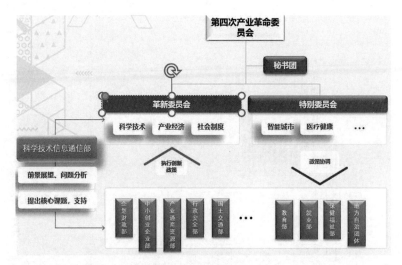

图 7.1　第四次产业革命委员会组织机构图

委员会的法定职责以及自成立以来通过七次委员会会议以及四次规制、制度创新会议所审议和讨论的内容，如图 7.2 所示。可见，第四次产业革命委员会作为该领域的最高议事和协调机构，几乎对第四次产业革命相关的所有事项(包括规制和制度改革相关事项)进行统一的审议和部署，并协调和监督所有相关政府部门的实施工作。

2.《国家信息化基本法》

《国家信息化基本法》(2017 年 10 月 24 日部分修订，2018 年 1 月 25 日起施行)的立法目的在于，确定国家信息化的基本方向，确立和执行相关政策所需的必要事项，并致力于实现可持续的知识信息社会，提高国民生活质量。在此，"信息化"是指通过信息的生产、流通或利用来促进社会各领域的活动或提高此类活动的效益;而"国家信息化"则是指由国家机关、地方自治团体及公共机构促进信息化，或通过信息化支持在社会各领域提高效益。国家信息化的目标——"知识信息社会"，则是指通过信息化使知识和信息在行政、经济、文化、产业等所有领域创造价值并引领发展的社会。

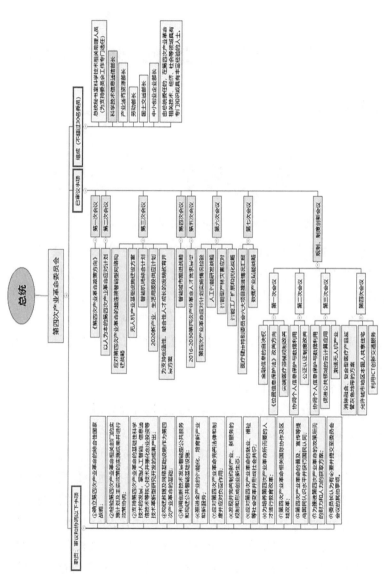

图 7.2 第四次产业革命委员会的组成、职责和当前工作成果

　　该法明确规定国家信息化的基本理念是尊重人类的尊严,协调社会的和伦理的价值,实现自由、开放、可持续的知识信息社会。国家和地方自治团体在推进国家信息化的过程中,应遵循上述基本理念,建立官民协议体制以听取社会各阶层的意见,为防止信息化的负面影响准备信息保护、个人信息保护等的对策,忠实于政府(区别于民间)的固有职能,尊重和支持民间的自由和创造,保障国民普遍共享国家信息化的成果,为改善便捷性和可接触性(accessibility)采取必要措施,并为国家信息化的推进努力争取必要的财政资金。该法作为基本法的特点还体现在其与其他法律的关系上,该法第 5 条规定,在制定或修订与国家信息化有关的其他法律时,应当符合本法的目的和基本理念;除有关国家信息化的其他法律另有特别规定外,关于国家信息化应遵循本法的规定。

　　作为基本法,该法还规定了国家信息化政策制定和推行体制(如图 7.3),具体包括国家信息化基本规划、实施计划、政策协调机制以及设立韩国信息化振兴院等。每 5 年由科学技术信息通信部制定并由信息通信战略委员会(国务总理直属机构)审议通过《国家信息化基本规划》。

　　《国家信息化基本法》还对国家信息化的推行方式和工作内容进行了规定。国家信息化的领域包括公共机关信息化、地区信息化以及私营部门信息化。国家机关为促进上述各领域的信息化,应向社会共享和传播国家信息化推进过程中产生的各类知识和信息,并与私营部门经营者和民间团体进行积极合作(包括鼓励私营部门的投资),为其提供必要的支持。

二、产业振兴类立法

　　产业振兴类立法主要涉及促进信息通信产业相关产业融合发展的举措,如政府对产业技术革新提供采购支持和税收优惠,以及知识产权申请程序上的优待等具体举措。

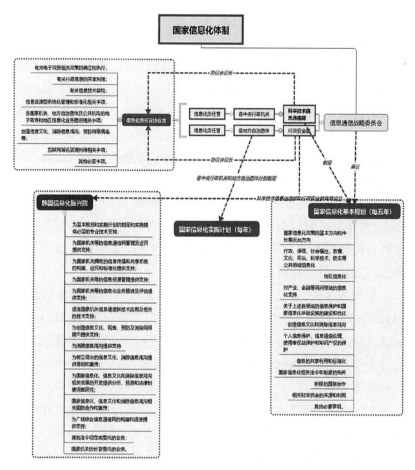

图 7.3　国家信息化体制

**1.《关于振兴信息通信及促进融合等的特别法》**

《关于振兴信息通信及促进融合等的特别法》(2017 年 7 月 26
日修订)为振兴信息通信产业和促进信息通信相关产业的融合发
展,规定了政策推行体制、监管、人才培养、创业孵化、投资和研发支
持等事项,旨在提高韩国在信息通信领域的竞争力,致力于实现国
民经济的可持续发展。

在此,"信息通信"是指《信息通信事业法》第 2 条第 2 款规定的与利用电子通信设备或计算机等进行信息的收集、加工、存储、处理、检索、传输及其服务等有关的设备、技术、服务及产业等一系列的活动和手段。具体包括:(1)《关于促进信息通信网的利用和信息保护的法律》规定的信息通信服务;(2)《广播通信发展基本法》规定的广播通信服务;(3)《信息通信产业振兴法》规定的信息通信产业;(4)《文化产业振兴基本法》规定的数字内容制作、传播等相关技术、服务和产业。而本法所称的"信息通信的融合"是指在信息通信产业之间以及信息通信与其他产业之间,通过技术、服务的结合或复合性利用,创造新的社会、市场价值的创造性和革新性活动和现象。因此,本法的主要目标大致可以归纳为两个方面:一方面,促进信息通信产业自身的发展;另一方面,促进信息通信相关产业的融合发展。为实现上述两个方面的目标,该法主要规定了以下内容。

- ● 振兴和促进信息通信及其融合的政策推行体制

本法确立的政策推行体制与《国家信息化基本法》确立的体制具有较高的相似性:科学技术信息通信部制定国家层面的《基本规划》(每 3 年),各中央行政机关根据《基本规划》制定各部门的《实施计划》,上述两个层次的规划或计划均由直属于国务总理的信息通信战略委员会审议通过,并由其对上述规划或计划的实施情况进行评估和检验。不同于国家信息化体制的特点在于,为更好地了解信息通信产业相关企业或团体的需求和建议,本法还设立了业务委员会,负责评估和改善被认为对本法目的构成障碍的法律制度。业务委员会发现需要完善的法律制度后,向战略委员会进行汇报,战略委员会可以要求中央行政机关在 3 个月内采取措施进行改善或提交改善计划。振兴信息通信产业发展的措施见表 7.1,促进信息通信相关产业融合发展的措施见表 7.2。

表 7.1　振兴信息通信产业发展的措施

| 信息通信基础 | 信息通信新兴技术和服务 | 数字内容和软件产业 |
|---|---|---|
| ·培养国内专业人才,大学生在中小企业或创业企业实习经历的学分认证制度;<br>·调查信息通信领域技术人才的现状和需求;<br>·挖掘和培养国外优秀人才,改善签证、移民、就业等制度;<br>·优化信息通信网络。 | ·确定潜力技术或服务,进行重点支持;<br>·信息通信融合技术和服务的标准化;<br>·为信息通信融合技术和服务的便捷性、安全性、可信赖性、扩展性等确定认证标准和认证机构;<br>·优先支持中小企业和创业企业的研发;<br>·为有潜力的信息通信融合技术和服务的商业化提供支持;<br>·对信息通信融合技术和服务的优先政府采购支持。 | ·为数字内容的制作和传播提供支持,创造有利于创新的环境;<br>·确立数字内容传播秩序,包括与公平交易委员会、文化体育观光部和广播通信委员会协商确定数字内容交易标准合同;<br>·设立软件政策研究所,进行政策研究、产业统计和分析;<br>·促进软件融合,激励软件开发,促进商业软件的应用;<br>·提供公共部门信息通信设备采购需求预报。 |

表 7.2　促进信息通信相关产业融合发展的措施

| 创业投资和技术交易 | 鼓励信息通信融合 |
|---|---|
| ·为信息通信融合相关中小企业和创业企业的海外发展提供支持,包括资金、办公场所、销售渠道信息、法律或税务咨询、宣传、交流合作等方面的支持;<br>·为相关人才的国际交流、海外研修、国际会议与合作提供资金支持、信息和机会;<br>·为信息通信融合技术和服务的开发和技术交易提供支持,政府支持下开发的项目成果被成功应用、转让或出口的,政府可征收技术使用费并用于支持更多此类项目。 | ·宣传和推广信息通信融合的文化;<br>·行政许可的快速处理:相关法律对新型信息通信融合技术和服务所涉及的各类许可、批准、注册、认可、验证等手续的法定条件、规格、要件没有规定的,或者虽有规定但明显不合理的,可以向科学技术信息通信部长申请快速处理,由其向主管部门咨询该项新型技术或服务是否需要获得许可及其许可条件,如主管部门在 30 天内未予以答复的视为不需要许可;<br>·临时许可制度:对于主管部门认为不需要获得许可的新型业务和服务,如科学技术信息通信部长认为未来有必要对此类业务进行许可的,可以先对该项技术或服务发布有效期为 1 年的临时许可,并附加临时许可的条件。 |

● 新技术和新产品的政府优先采购

《产业技术革新促进法》(2018 年 1 月 16 日修订)规定为促进特定产业的技术革新,国家对经认证的新技术和经认证的新产品提供支持,支持的方式包括为上述新技术和新产品创造需求、提供资金支持,并在政府采购中优先采购上述新技术和新产品。而《产业技术革新促进法施行令》(总统令第 28471 号,2017 年 12 月 12 日修订)细化规定了政府提供资金支持的法律依据和范围、具有优先采购义务的政府机关及其优先采购的比例。此外,有关行政机关的长官应根据《产业技术革新促进法》的规定,向拟利用新技术制造产品的人优先提供或者要求有关机关提供以下资金支持:

(1)《关于振兴基础研究和支持技术开发的法律》第 14 条第 1 款规定的、为促进特定研究开发事业提供的技术开发资金;

(2)《科学技术基本法》第 22 条规定的科学技术振兴基金;

(3)《关于振兴中小企业的法律》第 63 条规定的中小企业创业及振兴基金;

(4)《信息通信产业振兴法》第 41 条规定的信息通信振兴基金;

(5)《韩国产业银行法》规定的韩国产业银行的技术开发资金;

(6)《中小企业银行法》规定的中小企业银行的技术开发资金;

(7)根据《征信领域金融业法》进行新技术事业金融企业登记的征信领域融资公司的新技术事业资金;

(8)《技术担保基金法》规定的技术担保基金的技术担保;

(9)《发明振兴法》第 4 条规定的发明振兴补助金;

(10)政府为支持技术开发组建的其他特别资金。

2019 年 3 月,韩国产业部发布"第七次产业技术革新计划(2019-2023)",产业技术革新计划是韩国《产业技术革新促进法》

指定的国家研发支援计划,将支援机器人、新再生能源、尖端设备自动驾驶等领域共计100亿韩元,以更好地应对第四次工业革命带来的挑战①。

2.研发费用税前抵扣

《征税特例限制法》是在征税条例所规定的一般征税规定基础上,对税收优惠或特例进行统一规定的法律。该法第9条规定对于"总统令确定的新增长驱动力领域的研发费用或为取得基础技术所投入的研发费用"允许作为征税的扣除项目。《征税特例限制法施行令》(总统令第29045号,2018年7月17日起施行)第9条对上述扣除项目所述"研发费用"进行了定义,而其附表七规定的新增长驱动力、基础技术的范围,包括人工智能、物联网、云计算、可穿戴式智能设备、基础性软件和网络威胁智能应对系统等。

第9条(研究及人力开发费用的税额扣除)

《征税特例限制法》第10条第1款第1项各目之外部分"总统令确定的新增长驱动力领域的研发费用或为取得基础技术所投入的研发费用"是指以下各项所规定的费用(本条下文简称为"新增长驱动力、基础技术研发费用")。但第8条第1款各项费用除外。

1.自行研发的情形,是指,

(1)在规划财政部令确定的研究所或专门部门从事附表七所列新增长驱动力、基础技术研发业务(本条下文简称为"新增长驱动力、基础技术研发业务")的研究员以及直接协助其研发业务的人员的劳动报酬。但规划财政部令确定的人员劳动报酬除外;

(2)为进行新增长驱动力、基础技术研发业务而使用的样

---

① 参见《韩国政府发布〈第七次产业技术创新计划(2019-2023)〉》,2019年5月24日,载中华人民共和国科学技术部官网(http://www.most.gov.cn/gnwkjdt/201905/t20190523_146827.html),访问日期:2020年10月27日。

品、零部件、原材料和试剂的购置费用;

2.委托及共同研发的情形,是指向规划财政部令确定的机关委托进行新增长驱动力、技术技术研发业务(包括转委托)所发生的费用(为开发完全私有的企业资源管理设备等系统而发生的委托费用除外)以及与上述机关进行共同研发所发生的费用。

### 3.知识产权申请

为鼓励韩国政府所确定技术的知识产权申请,《特许法》(专利)和《设计保护法》均规定对于总统令确定的知识产权申请,特许厅长认为有必要加急处理的,可以要求审查员优先进行审查。《特许法施行令》(总统令第29050号,2018年7月17日部分修订)和《设计保护法施行令》(总统令第28549号,2017年12月29日部分修订)对符合优先审查条件的申请进行了细化,其中包括"利用人工智能或物联网等第四次产业革命相关技术的"专利申请和设计登记申请。因此,上述技术可以根据特许厅长的决定获得优先审查。

### 三、专门性立法

#### 1.《智能型机器人开发及普及促进法》及其施行令和施行规则

《智能型机器人开发及普及促进法》(2018年6月12日修订版本),立法目的在于促进智能型机器人的开发和普及,为智能型机器人产业的持续发展制定和推进相关政策,提高国民生存质量并致力于国家经济的发展。该法中所称"智能型机器人"是指能够自行感知外部环境并作出判断、自发行动的机械装置(包括运行该机械装置所需的软件)。为实现上述立法目的,该法主要规定了以下事项:

第一章:总则,包括立法目的、术语定义、国家及地方自治团体的职责、与其他法律之间的关系等内容。

第二章:智能型机器人开发等的基本规划等。(1)在产业通商资源部设立机器人产业政策协调会,负责与制定和推进智能型机器人开发及普及政策有关的基本规划和实施计划,检验有关中央行政机关对基本规划和实施计划的推进绩效,与相关财政资金的取得、智能型机器人伦理宪章有关的事项,向有关中央行政机关提出关于智能型机器人开发及普及的法律、制度改善建议和其他有关事项;(2)政府为达成本法之目的,每5年经机器人产业政策审议会审议制定《基本规划》,其他有关中央行政机关首长则根据上述《基本规划》,每年按其所管理领域制定并施行《实施计划》;(3)政府每年对智能型机器人产业进行调查和产业统计,并有权向有关机关寻求资料或意见;(4)政府应当为促进有关智能型机器人的开发和普及的国际协作制定相应的政策。

第三章:促进智能型机器人的普及。(1)产业通商资源部长可以为促进智能型机器人的品质保证及普及推广,制定有关培养相关专业人才、开发机器人技术及促进产业化所必要的扶持政策,包括建议国家机关优先采购等;(2)为残疾人、老年人、低收入群体等社会弱势群体能够获得利用智能型机器人的机会并享受其便利,政府应制定相应的政策;(3)政府有权制定智能型机器人的开发者、制造者及使用者应遵守的智能型机器人伦理宪章,并为宪章的普及推广采取必要的措施。

第四章:智能型机器人投资公司。规定政府为促进对智能型机器人产业的民间投资,可根据《征税特例限制法》《地方税特例限制法》的规定减免税费,尤其是对智能型机器人投资公司的定义、法律地位、投资范围和比例、运营方式、监督和审计等作出规定。

第五章:发展机器人主体乐园等。对建设机器人主题乐园(Robot Land)的审批条件、内容、权限、时效、取消审批的事由、政府资金支持、资产的使用、特许收费、免除审批手续费、竣工核准、收益、使用和管理等事项作出了规定。

第六章:韩国机器人产业振兴院等。设立韩国机器人产业振兴院,以负责制定和研究智能型机器人相关振兴政策,进行产业和宪章的调查和出版、展示和宣传事业等,以及指定智能型机器人专业研究员和专业研究机构并支持其研究。

智能机器人开发及普及促进措施和体制,见图7.4。

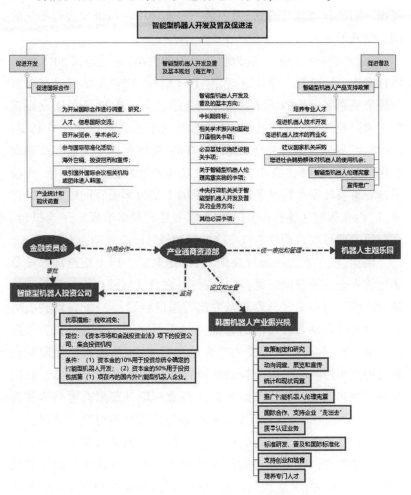

图 7.4 智能型机器人开发及普及促进措施和体制

## 2. 自动驾驶相关立法

● 《汽车管理法》及其施行令和施行规则

《汽车管理法》(法律第 15321 号,2017 年 12 月 26 日部分修订)是规定汽车登记、安全标准、自我认证、纠正制造缺陷、检修、检验和汽车管理业务相关事项的法律;《汽车管理法施行令》是对《汽车管理法》委托或授权事项进行规定的总统令,而《汽车管理法施行规则》则是对《汽车管理法》及其施行令实施中所需事项进行细化的国土交通部令。

《汽车管理法》中首次出现"自动驾驶汽车"一词是在 2015 年的修订案中。该法第 1 条之 3 规定"自动驾驶汽车"是指可以在没有驾驶员或乘客操作的情况下自行行驶的汽车。第 27 条第 1 项则规定了为试验或研究目的行驶自动驾驶汽车的临时行驶许可制度:"为试验、研究目的行驶自动驾驶汽车的,应满足国土交通部令确定的许可对象、故障检测和警报装置、功能解除装置、行驶区域、驾驶员遵守事项等安全行驶条件,并获得国土交通部长官的临时行驶许可。"《汽车管理法施行令》于 2016 年 1 月 6 日新增规定:"为试验、研究目的取得的自动驾驶汽车临时行驶许可的有效期为 5 年。"

根据《汽车管理法施行规则》的细化规定,"国土交通部部长令确定的安全行驶条件",是指(1)应配备在自动驾驶功能装置发生故障时能够及时检测并向驾驶员发出警报的装置;(2)配备驾驶员可以随时解除自动驾驶功能的装置;(3)不得在国土交通部长为了保障儿童、老人和残疾人等交通弱者的步行安全,认为有必要限制自动驾驶汽车行驶并予以公告的区域行驶;(4)配备能够存储行驶信息并能够确认所存储信息的装置;(5)在车辆外部附有可辨认其为自动驾驶汽车的标识;(6)配备有能够防止或处理对其自动驾驶功能的远程接入或侵入行为的技术;(7)国土交通部长确定并公告的保障自动驾驶汽车安全行驶的必要事项。拟申请此项自动驾驶汽车临时行驶许可的,应提交试验、研究计划,自动驾驶汽车构造和功能说明书,以及国土交通部长确定并公告的为确认其符合安全行驶条件所需的文件(第 26 条第 1 项第 1 号),并且应按照国土交通部长确定的日期和地点出示拟申请临时行驶许可的自动驾驶汽车,以供其确认是否符合安全行驶条件;交通部长可以委托指定的性能测试机构进行此项确认。

此外,《汽车管理法》于 2017 年 10 月 24 日又新增了两项规定:

(1)获得临时行驶许可的主体应向国土交通部长报告国土交通部令确定的自动驾驶汽车主要装置和功能变更事项、行驶记录等行驶相关信息及交通事故相关信息等事项。未向国土交通部长进行报告或进行虚假报告从而违反该项的,处以 1000 万韩元以下的罚金。根据《汽车管理法施行规则》,"主要装置和功能变更事项"是指摄像头、雷达和通信装置等在自动驾驶过程中能够感知周边环境的装置数量减少或性能降低;申请临时行驶许可时提交的试验、研究计划书中记载的驾驶模式的增加或自动驾驶功能行驶速度范围扩大。"行驶记录等行驶相关信息"是指累计行驶距离、意外地自行解除自动驾驶功能的情况和保险加入情况。"交通事故相关信息等"是指事故时间地点和损害程度,根据规定存储的行驶信息和事故记录装置(如有)所存储的信息。

(2)普通汽车经调查被认为不符合安全行驶条件或发生交通事故的概率较高的,国土交通部长可以命令采取改正措施或暂停行驶;但自动驾驶汽车行驶过程中发生交通事故,并因此被认为影响行驶安全的,可以(不经过改正措施)立即命令暂停行驶。

• 《自动驾驶汽车安全行驶条件及测试相关规定》

《汽车管理法施行规则》将"安全行驶条件"细化为 7 项具体要求,其中,第 7 项是一项开放性条件,规定国土交通部长可以确定并公告为保障自动驾驶汽车安全行驶的必要事项。《自动驾驶汽车安全行驶条件及测试相关规定》正是国土交通部长根据上述授权制定的公告,主要规定了自动驾驶汽车安全行驶的具体要件及其确认方法。该规定细化了自动驾驶汽车的制造对象、保险、事先测试等一般性事项,以及对自动驾驶汽车的操纵装置、标识装置、故障和缺陷监测及报警装置、行驶记录装置、影像记录装置、最高时速限制、防止正面相撞功能等汽车结构和功能性的规定,自动驾驶汽车搭乘人员、气象环境条件、交通事故和行驶情况报告等临时行驶的条件,并明确要求根据《汽车损害赔偿保障法》购买保险。

●与自动驾驶汽车相关的其他法律

《交通安全法》第 7 条第 1 款规定了针对所有车辆驾驶人的安全驾驶义务。

《汽车损害赔偿保障法》第 3 条规定,驾驶人须证明其尽到注意义务、第三人存在故意或过失、汽车没有结构上的缺陷或功能性的障碍,才能免除其损害赔偿责任。

《产品责任法》规定汽车自身缺陷导致的事故,由汽车制造商承担无过错责任。

《道路交通法》第 151 条规定,机动车驾驶人未尽到注意义务或因重大过失毁损或破坏他人建造物或其他财产的,处两年以下监禁或 500 万韩元以下的罚款。

《刑法》第 268 条规定,因业务上的过失或重大过失致人死伤者,处 5 年以下监禁或 2000 万韩元以下的罚金。

《道路交通法》《道路法》为机动车驾驶人施加了各类义务,未履行其义务可能被处一定的罚金。但现行法规定的刑事责任和行政处罚的前提是驾驶人存在一定法定义务的不作为,从而对其不作为承担公法上的责任,而在自动驾驶的情形下能否对搭乘自动驾驶汽车的人施加上述公法上的责任是不确定的。

3. 韩国国会通过“数据三法”

韩国国会于 2020 年 1 月 9 日通过了旨在扩大个人和企业可以收集、利用的个人信息范围,搞活大数据产业的“数据三法”,即《个人信息保护法》《信用信息法》修正案和《信息通信网法》修订案。

三个法案中的核心是《个人信息保护法》。《个人信息保护法》的主要内容是在没有本人同意的情况下,可以将经过处理无法识别特定个人的假名信息用于统计和研究等目的;将监督误用、滥用、泄露个人信息的机构划归个人信息保护委员会。

《信用信息法》修正案的主要内容是,为制定商业性统计、研究、保存公益性记录等,在未经信用信息主体同意的情况下,可以利用或提供假名信息。

《信息通信网法》修正案的主要内容是将个人信息相关内容全部移交给个人信息保护法。

产业界评价称,该法案的通过缓解了有关数据利用的限制,为第四次产业革命奠定了基础。但政界和市民社会一些人士担心个人信息被泄露。[①]

## 第二节 政策和官方智库报告

韩国信息化振兴院通过智能信息化法制研究系列报告的形式,对人工智能(智能社会)、自动驾驶、无人机、智能型机器人、ICT治理的法律现状、法律问题和改进方向等主题进行了广泛和深入的探讨,具有极高的参考价值。

### 一、《智能社会法律制度问题展望 2017》

《智能社会法律制度问题展望 2017》是韩国信息化振兴院于2016 年 12 月 31 日发布的关于智能社会法律制度问题的总体展望,也是对人工智能相关法律问题的界定最为全面和体系化的一篇报告。该报告中提出的政府应解决的短期制度问题和中长期制度问题,也被韩国政府部门之间订立的相关部门协议——《应对智能信息社会的中长期综合对策》采纳。

报告首先指出智能社会是继工业社会、信息社会以后的社会发展阶段,是克劳斯·施瓦布(Klaus Schwab)所称的"第四次产业革命"的产物。但智能社会在社会组成的核心原理上与产业社会和信息社会都有根本性的不同,从而需要全面地重新设计社会制度。首

---

① 参见《韩国国会通过"数据三法"》,载中华人民共和国商务部官网(http://yzs. mofcom. gov. cn/article/ztxx/202001/20200102930001. shtml),2020 年 1 月 14 日,访问日期:2020 年 10 月 30 日。

先,智能社会由智能化的事物进行生产,人类可能被排除在生产过程之外。其次,工业社会和信息社会基本上按照对生产的贡献来进行分配,智能社会需要为被排除在生产过程之外的人们建立新的分配方式(智能社会的分配方式与社会主义分配方式的不同,在于社会主义是所有人共同生产并分配劳动成果,而智能社会新的分配方式则是为被排除在生产过程之外的人们提供保障)。最后,社会阶层结构从工业社会和信息社会的常峰态分布(mesokurtic curve)曲线转向智能社会的低峰态分布曲线(platykurtic curve),由于智能化的生产方式,人们组成集体的需求降低,智能技术可以满足个性化的偏好和需求,导致社会极度多元化,而生产力的极大化可能降低收入差距。智能社会的上述根本性特点要求社会制度的全面再设计和调整:因人工智能和机器人技术的飞跃式发展,创造出大量新的产品、服务和产业,需要与之相匹配的社会制度;同时,约一半的就业岗位可能消失,要求对就业政策、劳动和教育制度进行改革。

1. 智能社会法制问题的维度和类型

在实现智能社会的过程中可能出现的法制问题可以大致分为两个维度(促进和保护)、四种类型,如图 7.5 所示。在促进智能技术的开发和应用的过程中,社会层面上会出现如何利用智能技术改革现行社会制度的"革新问题",而在技术层面上则会出现如何提供开发和应用所需的"平台问题";在应对智能技术的负面影响从而保护社会的过程中,"权利问题"涉及的是在社会层面上如何保护人的基本权利,"安全信赖问题"则涉及如何保障技术的安全性和可信赖性。

● 革新问题

智能社会的创新大多属于瓦解现行系统的"颠覆性创新"(disruptive innovation),而非改善现行系统的"突破性创新"(breakthrough innovation),必然导致寻求变化的力量与既得利益集团之间的激烈冲突。目前,革新问题的主要争论点,见表 7.3。

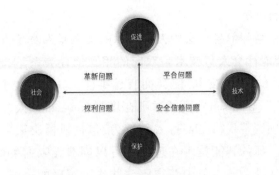

图 7.5 智能社会围绕促进和保护的四类问题

表 7.3 革新问题

| 主题 | 争论 |
|---|---|
| 放松规制 | (1)为应用数据科学、人工智能、机器人技术的产品和服务创造能够自由准入的市场环境。<br>(2)为控制此类技术的负面影响,政府应当加强监管和规制。 |
| 人力资源 | 发展中国家面临高知人才流失困境;<br>发达国家积极改善移民、就业制度,强化对高端人才的激励。 |
| | (1)应改革现行教育制度(包括终身教育);(2)培养和争取创造性人才(或阶层);(3)人才的跨国流动(特别是吸引海外人才)等多种论点。 |
| 智能事物法律人格 | 从智能技术的法律责任问题到为机器人赋予法律人格的问题,再到重新设定人与智能事物之间的关系。 |
| | 关于智能事物的法律责任:(1)智能事物不具有法律人格,应由所有者承担责任;(2)适用制造物责任;(3)智能事物是准自决体,应自行承担责任。 |
| | 如果承认智能事物的法律人格,可能出现机器人登记制度、人工智能保险制度和承认人工智能生成物的知识产权等一系列的问题。 |
| 治理<br>(governance) | 为实现社会革新,国家应当采取怎样的推进体制。 |
| | 国家的角色:(1)消极的监管者(regulator);(2)积极的促进者(facilitator);抑或(3)直接成为革新主体或智能服务的提供者(producer)。 |
| | 政府作为智能技术使用者的行为规范,在政策决定或公共服务中应用数据分析或人工智能的限度和规范。 |

●权利问题

工业社会和信息社会中人与技术的关系是人类单方面操作技术,而在智能社会人与技术是双向的相互依存关系,人将其思想、经验(数据)传授给技术,使其拥有思维能力,并在此过程中形成"数据自我"(data self);而技术则在增强(augment)人的能力的同时在部分领域替代(replace)人的行为,包括机器决策可以替代人类的决策。新的智能技术在理论上可以创造无限的生产力,可以帮助人类从繁杂的事务中获得解放并作出正确的决策,但同时也可能伴随对人的基本权利的威胁。目前,权利问题的主要争论点,见表7.4。

表 7.4　权利问题

| 主题 | 争论 |
| --- | --- |
| 劳动权 | (1)保障就业等消极性的保护;(2)为失业者提供培训或再就业等积极性的劳动制度;(3)零工(gig)制度;(4)优化劳动组织的功能和作用。 |
| 生活保障 | 与劳动权相关,当机器取代人类进行直接生产活动时,以何种方式保障人们的经济福祉和基本生活。由此,相关的讨论涉及是否引入普遍的基本收入制度(universal basic income)。 |
| 数据自我 | 保护数据自我(data self)的权利,通常被表述为人工智能的可问责性问题,要求准确和公正地分析有关人的数据并如实反映人的本来面貌,数据的不准确性和算法的不公正性可能会歪曲数据自我,为此需要避免歪曲的防御性权利。例如,欧盟 GDPR 规定可能因人工智能的决策受到重大影响的人有权知晓决策的依据并有权提出异议。 |
| 用户保护 | 预防或恢复人工智能、机器人的错误导致的损害,随着自动驾驶汽车等产品进入市场变得愈发重要;数据自我的保护对象是因智能技术的决策所针对的主体,而用户保护的对象是直接使用智能技术的人。用户保护的方式:法律责任、机器人登记制度、机器人保险等。 |

（续表）

| 主题 | 争论 |
|---|---|
| 智能"鸿沟" | 信息社会就存在的数据"鸿沟"问题,在智能社会则可能进一步深化为智能"鸿沟"。智能技术能够从多方面提高人的智力能力,而使人丧失接触和应用新技术的机会这意味着人被剥夺了提高智力能力的机会,最终将失去经济机会。 |

- 平台问题

　　智能技术有很强的社会属性,受到社会知识资源、数据管理水平、用户参与等社会因素的绝对影响,具有内嵌(embedded)于社会的属性,因此,发展何种平台决定了技术的发展方向和成果。平台是社会共同创造和运营的,相比于特定行为人的影响力,更多取决于社会的选择。目前,平台问题的主要争论点,见表7.5。

表7.5　平台问题

| 主题 | 争论 |
|---|---|
| 数据 | 随着数据重要性的增强,由"金融资本主义转向数据资本主义"(data capitalism),数据的管理和利用体系成为智能社会最核心的问题,如何将私有的数据转换为社会性的资源(涉及个人信息保护、数据跨境流通等多种问题),以及如何分配利用数据所产生的价值(涉及数据主体享受对其数据的正当权利和利益问题)等成为重要问题。 |
| 公平竞争 | 为促进技术革新和增进消费者的利益须保障平台的公平竞争,但因规模经济效应的存在,先行企业往往能够垄断市场,如何平衡竞争与垄断之间的冲突成为争论焦点。 |
| | 技术垄断问题往往表现为私有与社会共有之间的冲突,即由开发者享有利用知识等社会性资产所开发的全部技术和产品还是由社会共享,但其实质可以归结为智力成果的共有问题。 |
| 互操作性或兼容性 | 平台开放型问题,横向目标是消除平台之间的技术和制度性壁垒,促进各领域的数据、技术和服务之间的融合;纵向目标是保障第三人的接触和利用,引入创新思想和竞争。 |

（续表）

| 主题 | 争论 | |
|---|---|---|
| 平台治理 | 平台开放性问题与保障平台的可信赖性问题相关,就同时保障开放型和可信赖性的治理方案存在多种争论。 | |
| | 平台开放性保障了极度的自由,但无法保障信息和数据的准确性,可能放任错误的应用。在信息化时代主要由用户自行选择利用,而在人工智能时代是由计算机根据数据进行决策,数据错误可能导致错误的决策。 | 为保障数据的准确性,互联网时代出现的全面开放—水平型平台难以继续存在,严格管控品质和安全性的封闭—垂直型平台可能成为主要模式。 |

- 安全信赖问题

原本由人进行的决策在智能社会将交由智能技术自主决策,因此,保障系统的安全和可信赖度,即防止"系统失败"(system failure)成为最重要的问题。为保障系统的安全性,互联网的准无政府状态难以为继,国家干预和责任增强,很可能出现"国家的回归"(bring the state back in)现象,自由放任的管理体制不再可行。信息社会的重要问题在于私人数据泄露并被第三人不当利用,而在智能社会则涉及外部算法侵入并产生违背用户利益的结果。因此,智能社会的安全信赖问题在传统系统安全问题基础上,还附加了智能技术的准确性、公平性、透明性等可信赖性问题。目前,安全信赖问题的主要争论点,见表7.6。

表7.6　安全信赖问题

| 主题 | 争论 |
|---|---|
| 系统安全 | 由于一切事物的智能化且需保障系统安全的客体数量成倍增加,现有方式几乎不可能切实保障系统安全,需要开发新的安全保障机制,包括政府接入探索强化安全保障、增加封闭型网络、优化密码技术、放弃匿名化等多种对策。 |

（续表）

| 主题 | 争论 |
|------|------|
| 准确性 | 智能技术的准确性是保障可信赖性的第一要件,有必要引入可信赖度标准、认证等制度,将数据分析、人工智能、机器人等智能事物的判断和行动的准确性提升至人类可信赖的水平。 |
| 公平性 | 对算法的依赖度越高,保障算法不对特定人有利或不利,而是不偏不倚地为用户的利益运作的智能技术公平性问题就越发重要。 |
| 透明性 | 智能技术的透明性是为了有效地检验智能技术公平性和准确性的机制,可以从两个方向予以细化。<br>保障用户和第三人可以接触数据分析和人工智能所使用的算法和数据,美欧等已经或正在准备予以法制化;<br>提高人工智能的可解释性,人工智能的预测准确性越高,可解释性越低,因此旨在提高可解释性的技术研发非常活跃。 |

## 2. 智能社会制度改革的方式

● 智能社会制度改革的特点

智能社会的制度改革具有"社会选择"和"基于架构/设计的规制"等两种特点。

"社会选择"原本是指集体决策,过去由于难以确认多数人的意志而仅在有限范围内采用投票的方式,在智能社会则由算法代替人类进行决策,因此,社会选择的方式可以被广泛地运用至一般制度当中。由此带来的附带效果是:(1)社会最优化。由以个人偏好为核心的抉择转向以实现社会最优为主要考量的决策(过去在汽车驾驶中司机的偏好决定了行驶路线,但随着无人驾驶汽车的普及,则会由算法从整体交通状况最优的角度选择路线)。(2)事前性的制度。现有制度以根据权利主体的诉求进行"事后应对"为主,而在智能社会为实现特定目标而采取事前性制度的情况增多。(3)弱化中介。过去为运行复杂的社会体系曾设置了工会、产业协会、消费者保护团体等多种中介(intermediary),智能社会的低峰态分布使得利害关系极度多元化,通过人工智能综合和协调复杂的利害关系可以弱化中介的功能。

"基于架构/设计的规制"(regulation by architecture/ regulation by design)是指制度设计和运行并非相互独立,而是通过精巧的设计(即架构)紧密地相互联系并共同运行,由此导致两种现象:(1)制度内嵌于社会(embedded in society)。迄今为止的制度与社会是相互分离的,并由人来弥合两者的隔阂,而智能社会的制度则内嵌于社会,无须人类有意识的遵守和努力即可实现制度,如无人驾驶汽车内嵌遵守交通规则的算法等。(2)互操作性(interoperability)。迄今为止,各种制度之间的不一致和冲突是通过行政或司法的调整来解决的,而智能社会的制度则基于一个巨大的架构,可以将不一致和冲突防患于未然。

● 社会制度改革的方向

社会制度是涵盖从文化或价值体系到市场的自律性规范的宽泛的概念,具有多个层次:最高层次的文化代表一个社会的价值体系和行动范式,人工智能、机器人等的出现引发了形成智能社会新的价值体系的问题。此外,社会制度自上而下还包括制度(如家庭制度、教育制度、政治制度、市场制度、征税制度和劳动制度等)、实定法、规制、自律性规范(或软法)等层次。制度变迁是"自上而下"和"自下而上"并存的过程,智能社会的社会制度全面再设计将导致"自上而下"(即从最高层次的文化至最低的自律性规范)的制度变迁比重增加。

● 智能社会制度改革的方式

智能社会的制度改革是利用现有制度还是创造新的制度成为重要问题。利用现有制度的优势在于制度设计的风险较低,各利害关系方之间已经形成政策网络,社会成本较低;但缺点在于难以摆脱既得利益集团的影响,从而难以发挥智能社会的全部潜力,可能阻碍新出现的所谓"创造阶层"的发展。创造新制度的优势在于可以通过转换人们对新技术环境的认识和价值体系,将技术发展的效果最大化,不仅可以保障因智能社会的到来而获利的群体,还可以为因此受损的群体进行正当的保护和补偿;其缺点在于需要从价值体系(或文化)开始重新设计,形成制度所需的社会和政治成本巨大,也可能因未来的技术和社会发展方向的变化而面临制度改革失败的风险。

制度改革的方式和速度可以根据所要解决的问题的特性,尤其是其波及范围进行战略性的选择。对于特殊性的问题,如涉及特定服务或少数人群,激进的改革较为有效;而对于一般性的问题,激进的改革预期会受到强烈的反对,一旦失败,所带来的社会经济损失将是巨大的,渐进式的改革较容易说服利害相关方并有效地控制风险。

3. 智能社会法制问题图

智能社会的制度设计属于全面的再设计,对于千头万绪和相互纠缠的诸多问题,需要采取全盘性的(holistic)路径进行综合性、体系性的分析和管理;为了确保短期制度设计和长期制度设计的一贯性和适应性,需要采取历时性的(diachronic)路径。另外,制度的发展基本遵循"确定议程—确定对策—确立制度—管理"四个阶段,其中第一阶段,即判断制度化对象(问题)并对制度发展方向进行严谨的研究和讨论的阶段,将决定整个制度化过程的成败。为此,韩国信息化振兴院通过逻辑推理、专家访谈、横向扫描(horizon scanning)、大数据分析等方式,整理出两张智能社会法制问题图(图略),作为韩国信息化振兴院未来在智能社会法制问题系列报告的研究计划和提纲。

韩国信息化振兴院基于逻辑推理整理出的"智能社会法制问题"框架,包括革新问题、权利问题、平台问题、安全信赖问题四个领域的 17 个细分主题。2016 年 8 月至 12 月期间,又通过法律制度专家讨论梳理出法制、经济、社会、政治行政和技术等五个领域的 61 个制度问题。

表 7.7 是将前述两图(即逻辑推理梳理出的智能社会法制问题框架和专家讨论梳理出的智能社会分领域法制问题)予以结合所梳理出的最终的智能社会法制问题框架和分领域问题比较。

表 7.7 智能社会法制问题框架和分领域问题比较

| 分领域/框架 | 革新问题 | 权利问题 | 平台问题 | 安全信赖问题 |
|---|---|---|---|---|
| 法制领域 | ·人工智能的伦理性<br>·机器人法律人格权 | ·机器人外形制造的限制<br>·人工智能制造物责任<br>·人工智能使用者保护<br>·封闭通信网络的保护<br>·数据、智能技术的知识产权 | ·人工智能的伦理性<br>·机器人和人工智能的使用许可 | ·机器人伦理宪章<br>·人工智能、机器人的处罚<br>·人工智能的权利和无过错责任<br>·机器人登记制度和保险<br>·人工智能使用记录（log file）凭证 |
| 经济领域 | ·货币制度改革<br>·应对生产过剩<br>·资源争夺竞争<br>·金融投资 | ·保障就业<br>·应对大量失业<br>·保障公平竞争<br>·利益的公平分配<br>·消除两极化 | ·构建智能技术 SOC<br>·激励智能技术投资<br>·互联网银行 | |
| 社会领域 | ·劳动市场变化<br>·年薪体系<br>·人工智能、机器人隐私<br>·人工智能、机器人婚姻<br>·人工智能、机器人的继承 | ·基本收入制度（UBI）<br>·信息共享与平等<br>·禁止技术垄断 | ·虚拟现实、机器人治疗<br>·智能信息技术与教育 | ·虚拟现实内容规制<br>·对生产智能化的社会控制 |
| 政治行政领域 | ·虚拟现实矫正行政<br>·智能信息社会治理<br>·征税标的的改变<br>·征税体系的改变<br>·征税程序的改变<br>·人工智能带来的规制环境变化 | ·引入机器人警察<br>·智能信息技术的武器化 | ·诉讼程序中应用人工智能<br>·区块链的公共应用<br>·应用人工智能提高规制效率 | ·数据流出境外<br>·安保目的利用民间数据<br>·对人工智能的规制 |

（续表）

| 分领域/框架 | 革新问题 | 权利问题 | 平台问题 | 安全信赖问题 |
|---|---|---|---|---|
| 技术领域 | ·人工智能与专利 | | ·数据准确性<br>·基于数据的决策扩大<br>·认证和标准化 | ·个人信息保护<br>·人工智能安全（伦理）标准<br>·人工智能信息保护<br>·人工智能系统控制 |

4. 短期问题和中长期问题

对于政府应促进和解决的上述法制问题,报告将其分为应在短期内尽快解决的问题和在中长期内逐步解决的问题。短期问题包括旨在改善智能技术开发和应用的8个问题中长期问题则旨在构建智能社会的制度性框架,见表7.8。

表 7.8 智能信息社会短期法制问题和中长期法制问题

| 短期问题 | 中长期问题 |
|---|---|
| (1)促进数据利用:(a)消除障碍:修订个人信息保护法、统计法等的保密条款;(b)促进利用:政府为数据利用提供支持,保障数据的经济价值。 | (1)确立智能经济新范式:(a)协调私人所有与公共利用,以财产税为中心的征税制度、收入制度改革。 |
| (2)构建智能平台:(a)保障平台互联性所需的开放型:提供法律依据和推进体制;(b)建立先行试点区(放松规制特区),为共同开发提供法律依据。 | (2)建立"智能福利制度":(a)(劳动)保障劳动的权利(提出劳动权的新的定义和标准,帮助职场劳动者到自由职业者的转型,即 gig economy);(b)(福利制度改革)引入基本收入制度等,改善福利补助制度;(c)(教育制度改革)智能信息技术应用教育、智能信息社会伦理教育等。 |

（续表）

| 短期问题 | 中长期问题 |
|---|---|
| (3)促进对智能技术的投资：(a)改善对非生产性(活动)的补贴等激励机制,扩大对提高生产性的投资给予的支持；(b)强化对技术引进导致的失业或担忧的对策。 | (3)确立人工智能的法律整体性(设定人与非人之间的界限)：(a)人工智能的公权力行使行为(治安、国防、审判、征收、征税等)；(b)引入机器人登记制度和保险制度。 |
| (4)放松对基于智能技术的服务的规制：放松对无人机、无人驾驶/智能汽车、VR/AR、医疗(护理、手术、诊断)机器人、Fintech等主要服务的规制。 | (4)国家的回归：应对智能系统失败。 |
| (5)保障人工智能的可信赖性：(a)人工智能、机器人的准确性、安全性、中立性标准及其认证(医疗、金融等领域优先)；(b)保障数据分析应用的透明性。 | (5)利用社会资源整合数据：(a)改善数据治理(数据利用推进体制)。 |
| (6)准备人工智能法律基础：(a)使用者/消费者权利保护；(b)确立人工智能生成物的著作权体制。 | (6)预测智能信息社会鸿沟和消除方案(市场(垄断)、个人)：(a)确立智能信息鸿沟的概念和类型；(b)促进旨在消除智能信息鸿沟的智能信息技术普及利用政策。 |
| (7)提供公共应用体系：(a)人工智能采购:利用数据、人工智能采购同时促进研发和系统开发；(b)限制人工智能、机器人领域大企业的参与从而改善市场结构；(c)改善政府服务中对人工智能、机器人应用的限制；(d)采用主管数据管理和应用CDO(Chief Data Officer)制度。 | |
| (8)确立智能信息社会治理体系：(a)在政府内部指定人工智能、机器人专门部门或设立公共企业；(b)开发对新的智能鸿沟的政策:现状调查、数据管理和理论化等；(c)建立为促进事业和应对负面影响所需的智能社会储备资金。 | |

二、韩国信息化振兴院"国家信息化法制研究"系列报告

1. 概述

除《智能社会法律制度问题展望 2017》之外,韩国信息化振兴院起草和发布的"国家信息化法制"系列报告还涉及自动驾驶汽车、无人机、智能型机器人的法律现状及其待解决课题,以及促进智能信息化的 ICT 治理、VR 现状及其法律问题等方面:

·《汽车自动驾驶功能带来的法律环境变化及其应对》(2016年 8 月 31 日);

·《无人机的法律现状及其待解决课题》(2016 年 8 月 31 日);

·《智能型机器人的法律现状及其待解决课题》(2016 年 8 月31 日);

·《促进智能信息化的 ICT 治理》(2016 年 8 月 31 日);

·《VR 现状及其法律问题》(2016 年 8 月 31 日)。

其中,大多数报告是对相应领域现行国内外法律制度进行梳理,并通过对国内外制度的比较,指出韩国当前在该领域的法律制度存在哪些有待改进的问题。限于篇幅原因,本书并未对其具体内容进行综述,仅列出相应的线索以供参考。

2.《促进智能信息化的 ICT 治理》

在"国家信息化法制研究"系列报告中,《促进智能信息化的 ICT 治理》研究报告的内容,对本书及人工智能监管具有较高的启发性,故仅对该报告中的重要内容进行介绍。该报告研究的问题,是在智能信息社会,现行的 ICT 治理存在哪些方面的不足或有待改进的问题。

首先,该报告提出,由于智能信息社会的某些特征,ICT 领域有必要调整或引入新的治理方式。其中之一是,在智能信息社会,ICT 服务将更具融合性,如原本电信基础通信服务、基于互联网或移动网等的增值服务之间存在相互融合的趋势。融合服务必然将威胁

到既得利益集团的利益,而为了引入和促进融合性的服务,需要建立能够抑制、限制市场中的既得利益集团和行政机关中现有业务主管部门阻碍的强有力的推进体系。关于这一点,报告通过三则监管或治理失败的案例予以说明。

案例一:广播通信融合服务的法律应对。传统上受稀缺性理论、经济效益理论、国有资产理论等影响,对于广播通信业务一直实行着较为严格的规制,并以该产业的自然垄断特性为由通过"垄断经营+普遍服务义务"的方式进行规制。随着广播通信融合的发展,原有的产业结构发生变化。韩国国内早在2004年起就开始讨论引入IPTV服务的法律改革,但在此过程中出现了原广播委员会与信息通信部、广播经营者和通信经营者之间的尖锐对立。为此建立的国务协调室"多媒体政策协议会"和信息通信部与广播委员会的"政策协议会"都未能使对立各方达成一致意见。直到2006年7月,国务总理咨询机构"广播通信融合促进委员会"成立,2007年,国会"广播通信特别委员会"成立,各方方才达成一致,并最终制定了《互联网多媒体广播事业法》。但制定该法过程中,现有主管部门之间的冲突和两大产业既得利益集团的冲突,导致立法周期过长,最终通过的立法已经错过引入IPTV服务的最佳时机而效果不尽如人意。

案例二:远程医疗服务的法律应对。关于允许远程医疗服务的立法迟迟未能通过,是由于预计将因此利益受损和获益的既得利益集团之间出现尖锐对立,而国会或保健福祉部未能对此进行协调。

案例三:关于Uber网约车服务的法律应对。Uber自2014年起在首尔开始提供网约车服务,国土交通部认定Uber违反了《客运汽车运输事业法》中禁止租车业务经营者为他人提供有偿客运服务的规定。之后,首尔市自2015年起实行对Uber网约车的群众举报和奖励机制,并对被查获的Uber驾驶员收取罚款。首尔中央地方法院也以违反《客运汽车运输事业法》第90条为由,对经营者及其法定代表人处以高额罚款,最终导致Uber网约车服务在韩国停运。

其次,该报告还指出,韩国朴槿惠政府时期的ICT行政治理体制被认为未能发挥其应有的功能。这一时期的ICT行政治理体制被认为是"振兴与规制相分离"的体制,即由未来创造科学部负责广播通信信息技术和振兴政策的制定,而对于广播通信的规制则另设广播通信委员会来进行监管。《关于振兴信息通信及促进融合等的特别法》还另外设置了信息通信战略委员会,由国务总理任委员长,协调其他中央行政机关促进产业融合。但韩国国内的利益相关方和公众普遍认为,无论是未来创造科学部还是信息通信战略委员会,都未能充分发挥预期的功能。为此,该报告提出了有关智能信息社会ICT治理体制的若干建议:(1)应由单一的主管智能信息化业务的中央行政机关,统筹现在由科学技术中央行政机关和ICT技术中央行政机关所负责的业务,即类似于现在的未来创造科学部。(2)除中央行政机关之外,还需要设立单独的审议和决议机关,并应废除现行的信息通信战略委员会,在总统所属下设立"智能信息社会促进委员会",并在该委员会下设"智能信息社会促进业务委员会"。(3)为辅助上述审议和决议机关的工作,应指定由未来创造科学部下属的一个公共机构辅助智能信息促进委员会和业务委员会的工作。(4)智能信息化基础技术和服务的开发和应用目前主要由私营部门主导且发展变化的速度极快,现有的以政府(行政机构)为核心的治理结构在引导利益相关方和民众就特定问题进行讨论并达成共识方面体现出局限性。因此,一方面,应加强私营部门对治理的参与度;另一方面,治理结构应从行政主导逐渐转向议会主义。

### 三、《应对第四次产业革命的智能信息社会中长期综合对策》

几乎在韩国信息化振兴院发布《智能社会法律制度问题展望2017》的同一时期(2016年12月27日),韩国政府各部门在未来创造科学部的主导下订立并发布了《应对第四次产业革命的智能信息社会中长期综合对策》(以下简称《综合对策》)。《综合对策》是韩国应对第四次产业革命,协调各政府部门共同商议并通过官民协议等方式广泛征求意见之后形成的泛政府应对战略,见表7.9。

表7.9 《综合对策》的战略目标、政策方向和战略课题

| | 技术 | 产业 | 社会 |
|---|---|---|---|
| 战略目标 | 保障全球领先水平的智能信息技术基础 | 促进全产业的智能信息化 | 通过改善社会政策进行提前应对 |
| 政策方向 | ·强化作为竞争力来源的技术和数据基础;<br>·保障安全的数据连接网络。 | ·作为驱动器促进私人部门的创新;<br>·重点支持经济影响较大的医疗、制造领域。 | ·改善作为智能信息社会基础的教育、就业、福利政策;<br>·强化对网络威胁、伦理等新问题的应对。 |
| 战略课题 | ·创造数据资源的价值;<br>·保障智能信息技术基础;<br>·构建以数据、服务为核心的超链接网络环境。 | ·在国家重点服务中应用先进的智能信息技术;<br>·通过构建智能信息社会生态界,成为私人部门创新的合作伙伴;<br>·通过智能型医疗服务创造价值;<br>·制造业的数字化改革。 | ·面向智能信息社会的教育改革;<br>·积极应对自动化和雇佣形式的变化;<br>·强化智能信息社会的社会安全网;<br>·为人类与机器的共存整备法律制度并确立新时代的伦理;<br>·应对网络威胁、人工智能错误等负面影响。 |

《综合对策》首先对第四次产业革命的动因——"智能信息技术"进行了界定,分析智能信息技术所带来的产业结构、就业结构、生活方式和环境等方面的变化,预测第四次产业革命后的未来的社会面貌及成功的核心要素。在此基础上,其提出韩国政府的目标和推进战略,以及智能信息社会的中长期政策方向、须解决的课题和推行体制。

在《综合对策》中,"智能信息技术"是指融合人工智能技术和数据利用技术,在机器上实现人类的高层次信息处理能力(认知、学习、推理)的技术,具体包括人工智能、大数据、物联网、移动通信、云计算等技术领域。智能信息技术作为通用技术,对社会和经济具有

广泛的影响。就产业结构而言,数据、知识将会成为产业的核心竞争力来源,能够持续产生和应用数据的平台与生态竞争成为产业竞争的主要方式,市场先行者往往能够在市场中"赢者通吃",但同时创业企业和中小企业也可能在应用领域获得快速成长的市场机遇。在就业结构方面,被自动化替代的就业岗位持续增加,同时在新产业领域可以创造新的就业岗位;高附加值、创意性职位成为业务核心,雇用的形式也将从传统的"终身雇用"转变为灵活性、短期性的雇用形式。在生活方式和环境方面,由于智能信息技术通过各种应用服务降低成本并提供更多定制型服务,人们的生活将变得更加便捷,并通过改善现有系统享受更加安全的生活环境;但同时,也存在两极化加剧、纠纷争夺、个人信息泄露等隐患。《综合对策》还对智能信息技术对韩国的经济、就业效果进行了预测,认为到 2030 年,智能信息技术预计将带来最高 460 兆韩元的总经济效果(新增销售、成本降低、消费者福利增加),销售增加和成本降低的主力产业是医疗、制造业、金融业,而消费者福利增加的主要领域是交通、城市和住宅等;智能信息技术预计将实现国内总劳动时间中最高 49.7% 的自动化,并在软件工程师、数据科学家等智能信息领域创造约 80 万人规模的新增岗位需求。

韩国所追求的是自由竞争的高附加值经济、人人享有机会的福利社会、安全和幸福的国民生活,从而实现"以人为本"的智能信息社会。为此,成功的核心要素在于:强化国内智能信息技术实力并保障数据利用的基础设施;将智能信息技术融合到现有产业当中,促进全产业的智能信息化;进行劳动力市场改革,并扩大创造性人才培养。为此,企业、国民、政府和专家学界应当发挥不同的作用。企业的作用在于,通过获得全球领先的技术实力和知识产权发现并投资高附加值的新服务,建立健康的竞争生态,并在保障决策透明性和强化员工教育等方面履行社会责任。国民的义务在于,提高自身的创造性和对智能信息技术的理解,积极参与政策制度过程并对法律制度改革等社会性的讨论提出多数人的意见。政府的职责在于,作为"助力者",帮助改善市场环境,从而使私人部门的作用和潜力得到最大化的发挥,同时构建社会性的基础设施。专家和学界的作用在于,提供技术和人才,并通过对智能信息技术及其经济社会影响的研究,提出可取的社会改革方向。为此,韩国的推进战略是建立企业和国民主导、政府和学界提供支持的合作关系,通过涵盖技术、产业、社会的广泛的政策实现以人为本的未来社会愿景,通过战略性的支持尽快掌握智能信息技术和产业竞争力,通过社会性的协商和讨论改善政策并建立应对其负面影响的体制。

**四、《数据与人工智能经济激活计划》(2019—2023 年)**

2019 年 1 月,韩国科学技术信息通信部发布了《数据与人工智能经济激活计划》,该计划旨在促进数据与人工智能的融合,并作为韩国创新发展领域的培育战略,助力韩国成为全球人工智能领先国家。目标是至 2023 年实现:①数据市场规模从 2018 年的 14 万亿韩元提高至 30 万亿韩元;②人工智能独角兽企业从 0 个增加到 10 个;③打造数据与人工智能融合集群,培养 1 万名专业人才。该计划共包括"三大战略九大任务"。

1. 激活数据全周期价值链

①系统性的数据累计与数据平台扩大开放:构建 100 个能够采集并提供公共、民间领域(金融、通信等)多种数据的大数据中心,以及构建 10 个能够提供优质数据整合及流通等新服务的大数据平台。②建设优质的数据流通设施:为使中小风险企业利用数据开发新服务,推进每年提供 1640 个支持数据购买和加工费用的担保项目。③扩大个人、企业和社会对数据的利用:为了让国民感受到利用数据带来的便利,在本人同意的情况下实施个人数据利用项目"我的数据"增加至每年 8 个。

2. 构建世界水平的人工智能创新生态系统

①建立人工智能中心(Al hub):为支持企业开发人工智能服

务,提供"一站式"数据、算法、计算能力等核心人工智能开发基础。②提升人工智能技术研发实力:将人工智能相关基础研究(脑科学)、硬件技术(智能半导体、量子计算)和软件技术开发集中起来,以高难度技术开发的方式推进人工智能技术研发。③构建人工智能应用生态系统:通过加强海外和国内企业之间的合作项目"全球 AI 100",集中支持人工智能企业的技术开发,增强竞争力。

3. 促进数据与人工智能融合

①打造人工智能融合集群:2020—2029 年,将投入约 60 亿人民币规模融合人工智能,打造汇集企业、大学以及研究所,能够综合性支持数据与人工智能相关研究开发、人才培养和创业的人工智能融合集群区。②拉动社会与产业的需求:增加国家信息化项目利用数据与人工智能的比例(从 2028 年的 21.4% 提升至 2022 年的35%),推动"人工智能+X 旗舰项目"的试点服务,在医疗、安保、制药等各种产业领域推广智能化。③制度融合与人才融合:制定促进数据和人工智能利用的制度,出台国家信息化基本法;强化保障数据利用安全的制度,出台个人信息相关法律、制定人工智能道德准则等,设立人工智能研究生院,设置数据与人工智能相关专业,进行产业针对型教育和医疗、金融、制造等多领域的技术教育,建立类似法国 42 学院(Ecole42)的两年制创新学院,每年培养专业人才2000 名①。

---

① 参见《韩国发布数据与人工智能经济激活计划》,2019 年 6 月 4 日,载中国战略科技研究咨询研究院官网(http://www.casisd.cn/zkcg/ydkb/kjzcyzxkb/kjzczxkb2019/kjzc-zxkb201904/201906/t20190604_5316668.html),访问日期:2020 年 10 月 29 日。

# 第八章　英国和澳大利亚

英国对待人工智能发展的态度十分积极,数份官方报告均表达了其要在人工智能领域成为世界领先国家的愿景,并且积极制定政策、创立机构来促进前述愿景的达成。其中,英国政府于 2017 年 11 月 27 日发布的名为《产业战略:建设适应未来的英国》报告中明确指出,"英国政府将会努力使英国成为人工智能和数据改革的世界领跑者"。

在立法方面,英国并未制定人工智能相关的一般性立法,并且根据英国下议院人工智能特别委员会(Select Committee on Artificial Intelligence,以下简称"特别委员会")的报告(见下文),其认为在现阶段对人工智能展开专门性和综合性的监管是不适当的,由现有的特定行业监管机构来考虑可能需要的任何后续监管以及对其产业的影响最为适合。因此,英国议会似乎并没有就人工智能制定综合性立法的计划,而是建议人工智能政府办公室以及数据伦理与创新中心在充分利用现有监管部门的专业知识的前提下,研究并确定现有监管可能不够充分的领域,然后再决定是否需要对现有监管进行改进。这种路径的主要考虑,是对监管的思考和研究不充分可能窒息技术和产业的发展、创新和竞争。在人工智能发展的初期,过分的监管负担会减少英国本身在该领域存在的竞争优势。上述报告还对人工智能相关的许多方面的问题进行了分析,并相应地为政府各部门提出了应对建议。

英国在自动驾驶领域已经有相应的专门性立法,其则侧重于保障自动驾驶汽车的安全,更重要的是保障自动驾驶汽车导致的事故有充分的保险或赔偿机制。英国关于自动驾驶汽车事故损害赔偿责任的立法在世界各国中是独一无二的。因为虽然各国都强调发展自动驾驶汽车所要解决的一大重点问题就是事故责任的分配问题,但英国是第一个在立法上已经落实这一问题的国家。

## 第一节　英国人工智能立法

2018年7月19日,在英国议会两院审议通过的《2018年自动驾驶汽车和电动车法》(Automated and Electric Vehicles Act 2018)获得女王御准(royal assent)成为正式的法律。该法第一部分是有关自动驾驶汽车的专门规定,共包含8节,涵盖了自动驾驶汽车登记(清单)、导致事故时的保险公司责任、共同过失(Contributory negligence)、保险公司向事故责任人提出索赔的权利、法令的适用、国务卿关于本部分运行情况的报告和解释等内容。

该法第1节是有关于自动驾驶汽车登记的事项,要求国务大臣对所有自动驾驶汽车制备一份清单(即登记簿),该登记簿应在首次编制和每次修订时予以公布。根据该条的定义,本法所称的自动驾驶汽车正是已经完成该项登记的汽车。而自动驾驶登记的条件是,根据国务大臣的意见,认为该汽车的设计或调整使其(至少在某些情况下)可以安全地自动驾驶,或至少在某些情况下可以在英国的道路或公共场所确保其合法地自动驾驶。这两项条件均以国务大臣的意见为准,因此,为国务大臣授予了就这两项条件发布具体细化标准的权力,从而阐明何谓"安全地自动驾驶"和"合法地自动驾驶"。

第1节　国务大臣制作的自动驾驶汽车登记簿
(1)国务大臣必须制备并维护最新的下列所有机动车的登记簿:(a)根据国务大臣的意见,认为该汽车的设计或调整使其(至少在某些情况下)能够安全地自动驾驶;(b)至少在某些情况下,可以在英国的道路和其他公共场所确保其合法地自动驾驶。

(2)该登记簿可以通过以下信息识别汽车:(a)类型;(b)根据《1994年车辆消费税登记法》第22条订立的条例所发行的登记文件中所记录的参考信息。

(3)国务大臣应当在首次编制和每次修订时公布该登记簿。

(4)在本部分中"自动驾驶汽车"是指根据本条被列入登记簿的汽车。

该法第2节规定了当自动驾驶汽车(在自动驾驶过程中)引发事故而导致损害时保险公司或车辆所有人承担的损害赔偿责任。简言之,当该车辆已经被承保时应由保险公司承担责任;当该车辆未被承保,并且由于该车辆被用于公共服务,而无法适用《1988年道路交通法》(the Road Traffic Act 1988)第143条规定的机动车使用者的第三方责任保险时,则应当由车辆所有人承担责任。第2节是本法最为核心的内容,即适当安排自动驾驶汽车事故的保险或赔偿事宜。根据该节的规定,对于其赔偿责任的分配应理解为:车辆已投保的优先由保险公司赔偿,车辆未投保但车辆使用人已投保第三方责任险的,由车辆使用人的保险赔付;如果前两者都无法赔付,则由车辆所有人承担责任。

第2节　导致事故时的保险公司责任

(1)当(a)自动驾驶汽车在英国的道路或其他公共场所进行自动驾驶时造成事故,(b)在事故发生时该车辆已经被承保,(c)被保险人或任何其他人因该事故而遭受损害,则保险公司应对该损害负责。

(2)当(a)自动驾驶汽车在英国的道路或其他公共场所进行自动驾驶时造成事故,(b)在事故发生时该车辆未被承保,(c)《1988年道路交通法》第143条[机动车使用者的第三方

(责任)风险已被承保]因该法第 144(2)条(公共机构的豁免)的规定,或者该车辆被用于公共服务而不适用于该汽车,(d)被保险人或任何其他人因该事故而遭受损害,则汽车所有人应对该损害负责。

(3)在本部分中"损失"是指人员伤亡和除下列财产之外的任何财产损失:(a)该自动驾驶汽车;(b)该汽车因雇佣或有偿服务而装载的货物,或者该汽车所拖拽的拖车(trailer);(c)由被保险人[当适用第(1)款时]或事故发生时对该自动驾驶汽车负责的人[当适用第(2)款时]保管或控制的财产。

(4)对于在一辆自动驾驶汽车所涉及的一次事故中发生的财产损失,在本条项下保险公司或车辆所有人所承担的责任限额应受到《1988 年道路交通法》第 145(4)(b)条(财产损失强制性保险的限额)的限制。

(5)本条的效力受到第 3 节的限制。

(6)除非第 4 节另有规定,本条项下的责任不应受到保险政策或任何其他方式的限制或排除。

(7)根据本条向保险人或汽车所有人所施加的责任不得影响任何其他人有关该事故的责任。

该法第 3 节处理的是当多人对自动驾驶汽车事故负有共同过失时的责任承担问题。因为根据第 2 节的规定,自动驾驶事故由保险公司或汽车所有人承担责任,但如果受损方有过错,保险人或汽车所有人的责任金额将会获得一定的减免;如果受损方在不适宜自动驾驶的环境下开启自动驾驶导致事故,保险公司或汽车所有人被免除对该受损方的赔偿责任。

第 3 节　共同过失

(1)当(a)保险人或汽车所有人根据第 2 节向受损方承担责任,并且(b)事故或由此造成的损害是由受损方导致的,则受损方向保险人或汽车所有人以外的其他人提起的有关该事故的索赔(获赔金额),将根据《1945 年法律改革(共同过失)法》用来减免(保险人或汽车所有人的)责任金额。

(2)当事故发生完全是因为一个人的过失(在不适宜自动驾驶的情况下开启自动驾驶),自动驾驶汽车的保险人或所有人对此人不承担第 2 节项下的责任。

该法第 4 节主要涉及的是对自动驾驶汽车所载软件的更改或更新所导致的事故责任问题。如果受损方对自动驾驶汽车所载软件进行更改或未及时对关键安全软件进行更新所导致事故的,保险公司可以根据保险政策被限制或免除其所承担的赔偿责任。

第 4 节　未经授权更改软件或未更新软件所导致的事故

(1)如果致受损方受到损害的事故是由以下原因直接导致的:(a)受损方对软件进行的更改,或者在知晓该项更改是保险政策所禁止的更改,或者(b)未能安装关键安全软件(safety-critical software)的更新,而受损方知道或应当合理地知道该软件更新是关键安全软件更新,则关于自动驾驶汽车的保险政策可以限制或免除保险人在第 2 节第(1)条项下的损害赔偿责任。

(2)但如果受损方并未收到该项保险政策,则只有受损方在事故当时就已经知道该软件是保险政策所禁止的更改时,才能适用第(1)(a)条的规定。

(3)当保险人已经根据第 2 节第(1)条向受损方支付赔偿,而产生该项损害的事故是由根据保险政策不受保险覆盖的人所造成的,则适用第(4)条。

(4)如果事故是由以下情形直接导致的:(a)被保险人作出的软件更改,或被保险人知晓该项更改在保险政策中是被禁止的;或者(b)未能安装关键安全软件(safety-critical software)的更新,而受损方知道或应当合理地知道该软件更新是关键安全软件更新,则保险人已经支付的金额可以在保险政策允许的范围内获得追偿。

(5)但如果被保险人并未收到该项政策,则只有被保险人在事故当时就知道该软件是政策所禁止的更改时,才能适用第(4)(a)条的规定。

(6)就本条的目的而言,(a)自动驾驶汽车的"软件更改"或"软件更新"分别是指对汽车软件的更改和更新;(b)如果不安装更新将使得该汽车不安全的,则该软件更新就是关键安全软件更新。

第5节涉及的是保险人或汽车所有人对受损方承担损害赔偿责任之后,对其他应当对本次事故承担责任的人进行追偿的有关事项。

第5节 保险人等向事故责任人索赔的权利

(1)当(a)第2节要求汽车的保险人或所有人对受损方承担责任,并且(b)保险人或汽车所有人就本次事故应向受损方承担责任的金额(包括并非基于第2节承担的任何责任)已经确定,则任何应就本次事故对受损方承担责任的其他人应与保险人或汽车所有人承担相同的责任。

(2)为本条之目的,当保险人或汽车所有人的责任金额已经(a)通过判决或裁决确定,(b)通过仲裁裁决或仲裁确定,或(c)通过协议已经可以执行,则认为该金额"已经确定"。

(3)如果保险人或汽车所有者根据本节规定收回的金额超过该他人已经同意或被命令支付给受害方的金额(忽略利息部分),则保险人或汽车所有者有责任向受害方支付差额。

(4)本节的任何内容都不允许保险人或汽车所有人及其之间的受害方向任何人追回超过该人对受害方承担的责任金额。

(5)为本节之目的,保险人或汽车所有人根据本节产生的权利,自其就本节第(1)(b)条达成和解时起算(a)《1980年限制法》第10A节(保险人等对自动驾驶汽车采取行动的特别时

间限制），或（b）《1973 年规定和限制（苏格兰）法》第 18SZ 节
（本节项下采取的行动）规定的时间。（注：是指诉讼时效）

第 6 节处理的是本法项下的各项损害赔偿责任与英国现行的有
关损害赔偿的法令之间，在适用方面的关系问题。这些法令包括
《1976 年致命事故法》(Fatal Accidents Act)、《2011 年（苏格兰）损害
赔偿法》[ Congenital Disabilities（Civil Liability）Act 1976 ]、《1982 年
司法行政法》第 2 部分《1976 年先天性残疾（民事责任）法》[ Con-
genital Disabilities（Civil Liability）Act 1976 ]、《1945 年（共同过
失）法律改革法》《1976 年致命事故法》第 5 节（共同过失）、《1978
年（过失）民事责任法》和《1940 年（苏格兰）法律改革法》第 5 节等。

第 7 节则要求国务大臣在首次制定登记簿之后的两年内向议会
报告本部分规定的执行情况，包括本法第 1 节（自动驾驶汽车登
记）和本部分有关规定在多大程度上保障了对自动驾驶汽车危险性
的妥善的保险或其他安排。最后，第 8 节则是对相关条款术语的
释义。

## 第二节　英国议会人工智能特别委员会及其报告

由于英国上议院以及下议院均没有相应的委员会来关注技术
进步带来的经济、社会以及伦理问题，同时由人工智能带来的劳动
问题以及伦理困境需要特定的委员会处理，2017 年 6 月 29 日，英国
下议院成立了 2017—2018 会期内工作的特别委员会，成立目的在于
研究与人工智能发展相关的经济、伦理和社会问题，并且提出相关
的建议。

特别委员会通过对大量私人部门利益相关方（包括 DeepMind
等企业）进行访谈或访问了解情况，并召开数十次听证会听取专业
人士或利益相关方的意见，于 2018 年 4 月 16 日发布了其报告名为

《人工智能在英国：是否准备好、愿意并且有能力应对？》①。

报告的主要内容分为九个章节，讨论了人工智能各个方面的问题，并以问题为导向提出政策建议。

● 公众对人工智能的理解和知情权

报告认为，许多对于人工智能的担忧与人工智能的现实情况相差较远。尽管报告考虑了失业和超人工智能的可能性，但相信人工智能真正的机遇和风险都更加平缓。公众对人工智能的理解往往依赖于媒体报道，而媒体的报道偶尔可能是夸大其词的。

公众日常接触的人工智能应用产品都缺乏透明度和可理解性，公众和政策制定者都有权并有责任了解这项技术的能力和局限性，包括了解人工智能如何以及何时被用于作出涉及他们的决策，以及这些决策将对个人产生何种影响。

● 数据控制和垄断问题

数据垄断问题：报告的调查显示，尽管有少数人工智能算法仅需要少量数据，但大多数算法高度依赖于大数据。总部位于美国但具有全球影响力的几家大型科技公司正在积累大量数据，由于信息产业的网络效应倾向于"赢者通吃"的市场结果，目前，少数几家公司集中了前所未有的财富和权力。而许多大学、公益机构、初创企业和中小型企业难以获得大量优质的数据集，从而在竞争中举步维艰。虽然英国欢迎大型海外科技公司在英国经济中所做的投资以及它们带来的好处，但是少数人日益强大的权力和影响力，将有损于英国蓬勃发展的本土人工智能部门。欧盟《一般数据保护条例》（GDPR），特别是其中的数据可移植性权利（有助于消解消费者转换平台时的"锁定"效应），将在一定程度上打破目前的现状。

数据利用与隐私保护问题：政府还需要考虑的是如何最大限度地利用个人数据，同时，尽可能地减少对个人隐私的侵犯。通常利

---

① Artificial Intelligence Committee："AI in the UK：ready，willing and able？"，16 April 2018，available at https://www. parliament. uk/business/committees/committees-a-z/lords-select/ai-committee/publications/，last visited：26 Sep. 2018.

用"匿名化"或"去识别性"来解决这一问题,但也有证人提出在人工智能领域,"匿名化"或"去识别性"的效果有限,因为人工智能可以非常有效地利用已经"去识别性"的数据来重新识别出个人。

加强数据访问和控制:许多证人主张应确保由个人数据主体来控制其个人数据,并保留如何使用这些数据的权利。GDPR 的可移植性要求和当前的实践表明,这一需求将有望实现。另外,也有许多证人提议应当开放更多公共数据集并强化数据共享,以促进技术研发和应用。报告建议政府部门和公共组织共同努力,以统一和可兼容的数字化格式记录和存储其信息和数据,并经过适当的匿名措施后发布公共数据集,以使中小企业和初创企业能够获取较高质量的数据集。同时,报告指出,仍然应当加强个人对数据的控制和可移植性权利。

- 人工智能的透明度和可解释性

许多证人提出,除了上文中提出的加强一般公众对人工智能的理解和知情权之外,技术开发者、用户和监管机构都应当能够理解人工智能技术的运行,这要求加强人工智能的可理解性。

透明性:加强人工智能可理解性的方法之一是强化人工智能系统及其运行的透明性。但根据收集到的证据,报告认为,对于目前使用的某些类型的人工智能系统来说,实现完全的技术透明度是困难甚至是不可能的,并且在许多情况下无论如何都不合适或没有用。但是,在特定的重要或安全关键领域,技术透明度是必不可少的。这些领域可能包括司法和法律事务、卫生保健、某些金融产品和服务(如个人贷款和保险)、自动驾驶汽车和自主武器系统。

可解释性:另一种加强人工智能可理解性的方式是保障人工智能的可解释性,即人工智能系统的开发方式应当能够解释其据以作出决策的信息和逻辑。报告调查了目前正在开发的各种技术解决方案,有许多公司和组织正在致力于开发可解释的机器学习系统和技术,这些技术解决方案可以帮助解释机器学习系统及其决策。另外,GDPR 第 22 条规定了"解释权"条款,个人对于完全自动化决策

（并且其结果对个人产生重大影响）有权要求解释该决策是如何形成的，或要求由人来作出此项决策。但该条款被认为是较为模糊并包含许多限制的，如决策是半自动化的或被认为不会对数据主体产生类似的重大影响的，可能就无法适用。英国正在根据 GDPR 推行的《数据保护法案》（Data Protection Bill）试图在英国法律中赋予"解释权"。

报告认为，人工智能要成为社会中不可或缺的可信工具，可理解的人工智能系统的开发是必不可少的。具体是采取技术透明度、可解释性或两者兼有的方式来保障人工智能的可理解性，将取决于具体场景和所涉及的利害关系。但在大多数情况下，报告认为可解释性对于公民和消费者来说将是更有用的方法。这种方法也反映在新的欧盟和英国立法中。

● 法律责任

报告指出，人工智能相关法律责任、利用人工智能和数据的犯罪以及滥用自主武器系统是法律责任领域的重要问题，政府需要认真考虑并采取深思熟虑的政策。在法律责任领域，可以预见人工智能系统出现故障、运行不佳或以其他方式作出错误的决策从而导致损害。但报告对于是应当建立新的法律责任和救济措施，还是现有的责任机制足以应对此类风险，没有给出结论。报告建议法律委员会尽快审查现行法是否足以处理人工智能的法律责任问题，并在适当情况下向政府建议适当的措施，以确保法律规范的明确性。

● 利用人工智能和数据的犯罪

利用人工智能进行网络攻击，或者利用人工智能本身的漏洞欺骗或侵入人工智能系统等风险真实存在。人工智能研究人员和开发人员必须对其工作的潜在伦理意义保持清醒的认识。数据伦理与创新中心（CDEI）和阿兰图灵研究所可以为研究人员提供有关其工作的潜在影响和可采取措施的建议，以确保其不滥用此类工作，但还需要采取其他措施。

● 政府机构

英国政府宣布成立一系列与人工智能相关的新机构。

人工智能理事会和政府人工智能办公室：报告提出，政府将"与产业界合作建立一个能够在各部门发挥领导作用的、行业主导的人工智能理事会"，并且人工智能理事会将获得一个新成立的政府人工智能办公室的大力支持。报告调查获知，人工智能理事会中会包括中小型企业代表、用户和开发人员代表，并确保有政府层面的参与。

数据伦理与创新中心：报告还提出，建立一个新的数据伦理与创新中心作为咨询机构，以审查当前的"治理格局"，并就"包括人工智能在内的数据的合伦理、安全和创新性应用"向政府提出建议。该中心还将与产业界合作建立数据信托基金，并在适当时就该中心的职权范围进行广泛的咨询。

阿兰图灵研究所：报告还宣布，阿兰图灵研究所将成为国家人工智能研究中心，运营图灵奖和与该研究所相关的博士奖学金，并专注于人工智能相关问题。

● 监管和监管机构

报告指出，关于是否需要单独为人工智能制定专门规则，主要分为三种观点：其一认为目前的法律能够解决相关问题；其二认为需要立刻采取行动应对；其三认为在对人工智能进行规制时，应当采取更为谨慎、分步进行的方法。观点一认为不需要采取专门的人工智能监管措施的理由在于，目前的规则和法律能够很好地解决人工智能带来的问题。对人工智能技术的利用主要关注数据的运用，而目前数据保护的法律框架已经相当完善，GDPR 的实施会再次完善这一框架。同时，人工智能目前处于初级阶段，政府尚未完全理解其形式及使用可能带来的后果，以及不确定是否存在真正的规则漏洞。同时，大部分人工智能被嵌入到产品和系统当中，而这些产品和系统已经能够受到现有法律的规范。此外，很多证人援引"技术中立"来支撑其观点，也即规则需要独立于技术的改变，而应当关注于风险如何形成、安全保障等问题。观点二主张采取迅速的行动进行规制的出发点很大程度上是为了避免可能产生的意想不到的后果。其认为公众对新技术的信任直接受到相关领域规则数量的影响,航空业的发展即为有力明证。在希望谨慎和分阶段监管的群体来看,对监管的思考和研究不充分可能窒息技术和产业的发展、创新和竞争。在人工智能发展的初期,过分的监管负担会减少英国本身在该领域存在的竞争优势。

● 人工智能伦理行为准则

许多组织正在为人工智能的利用制定自己的伦理行为准则。报告认为,这项工作值得赞扬,但很明显这项工作缺乏广泛的认识和协作,而政府可以在这一方面提供帮助,鼓励公司和组织签署一致且广泛认可的伦理指南。

## 第三节　澳大利亚人工智能立法

目前为止,澳大利亚还没有发布专门针对人工智能的战略或立法,也没有任何政府机构公开进行任何立法讨论或审查以规范人工智能相关的各种问题。相对而言,澳大利亚政府关于人工智能所采取的行动是具体话题指向的。例如,为了支持自动驾驶汽车的部署,澳大利亚政府已经形成了非常具体的实施计划,并且以 NTC、Austroads 等为代表的机构,为自动驾驶汽车监管和立法改革和其他技术或产业合作措施,已经展开了极为细致和深入的立法研究和讨论。各州层面上也发布了各自的自动驾驶汽车道路测试相关规范。这些举措所涉及的范围极为广泛和细致,包括自动驾驶汽车的安全保障体系、责任、保险、驾驶员义务和许可、车辆登记、车辆与车辆之间以及车辆与道路基础设施之间的通信和交互、道路标志等方方面面的内容。下文主要对澳大利亚自动驾驶监管体系和立法改革的政府工作进行介绍。

## 一、自动驾驶"端对端"监管体系和立法改革

澳大利亚政府意识到,为发挥自动驾驶汽车的潜力,需要一个国家层面的统一监管框架,以拥抱创新并保障自动驾驶汽车的安全性。为此,2016 年 11 月,澳大利亚交通部同意进行分阶段的改革项目,从而在 2020 年之前使有条件自动驾驶汽车、2020 年起使高度和完全自动驾驶汽车在道路上安全和合法地行驶。分阶段的改革将确保改革日程能够保持足够的灵活性,以应对技术进展和市场发展。

目前,澳大利亚国家交通委员会(National Transport Commission,NTC)和联邦都在进行实现上述分阶段改革所需的监管和立法改革工作。这些监管和立法改革的整体目标是为自动驾驶汽车建立"端对端"(end to end)的监管体系。"端对端"的监管体系是指在自动驾驶汽车测试之后,包括生产或进口、汽车登记、许可、改装或检修、上路行驶在内的每一个流程,以及在适应自动驾驶汽车的基础设施方面,都有相应的保障安全的监管措施。其中,NTC主要负责的立法和监管领域涉及除基础设施以外的所有流程,其目标是为自动驾驶汽车建立一套完善的安全保障体系。联邦则主要参与联合国 UN WP29 国际汽车标准的审议(汽车进口和生产环节),以及现代机动车网络安全(上路行驶环节)相关的工作。

1. NTC:监管和立法改革路线图

NTC 被要求制定该项改革路线图。目前,NCT 正在对自动驾驶领域进行密集监管和立法改革(准备)工作。具体包括:(1)对引入自动化道路和铁路交通工具存在的监管障碍进行研究;(2)自动驾驶汽车的监管改革方案;(3)自动驾驶汽车试验指南;(4)有关自动驾驶汽车的执法指南;(5)制定保障自动驾驶汽车安全性的安全保障体系;(6)改变驾驶法律以支持自动驾驶汽车;(7)自动驾驶汽车保险制度等多个方面。

2017 年 5 月:NTC 发布了经交通部批准的《澳大利亚自动驾驶

汽车试验指南》①和相关的政策报告,该指南将每两年被重新审议一次。

2017 年 11 月:NTC 发布交通部长批准的《自动化汽车国家执法准则》②和相应的政策报告③,在修订驾驶规则后将对该指南进行审查,以识别自动驾驶系统实体(ADSE)。交通部还批准了 NTC 在《保障自动驾驶汽车安全性政策报告》④中的建议,特别是批准在过渡期内研究开发一套基于强制性自我认证的自动驾驶汽车的安全保障体系。

● 改革路线图——当前的项目

NTC 所制定的改革路线图由以下几个方面的项目组成。这些项目涵盖自动驾驶汽车试验、过渡期执法、未来的安全保障体系、驾驶法律改革、汽车事故损害保险、政府的数据访问和隐私保护等各个方面,见表 8.1。

表 8.1　NTC 改革路线图

| 项目 | 目的 | 公布日期 | 当前状态 | 结果 |
|---|---|---|---|---|
| 自动驾驶汽车试验指南 | 制定关于自动驾驶汽车试验条件的国家指南 | 2017 年 5 月 | 已完成 | 支持各级驾驶自动化汽车试验;保障全国统一的试验条件;支持跨境试验 |

① NTC："Guidelines For Trials of Automated Vehicles in Australia," May 2017, available at https://www. ntc. gov. au/Media/Reports/( 00F4B0A0 - 55E9 - 17E7 - BF15 - D70F4725A938). pdf,last visited：25 Sep. 2018.

② NTC："National Enforcement Guidelines for Automated Vehicles," November 2017, available at https://www. ntc. gov. au/Media/Reports/( 10EB8512-5852-575D-96E9-CA20497EB1FC). pdf,last visited：25 Sep. 2018.

③ NTC："Clarifying Control of Automated Vehicles Policy Paper", November 2017,原文载于：https://www. ntc. gov. au/Media/Reports/( 89187896 - E6CD - 4313 - 61E7 - 97D2B461A22C). pdf,last visited：25 Sep. 2018.

④ NTC："Assuring the Safety of Automated Vehicles Policy Paper", November 2017, available at https://www. ntc. gov. au/Media/Reports/( A19CA1B2 - EDEE - 7167 - 23AC - F1B305100F30). pdf,last visited：25 Sep. 2018.

（续表）

| 项目 | 目的 | 公布日期 | 当前状态 | 结果 |
|---|---|---|---|---|
| 明确自动驾驶汽车的控制 | 制定国家执法指南,明确控制和适当控制不同等级驾驶自动化汽车的监管性概念 | 2017年11月 | 已完成 | 跨辖区适用一致的监管标准 |
| 自动驾驶汽车的安全保障体系 | 设计和开发自动驾驶车辆的安全保障体系 | 2018年11月 | 方案分析 | 支持各级驾驶自动化汽车的安全的商业部署 |
| 改变驾驶法律以支持自动驾驶汽车 | 制定立法改革方案,以澄清当前有关驾驶员和驾驶的法律对自动驾驶汽车的适用问题,并为自动驾驶系统实体确立法律义务 | 2018年5月 | 方案分析 | 驾驶员在各级驾驶自动化汽车驾驶中的法律义务 |
| 汽车事故伤害保险和自动驾驶汽车 | 支持各管辖区审查伤害保险计划,以确定自动驾驶汽车的乘客或与自动驾驶汽车事故有关的任何资格障碍 | 2019年5月 | 问题分析 | 支持所有级别驾驶自动化汽车的伤害保险计划 |
| 规范政府对 C-ITS① 和自动驾驶汽车数据的访问 | 制定规范政府对 C-ITS 的访问和自动驾驶汽车数据的方案,以平衡道路安全和网络的效率以及在充分保护自动驾驶汽车用户隐私的情况下有效执行交通法规 | 2019年5月 | 问题分析 | 确保适当解决与政府访问(收集和使用)C-TIS 和自动驾驶汽车技术生成的信息所涉及的隐私风险 |

2. NTC:《改变驾驶法律以支持自动驾驶汽车的政策报告》

2016 年 11 月,TIC 指示 NTC 制定立法改革方案,以明确现行驾驶法律法规对自动驾驶车辆的适用范围的规定,并讨论目前存在的

———————

① C-ITS 的全称是协作性智能交通系统( Cooperative Intelligent Transport Systems),是指一种新兴的、相互连接的汽车相关生态系统(网络),汽车通过这一系统可以与其他汽车、基础设施、交通管理系统和移动设备进行无线数据共享,使得大量的汽车和交通应用可以协作性地运行,从而提供安全性、移动性和额外的协同效应。

问题和规定自动驾驶系统实体(以下简称 ADSE)的法律义务。其目标是"确保在自动驾驶系统(ADS)而非人类驾驶员进行驾驶时,相关的驾驶法律能够被适用于自动驾驶汽车,并且确保有一个法律实体对 ADS 承担责任"。

该项工作所涉及的立法改革的核心问题在于,澳大利亚当前的交通法规制的是人类驾驶员,而不涉及 ADS 完成动态驾驶任务的情形;交通法设定的驾驶和道路安全相关责任均是施加给人类驾驶员的,其违法的后果也是由人类驾驶员承担。只有消除那些对自动驾驶汽车适用交通立法的障碍,澳大利亚才可能从自动驾驶汽车的开发和利用中获益。

NTC 于 2018 年 5 月发布了《改变驾驶法律以支持自动驾驶汽车的政策报告》(以下简称《政策报告》)。《政策报告》提出了 11 项政策建议:

政策建议 1:对自动驾驶汽车驾驶法律的统一改革应当通过专门的国家法律(而非仅仅是修改澳大利亚道路规则和道路交通法)来实现,该项专门的国家法律应当:(1)允许持续符合安全保障体系要求并获批的 ADS 执行动态驾驶任务;(2)确保 ADS 执行动态驾驶任务时始终由一个法律实体对此承担责任;(3)澄清在不同的自动驾驶等级中承担责任的法律实体分别是谁;(4)为相关的法律实体规定义务,包括 ADSE 和自动驾驶汽车的用户;(5)提供一个在合规和执行方面具有灵活性的监管框架。

政策建议 2:专门的国家法律应当:(1)规定只有获得安全保障体系项下的核准并持续符合核准要求的 ADS 才可以执行动态驾驶任务;(2)界定符合 SAE International Standard J3016 的动态驾驶任务;(3)规定动态驾驶任务中的义务。

政策建议 3:专用的国家法律应规定,当 ADS 投入使用时,ADS 在有条件、高度和完全驾驶自动化中对汽车实施控制,ADSE 负责确保 ADS 符合其 DDT 义务。

政策建议 4:专门的国家法律应确定 ADSE 承担责任的、除 DDT

以外的其他职责和义务。

政策建议 5：NTC 应对《澳大利亚道路规则》(Australian Road Rules)和《重型车辆国家法》(Heavy Vehicle National Law)的模式进行立法分析，以便：(1)确定构成 DDT 的一部分并且在 ADS 控制驾驶时不应由他人负责的驾驶员义务；(2)评估哪些驾驶员义务不构成 ADSE 应负责的 DDT 的一部分；(3)在 ADS 控制驾驶的情况下，如果有遗漏的义务，确定应当将该义务分配给谁。

政策建议 6：NTC 应协调一个由国家、地方和联邦成员组成的国家工作组，(1)在政策建议 5 的基础上采用全国统一的方法分析国家、地方和联邦立法；(2)确保在 2018 年 11 月底之前完成这一分析，以供 2019 年 5 月举行的委员会会议进行讨论。

政策建议 7：专门的国家法律应当为候补驾驶员规定以下义务，(1)尽到足够的注意义务，以便在被请求、系统失灵或紧急情况下，能够及时应对并接手对车辆的控制；(2)持有适当类型的驾驶许可证；(3)遵守有关药物、酒精和疲劳驾驶的义务。

政策方向：通常不应允许候补驾驶员进行现行法允许人类驾驶员进行的行为以外的其他与驾驶无关的行为，除非该行为与 ADS 可以涵盖的车内系统相连。NTC 将继续跟踪有关此类其他行为的技术发展和国际讨论。

政策建议 8：专门的国家法律应当澄清自动驾驶专用汽车的乘客在任何情况下不负有驾驶准备义务或接手驾驶的义务。

政策建议 9：国家和地方立法应当澄清，启动自动驾驶专用汽车的人或乘客的启动或使用行为，不适用关于酒驾、服用特定药物后的驾驶相关规定。

政策建议 10：如有必要，国家和地方立法应规定在手动控制模式下启动或使用自动驾驶汽车，将适用关于酒驾、服用特定药物后的驾驶相关规定。但对于这一立场需要根据技术发展和国际讨论进展进一步考虑。

政策方向：在专门的国家立法中应当包含适当的合规和执法机

制,包括对 ADSE 和其他主体的罪名(offences)、处罚和制裁。专门的国家立法应当明确规定 ADS 系统必须能够履行的 DDT 义务(但违反适当控制义务与 ADS 系统无关,因而不应该当被包含);该法应使 ADSE 对 ADS 未能正确履行 DDT 义务承担责任,并应当包含适当的违法、制裁和处罚。

政策建议 11:应当在 2018 年 11 月举行的委员会会议就安全保障体系的相关要素达成一致后,在 2019 年 5 月举行的会议对合规和法律执行方案(包括违反、处罚和制裁)提出进一步的政策建议。这些建议应当考虑安全保障体系和该体系所建立的义务或违反义务之间的相互关系,尤其是与潜在的主要安全义务之间的关系。

### 3.各州立法

澳大利亚已经开始以立法的形式批准无人驾驶汽车路测。2016 年,南澳大利亚州成为全国第一个在立法上批准高度自动化汽车在该州道路上进行测试的地区。尽管如此,无人驾驶路测在澳大利亚很多州仍为临时性的,直至 2017 年 5 月,澳大利亚国家交通委员会发布《澳大利亚自动驾驶汽车路测指南》(以下简称《指南》)。《指南》发布后,新南威尔士州和维多利亚州也先后通过立法,允许公路部门为无人驾驶汽车上路测试颁发许可。目前,各州通过的无人驾驶汽车路测法规均采用类似的一般原则,即允许相关部长或法定机构颁发单独的路测许可,测试单位被豁免道路规定及可能阻止高度自动化汽车运行的其他法律,但仍须满足一定的条件。各州路测法规均涉及《指南》的关键要求,即路测管理、保险范围、安全管理计划、采集路测数据。值得一提的,是只有维多利亚州规定路测许可申请须提交安全管理计划。各州路测法规还授予部长和相关机构权力,即制定更详细的路测要求指引、法定条例或规定,但到目前为止还未出台相关规定。各州在其他方面的规定有所不同。例如:

各州立法与现行道路规定之间的关系。南澳大利亚州侧重新法与现行道路规定的衔接,并公布了路测机制。其法规授予部长极大的权力,可以为了进行获批路测而豁免遵守任何法律,还要求部长在进行路测前至少提前 1 个月在线公布获批路测的详情,并向南澳大利亚州议会提交路测报告。新南威尔士州和维多利亚州则没有相关要求。

路测许可的时间和地点限制。南澳大利亚州、新南威尔士州和维多利亚州均规定路测许可受时间和地点限制,但维多利亚州还规定许可的法定最长时限为 3 年(到期后可以续期)。

保险要求。新南威尔士州和南澳大利亚州均要求购买公众责任险,新南威尔士州还要求购买第三者责任险。

驾驶员义务或适当控制义务。新南威尔士州采取更为严格的路测车内监督规定,即在车辆使用时,车辆监督人须始终位于车辆内,且须始终处于可以控制车辆的状态。南澳大利亚州和维多利亚州则无此规定,由各项路测批准自行决定。

驾驶许可。维多利亚州是唯一明确规定自动驾驶系统操作人有责任取得相关驾驶许可的司法管辖区,而其他两州并未作出明确规定,尽管其暗示在无许可豁免车辆所有人遵守法律的情况下,无人控制车辆驾驶违反道路规定及其他法律。

### 二、人工智能政策

澳大利亚尚未制定有关人工智能的专门性的国家政策。澳大利亚政府曾要求澳大利亚创新科学局(Innovation and Science Austrilia,ISA)就澳大利亚到 2030 年的创新、科学与研究体系制定一份战略计划。2018 年 1 月 30 日,ISA 公开发布了《澳大利亚 2030:通过创新实现繁荣》(Australia 2030:Prosperity Through Innovation)报告[1]。ISA 在报告中提出,澳大利亚政府可以通过加强澳大利亚的数字经济来抓住互联网"第四次浪潮"所带来的机遇。数字技术的采

---

[1] Innovation and Science Australia: "Australia 2030: prosperity through innovation," 3 November 2017, https://www. industry. gov. au/sites/g/files/net3906/f/May% 202018/document/pdf/australia-2030-prosperity-through-innovation-full-report. pdf, last visited: 28 Sep. 2018.

用将成为经济增长的重大驱动力,澳大利亚政府也在制定一项数字经济战略,从而最大化数字技术的潜力以改善国家的生产力和竞争力,同时降低其负面影响。将澳大利亚打造成人工智能、机器学习研发和利用领域的领先国家,应当成为澳大利亚政府数字经济战略的优先级事项。因此,该报告建议在即将发布的《数字经济战略》中将在中长期内把强化人工智能和机器学习的能力作为优先级事项,以确保网络物理经济的增长。

澳大利亚政府于 2018 年 5 月对 ISA 的上述报告作出了回应。[①] 其中对于有关人工智能的上述建议,政府回应称政府支持该项建议。政府正在制定的数字经济战略旨在确定为保障澳大利亚拥有开放、竞争性数字经济所采取的推进计划。该项战略将承认人工智能和机器学习在支持创新方面的重要性。

政府还指出,人工智能的机器学习已经影响了澳大利亚的经济、社会和全球竞争地位。政府正在为提高澳大利亚人工智能和机器学习领域的能力而采取若干行动。CSIRO 的"Data61"项目正在研究在社会和产业的许多领域促进人工智能的技术,包括利用机器学习为交通系统带来新的前景并延长基础设施资产的服务年限,如悉尼港大桥(Sydney Harbour Bridge)。在 2018—2019 年的预算中,政府承诺在 4 年内投入 2990 万美元以加强澳大利亚人工智能的机器学习的实力。这些资金将被用于支持:(1)专注于人工智能领域的联合研发中心项目(Cooperative Reserch Centre Projects);(2)博士奖学金资助、建立在先学习资源并帮助教师将人工智能相关内容纳入澳大利亚课程计划当中,从而开发澳大利亚的人工智能技能;(3)支持 Data61 制定技术路线图,该路线图将找出人工智能和机器学习领域的全球机会,以及澳大利亚采用人工智能和机器学习所存

---

① Australian Government :"Response to Innovation and Science Australia's Australia 2030:Prosperity through Innovation," May 2018,https://www.industry.gov.au/sites/g/files/net3906/f/July%202018/document/pdf/government-response-isa-2030-plan.pdf, last visited:28 Sep. 2018.

在的障碍,为政府对人工智能的投资提供参考;(4)制定国家人工智能伦理框架,以解决在澳大利亚采用该等技术时的标准和伦理问题。2019年4月5日,澳大利亚工业、科学与技术部(Department of Industry, Science, Energy and Resources)公布了《AI伦理框架》讨论稿,鼓励各政府部门、商业组织、学术机构、社会组织和公众提出对讨论稿的意见和建议,2019年5月31日,征集意见截止后,工业、科学与技术部对讨论稿进行修订,形成了最终的《AI伦理框架》。[①] 该框架不具有强制力,企业、社会组织可以自愿选择遵守。框架提出了八项AI伦理准则,内容列举如下[②]:

(1)人类、社会和环境的福祉:AI应当造福于个人、社会和环境;

(2)以人类为中心的价值观:AI应当尊重人权、多样性和个人的自决权;

(3)公平:AI应当具有包容性和易获得性,不应当导致对个人、社区或群体的歧视;

(4)隐私保护和安全:AI应当尊重和保护隐私与数据安全;

(5)可靠性和安全性:AI应当按照设计的预期目标稳定地运行;

(6)透明性和可解释性:AI应当具有透明度,并负责任地披露信息来确保人们得知他们何时会受到AI的重大影响,并且能够意识到AI在何时与他们接触;

(7)可竞争性:当AI对个人、社区、群体或环境产生重大影响时,应当有一个及时的程序,允许人们对AI的使用和输出结果质疑;

(8)责任:AI的责任应当是可识别的、可问责的,并且由使用专人对AI进行监督。

---

① Artificial Intelligence:"Australia's Ethics Framework,"https://consult. industry. gov. au/strategic-policy/artificial-intelligence-ethics-framework/,last visited:12 Oct. 2020.

② Australian Government:AI Ethics Principles, https://www. industry. gov. au/data-and-publications/building-australias-artificial-intelligence-capability/ai-ethics-framework/ai-ethics-principles,last visited:12 Oct. 2020.

## 第四节　澳大利亚《公共部门 AI 使用指南》

2020 年 1 月 27 日,政府数码服务(GDS)和人工智能办公室(Office for Artificial Intelligence)联合发布了关于如何在公共部门建立和使用人工智能(AI)的指南。[①] 该指南的受众并非社会公众和企业组织,而是政府部门;指南的写作目的并非规制 AI,而是向澳大利亚的政府部门介绍 AI 的特点及功能,并指导行政部门该如何根据自己的工作需要使用例如计算机视觉、自然语言处理、分类、推荐、排序等不同功能的 AI。同时,指南也强调在应用 AI 的时候注重公平,避免歧视,注重数据保护。

澳大利亚对人工智能的基础研究一直处于世界领先地位。澳大利亚联邦政府和州政府对人工智能研究的资金支持力度较大,重点支持直接与民生息息相关的项目,如交通运输、矿业开采、智能精细农业、医疗健康等。2016 年起,澳大利亚全国每天有上万辆无人驾驶的重型运输车辆在矿区、农场和港口等地作业;在物流方面,澳大利亚的机器人技术应用在世界处于领先水平,以布里斯班港为例,那里的集装箱作业已经实现了机器人化,27 台巨型(高 10 米、重 60 吨)机器人昼夜不停地装卸运输货物;在农业领域,澳大利亚机器人中心研发的农业自动采摘和除草机器人使很多农场工人从繁重的体力劳动中解放出来;在环保领域,澳大利亚自主研发的水下机器人正在密切监测大堡礁的海洋环境变化;在医学领域,由澳大利亚国家科学研究基金委员会支持研发的人工眼已经完成了初步测试。

但是澳洲的人工智能发展也存在一定的缺陷。由于本国需求

---

[①]　GOV. UK:"A guide to using artificial intelligence in the public sector", 27 January 2020, https://www. gov. uk/government/publications/a-guide-to-using-artificial-intelligence-in-the-public-sector, last visited: 30 Nov. 2020.

有限,澳大利亚人工智能产业规模远不及美国、中国和欧洲等主要国家。目前,澳大利亚一些初创公司虽然也在致力于人工智能产品的开发,但更多的是向美国的硅谷等提供技术,许多来自欧美的人工智能产品很可能使用的就是澳大利亚的技术。同时,由于缺乏足够的产业支持,澳大利亚在人工智能领域也面临着人才流失问题,很多人纷纷前往美国发展,也有一部分人来到正大力发展人工智能应用的中国。

## 第五节　人工智能领域国际监管政策分析与总结

### 一、各国人工智能监管政策的共性与差异

在对美国、欧盟、日本、韩国、英国、澳大利亚等国的人工智能监管(包括立法或立法性文件、政策、官方研究报告等)进行梳理和综述的基础上,本节将对各国在人工智能监管政策方面的共性与差异进行比较研究,从而试图从大量资料中梳理出各国监管的共同逻辑,以及基于其本国的定位、特点和需求所体现出的差异化的路径。

1.各国人工智能立法(或立法努力)的总体现状

(1)综合性立法(或立法努力)

通过对各国人工智能相关立法的分别梳理会发现,各国的共性都在于目前还没有一部有关人工智能的综合性的立法。所谓的综合性立法是指在一部法律中对人工智能相关的共通性问题或者多个方面的问题作出统一安排的立法。在各国所进行的立法努力中,欧洲议会所提出的《机器人民事法律规则》是最为接近综合性立法的一次尝试,该规则提出,应当在欧盟层面上采取整体的路径来解决和应对机器人和人工智能的发展所带来的问题和挑战,并要求欧盟委员会参考欧洲议会的建议起草一份"立法文件"。该规则还对该项未来的"立法文件"所应当包含的内容给出了较为具体的建

议,例如应当包含:(1)机器人的法律地位及其民事责任问题;(2)民用机器人和人工智能开发的一般原则;(3)研究和创新;(4)欧洲机构;(5)知识产权和数据流动;(6)标准化和安全(safety and security)等各方面的内容。但尽管欧洲议会已经对该项"立法文件"所应包含的内容和规定方式等进行了指导,但截至目前,欧盟委员会尚未完成这项立法文件的起草。由于欧洲经济和社会委员会在其意见中明确反对为机器人赋予"电子人"的法律地位,并且机器人的法律地位问题预计将会是争议最大的领域,因此即使欧盟委员会提出立法文件,对该立法文件的审议也不会是在短期内能够完成的任务。

关于人工智能的综合性立法,英国议会人工智能特别委员会的报告则明确反对,认为在现阶段对人工智能展开专门和综合性的监管是不适当的,并在报告中分别整理了参与听证会的利益相关方所提出的支持或反对意见和理由,其中,最主要的反对理由在于,人工智能目前尚处于初级阶段,政府尚未完全理解其方式以及其使用可能带来的后果(即条件不成熟),以及是否存在真正的规则漏洞(即尚未发现立法的必要性),对监管的思考和研究不充分可能窒息技术和产业的发展、创新和竞争,在人工智能发展的初期,过分的监管负担将减少英国本身在该领域存在的竞争优势等。

从本书所涉及的资料来看,美国、日本、韩国和澳大利亚则并没有明确地讨论过本国是否需要对人工智能进行综合性立法的问题,其最重要的原因应在于如英国所述:政府尚未完全理解人工智能可能带来怎样的结果。因此,上述所有国家和地区的几乎所有现有立法、立法提案、政策或官方报告中无一例外地,都在强调政府应当对人工智能可能带来的机遇、影响、问题和挑战进行深入的研究,并为此设立或委托了大量机构以支持此项研究。

(2)部门性立法(或立法努力)

本书所称的部门性立法(或立法努力)是指对人工智能的具体应用领域(如自动驾驶汽车、无人机、机器人)或者具体问题领域(如安全问题或数据问题)所制定的立法(或立法努力)。部门性立法也可能存在两种不同的路径:一种是制定专门性的单行立法;另一种则是在现有立法中设立专门章节或条款。尽管各国普遍未制定对人工智能的综合性立法,但部门性立法(或立法努力)则有较为明显的进展。

①自动驾驶汽车

自动驾驶汽车领域是其中进展最快的领域之一,英国和韩国都已经就自动驾驶汽车的监管发布了部门性立法。其中,英国的《2018年自动驾驶汽车和电动车法》采取的是单行立法模式,但仅对自动驾驶汽车的登记(及其条件)和事故责任问题进行了规定,而不涉及自动驾驶汽车相关的消费者保护、数据和隐私保护、行驶规则,以及安全性监管等内容。韩国则在现有的《道路汽车法》中专门设置了自动驾驶汽车相关条款,主要涉及自动驾驶汽车测试的临时行驶许可、许可条件和信息报告问题。因此,无论是英国模式还是韩国模式,都仅是针对现在自动驾驶汽车技术和应用的发展阶段解决了最为迫切的部分问题,距离较为全面的部门立法尚有一定距离。此外,美国有许多州也已经发布了州层面的自动驾驶立法。澳大利亚、日本和美国联邦层面尽管尚未出台具体立法,但其立法机关或行政机关中已经对自动驾驶汽车相关立法进行了相应的立法准备工作。例如,美国国会已经出现至少两部自动驾驶相关法案(SELF DRIVE法案和AV START法案),其模式预计更可能是单行立法模式。日本出台了《自动驾驶相关制度整备大纲》、澳大利亚则发布了《改变驾驶法律以支持自动驾驶汽车的政策报告》,从日、澳两国的上述立法准备工作来看,其采取"制度整备"模式,即调整现行立法以适应自动驾驶汽车发展的可能较高。

从自动驾驶汽车部门性立法(或立法努力)所涉及的监管内容或制度来看,自动驾驶领域所涉及的主要问题包括:(a)自动驾驶汽车的登记和登记条件;(b)驾驶员的驾驶许可和义务;(c)自动驾驶汽车道路测试的监管,包括测试的程序要件(如韩国要求取得临时驾驶许可,而日本目前仅对远程操控的自动驾驶汽车测试实行许可制度,驾驶员在场的测试则不需要许可即可进行)和安全性等实体要件;(d)自动驾驶汽车的安全性监管,包括网络安全、汽车本身的安全性及交通参与者人身或财产的安全性等方面(美国 SELF DRIVE 法案所提议的是制造商安全评估自我认证的方式,以保障在现阶段各实体能够更为灵活地开发其安全保障方案;同时,在现阶段可以对自动驾驶汽车豁免某些现行安全标准,并在日后根据技术发展的情况逐步修订现行汽车安全标准);(e)数据收集、记录、利用、共享和隐私保护相关监管;(f)民事责任(产品责任、损害赔偿责任等)和行政(交通违章或事故)、刑事责任(交通违法犯罪行为及其处罚方式)的分配和承担方式;(g)交通规则的调整;(h)交通基础设施(包括车辆之间和车路通信系统、交通标志等)的整备等多方面的内容。其中,各国在现阶段普遍关注的问题是道路测试监管、安全性监管和责任问题。

②无人机

无人机领域也是各国的立法进展起步较早并且发展相对较为完善的一个领域。日本的《航空法》、韩国的《航空安全法》、英国的《2016 年空中飞行指令》和澳大利亚的《1998 年民航安全条例》第 101 部分均是典型代表。各国在无人机监管方面的立法方式均为调整现行立法,而不是专门性立法;具体内容也较为相似,均是通过设定无人机飞行时间、区域、高度、规则和用途等方式对无人机的安全性进行监管,并且根据无人机自身重量进行不同程度的监管。各国在飞行时间(白天飞行)、区域(禁飞或限飞区域主要包括机场及其周边、人口密集区等)、规则(限制投掷物品、与地面人和物保持一定距离、操作者直接目视范围内飞行等)、用途(商业用途受到较高的监管,如要求获得许可且操作者拥有一定资质等)等方面的监管内容和方式具有极高的相似性,仅在高度、重量等具体指标的设定上有所区别。

③机器人

机器人领域的部门性立法则没有自动驾驶汽车和无人机那样

进展快速。虽然韩国、日本和欧盟都制定或讨论了机器人相关立法,但内容差异较大。韩国的《智能型机器人开发及普及促进法》主要规定了促进智能型机器人开发和普及的体制和制度问题,日本的《劳动安全卫生规则》主要规定了产业用机器人的安全操作规范,欧盟的《机器人民事法律规则》则走得较远,不仅涉及机器人研发和应用的促进及其基本原则,还涉及机器人的法律身份、责任等问题。

2. 政府监管的定位、作用和方式问题

各国目前为止有关人工智能的影响及监管的许多政策和研究报告中所提出的一个共同的问题就是:迎接第四次产业革命、5.0 社会、智能信息社会、人工智能时代,政府应当以及可以发挥怎样的作用,即政府的定位和作用问题。

尽管在具体的定位方面,各国由于其政治制度、经济制度传统的差异呈现出细微的不同,但各国政府较为肯定的一点是,无论政府采取何种应对措施,都不应当扼杀或阻碍本国产业的创新和发展。例如,美国 NSTC 的《为人工智能的未来做好准备》报告指出,政府正在努力制定能够最大限度发挥人工智能经济和社会效益并促进创新的政策和内部实践。

在人工智能的监管方面,各国政府的共同定位都在于"促进和保障",只是在促进和保障的具体内容和权重上有一定的差异。美国、英国和澳大利亚等西方发达国家的"促进"重点主要在于促进创新和竞争,政府的措施旨在提供更多的公共服务和公共产品。日本和韩国则在促进创新、竞争的基础上,更进一步地试图通过政府的支持和努力促进本国产业的"发展",为此在采取支持性措施方面更为积极。例如,韩国所制定的有关人工智能的大量立法从税务、知识产权、资金支持或采购支持等方面给予支持;日本则体现为政府通过《推进官民数据利用基本法》等,更为积极地帮助私营部门之间实现数据格式统一和共享,提供创新和发展所需的数据和信息。在促进与保障的权重分配上,英国的《人工智能在英国:是否准备好、愿意并且有能力应对?》指出:"任何可能对个人生活产生实质性影响的人工智能系统,除非该系统能够对其决策产生完整和令人满意的解释,否则就不应当被部署。"而日本在《官民 ITS(Intelligent Transport Systems)构想和路线图》确立的"高度自动驾驶系统制度设计相关立场"中,第一点就是"首先应当认可自动驾驶将带来的巨大的社会利益,并从推进其引入的角度去考虑如何整备相关制度"。

另外,各国均强调政府监管的方式应当谨慎、务实并具有足够的灵活性。例如,美国交通部和 NHTSA 发布的《自动驾驶系统:安全愿景 2.0》在开篇即提出,政府的作用在于制定一个鼓励而不是阻碍自动驾驶汽车技术的安全开发、测试和部署的监管框架,使部门监管流程更加灵活以适应私营部门创新的步伐和支持行业创新。除了上文提及为避免扼杀或阻碍创新之外,保障政府监管灵活性的另一个更重要的原因在于,人工智能的开发和应用技术目前还处于初级阶段并正在快速发展,同时,各国政府和国际社会对其可能的影响以及监管都还处于讨论和研究阶段,尚未达成规则和共识。因此保持富有灵活性的监管体制,将有利于政府通过持续跟踪和观察技术发展的趋势和国际讨论的进展及时和低成本地进行调整。

保持政府监管的灵活性和保留创新和发展空间,并不意味着各国政府应当毫无作为地静观发展的结果,相反,各国政府都更为积极地进行着相应的研究和准备工作,并开发出若干能够实现上述目的的应对方式:

首先,重视软法性、自治性规范。对于人工智能技术开发和应用中具有普遍性的可理解性(透明性和可解释性)、算法和数据偏见、安全性和可控性、数据利用和隐私保护等问题,尽管目前制定综合性立法的条件尚不成熟,但各国政府无一例外地积极支持和鼓励"伦理指南"等软法性、自治性规范的研究和制定。此外,在自动驾驶汽车的道路测试和无人机飞行监管方面,日本和美国等都由交通主管部门发布不具有强制执行力的指南,以指导和帮助企业在进行相关技术的开发和应用时予以遵守和参考。值得注意的是,这些软法性、自治性规范尽管当前并没有强制性法律效力,但其中的许多原则和规则指出了未来可能的监管方向,并且极有可能在未来立法条件成熟时转化为具有强制力的法律规定。

其次,建立"监管沙箱"制度,即对于新兴的产品或服务,政府先通过简化市场准入的标准和程序,允许在一定范围内快速落地进行测试和验证的方式。在本书所收集到的资料中,各国都有不同程度的类似"监管沙箱"制度尝试。例如,日本为了保障高度自动驾驶汽车的测试活动,于 2018 年 3 月向国会提出《国家战略特别区域法改正法案》,拟在国家战略特区中创设限定区域的"监管沙箱"制度。韩国则根据《汽车管理法》为自动驾驶汽车研究和测试目的的行驶颁发有效期为 5 年的临时行驶许可。

再次,由政府支持建立新型技术、产品和服务的试验或测试平台。例如,日本为促进自动驾驶汽车的各种道路试验和测试,在冲绳、轮岛市、福井县、茨城县、秋田县等多个地区指定自动驾驶汽车道路测试区域;以及于 2017 年 4 月由日本汽车研究所(JARI)在茨城县建立"Jtown"作为自动驾驶汽车测试评估场所,提供多用途市内道路、特殊环境试验场等多种测试环境。澳大利亚则由政府投资 500 亿美元实施建立"澳大利亚产业 4.0 测试实验室"(Industry 4.0 Testlabs for Australia)计划,在澳大利亚大学中选择 5 家建立上述实验室,为产业 4.0 技术(包括人工智能)的试验、开发和展示提供空间,也为教育机构和产业(特别是中小企业)的合作研究提供了平台。

复次,建立和保持与产业界、学术界的沟通协商机制。各国在人工智能相关的研究和立法讨论过程中都特别重视与产业界和学术界的沟通与协商,并且都在本国建立了各类产学官协议体制。日本在贯彻这一方法上最为彻底,正如本书对日本人工智能政策推进和监管体制的介绍,其在人工智能技术研发和产业化政策领域的产学官协议机制是人工智能技术战略委员会下设的产业合作委员会,由利益相关方的参与,并综合协调研究开发与产业之间的合作与联系;在人工智能的伦理、法律、社会、经济、教育、就业等影响评估方面,内阁府设立的人工智能与人类社会恳谈会和总务省设立的人工智能网络社会推进委员会,其成员主要是来自产业界、学术界和其他领域的专家,并且其学科背景极为多样化,不仅包括自然科学、商业界的代表,还包括众多经济学、哲学、法学背景的专家学者。自动驾驶官民协议会更是由内阁府及主管政府部门官员、民间相关产业经营者和学者等成员构成,并在政府的一系列政策、大纲、指南等文件的制定和研讨过程中都发挥了论坛功能,从而广泛地采纳产业界和学术界的意见。由于人工智能技术作为目前最为前沿性并主要由私营部门推动的技术领域,建立和保持与产业界、学术界的沟通协商机制,有助于政府更快更好地掌握相关领域的专家知识,随时了解相关领域的最新发展动态和需求,并集合多方的智慧为政府监管提供有益的简介。另外,此类沟通和协商机制也有助于产学官之间就有关的问题和监管达成共识,即使该领域尚未制定具有强制力的立法,也可以通过参与和共享信息来加强各利益相关方对相应政府措施的理解和遵守程度。

最后,关于政府在人工智能监管方面的具体作用和工作,各国尽管在具体做法和表述上有一定的差异,但仍然有相当程度的共性。美国 NSTC 的《为人工智能的未来做好准备》报告的总结为:投资于基础和应用研发(R&D);成为人工智能技术及其应用的早期客户;支持试点项目并为现实环境中的测试提供平台;向公众提供数据集;赞助激励性奖项;确定并实施 Grand Challenges,为人工智能制定宏大但具有可行性的目标;为人工智能应用的评估提供资金,以严谨地评估其影响和成本-收益;建立能够繁荣创新同时保护公众免受伤害的政策、法律和监管环境。日本的《第五期科学技术基本计划》总结为:提高日本在超智能社会的竞争力,实现经济发展的同时解决日本所面临的社会问题,加强科技创新的基本力量,建立人力资源、知识和资金的良性循环系统。同时,日本政府也将积极整备现行法律制度和环境,为人工智能的开发和应用提供良好的发展环境和平台作为其重点工作之一。韩国的《应对第四次产业革命的智能信息社会中长期综合对策》则指出,政府的职责在于作为"助力者",帮助改善市场环境,从而使私人部门的作用和潜力得到最大化发挥,同时构建社会性的基础设施。

各国在政府作用方面的共性在于:一是在人工智能的研发领域,政府主要投资于基础性研发、通用性技术研发,尤其是长期、高风险以及私营部门可能无法或不会进行大量投入的技术领域研发,并为此都发布了研发战略和计划;二是对人工智能可能带来的机遇、挑战、影响的研究并制定应对战略和对策。尤其是人工智能可能带来的就业、教育(如公民数字素养和 STEM 等跨学科教育)、人才短缺等问题,以及对人的尊严和基本权利的冲击和挑战,歧视、智能或数据鸿沟、平等和公平、垄断等;三是侧重于保障安全性、权利和责任等方面的监管;四是提供其他旨在强化国家和产业竞争力并促进创新、竞争与发展的环境。

二、人工智能领域的国际合作

目前,在人工智能领域的国际合作与对话主要是以经济与合作组织和七国集团为主要论坛,这两个国际组织或论坛的主要关注点在于人工智能开发和应用伦理指南、人工智能影响评估、政府监管和政策等内容的讨论。如上文所述,伦理指南尽管没有强制性的效力,但其中的主要原则在未来有较大可能成为法律或国际规则,因此,有必要予以密切关注并积极参与其讨论。人工智能的影响评估,则有可能为日后各国政府的监管措施和政府间国际合作界定出基本的范围和领域,进而通过各国国内法的规定和落实,再间接地转化为国际规则。

1. 经济与合作组织(OECD)

2016 年 4 月,在日本召开的 G7 ICT 部长会议上,各国同意以 G7 成员国为核心并与 OECD 等国际组织合作,就人工智能给社会、经济带来的影响评估和人工智能开发原则的制定等方面展开国际对话与合作。① 自此,OECD 成为各国就人工智能的影响和相关政策展开讨论的主要国际论坛。

OECD 在人工智能方面的主要工作是召集各利益相关方就人工智能展开对话与合作,并据此提供有关人工智能技术及其应用对经济和社会的影响以及政策影响的信息,具体包括:改进人工智能及其影响的评估体系,阐明人工智能相关的重要政策问题,如劳动力市场的发展和数字时代的技能、隐私、人工智能决策的可问责性(accountability)和责任,以及人工智能带来的安全(security and safety)问题。

2019 年 5 月 22 日,经合组织理事会(OECD Council)根据数字经济政策委员会(Committee on Digital Economy Policy,CDEP)的建议,于 2019 年 5 月 22 日在部长级会议上通过了《人工智能建议书》(The Recommendation on Artificial Intelligence,以下简称《建议书》),这是第一个关于 AI 的政府间标准。《建议书》旨在通过促进负责任地管理值得信赖的人工智能,同时确保尊重人权和民主价值观,促进人工智能领域的创新和信任。作为对经合组织在隐私权、数字安全风险管理和负责任的商业行为等领域现有标准的补充,该建议侧重于人工智能特有的问题,并制定了一个可实施且足够灵活的标准,以经受住这一迅速变化的领域的时间考验。②

2020 年 6 月 15 日,经合组织牵头世界各国成立了全新的 AI 全球伙伴关系(Global Partnership on AI,GPAI),经合组织作为主办方,设立 GPAI 秘书处,GPAI 的目的是确保负责任地使用人工智能,尊重人权和民主价值。③

---

① Japan as 2016 G7 Presidency:"Follow up Report of the Charter and the Joint Declaration from the 2016 G7 ICT Ministers' Meeting," Feb. 2017, p. 9.

② OECD Legal Instruments:"Recommendation of the Council on Artificial Intelligence," May. 2019, available at https://legalinstruments. oecd. org/en/instruments/OECD-LEGAL-0449#mainText,last visited:30 Nov. 2020.

③ OECD:"OECD to host Secretariat of new Global Partnership on Artificial Intelligence," June 2020, available at http://www. oecd. org/going-digital/ai/oecd-to-host-secretariat-of-new-global-partnership-on-artificial-intelligence. htm,last visited:30 Nov. 2020.

（1）人工智能及其影响评估

在人工智能及其影响的评估方面，OECD 通过利用其在政策分析方面的能力以及与利益相关方之间的对话与参与，帮助各国政府识别最佳实践和构建能力。OECD 的政策分析主要关注以下几个方面的问题：①创新生态和监管框架如何促进人工智能的发展；②如何利用人工智能提供的机会来服务于更好的生活；③包括中小企业在内的企业如何实现人工智能时代的转型；④如何确保人工智能不会加剧不平等；⑤人工智能如何提高竞争力、促进创新和可持续增长；⑥政府和企业如何利用人工智能为公民提供更好的服务；⑦公民、教育工作者和企业如何为未来的工作做好准备，同时尽量减少转型的负面影响；⑧如何在人工智能的适用中减轻偏差，以确保它为所有人提供服务；⑨如何使人工智能系统变得安全（secure and safe）、透明（transparent）和负责（accountable）。

在人工智能的政策方面，2017 年 10 月 26 日－27 日，OECD 在巴黎召开主题为"人工智能：智能机器、明智政策"（AI：Intelligent machines, smart policies）的会议。该会议由日本总务省赞助，邀请政策制定者、民间主体、产业和学术界专家共同探讨人工智能带来的机会和挑战、政策和国际合作的作用。会议第五分论坛"人工智能政策全景"的目标在于，通过各成员国的介绍和讨论，识别人工智能政策路径的共性和差异，并考察现有政策是否足以应对人工智能所带来的挑战。会议讨论对未来的人工智能政策方向达成了一定的共识，即保障"以人为本"、最大化收益和最小化风险的政策，承认和尊重各国在文化、法律制度、大小等方面的差异等，并认为应当在利益相关方之间进行合作以制定人工智能指南。关于制定人工智能的一般原则以指导其研发和应用，参会者们对现有的若干原则方案进行了讨论，如 IEEE 所采纳的合伦理的设计原则（Ethically Aligned Design Principles）、FLI（Future of Life Institute）的阿西莫夫原则（Asilomar Principles）、日本总务省提出的人工智能开发指南等。这些讨论也提示了 OECD 根据现有的原则和知识来识别公共政策与国际合作的核心原则的机会,OECD 调查、评估和高效组织各利益相关方的能力使得其作为国际指南制定论坛具有很强优势。这些原则将会反映社会对隐私、安全(security and safety)、自治和自决方面的需求,澄清人工智能的高层次目标并指引人工智能的开发和应用,为人工智能成功转型所需的核心因素提供规范性的表述。但与会者们同时强调,这些原则和规则应具有足够的灵活性,避免对创新造成阻碍,并强调所有利益相关方的参与。①

(2)人工智能社会专家小组

基于"人工智能:智能机器、明智政策"会议的讨论,OECD 于 2018 年 5 月决定成立人工智能社会专家小组(Expert Group on AI in Society),以制定能够促进对人工智能的信任和采用的人工智能原则,并在其成果基础上于 2019 年向 OECD 理事会提交建议。该小组由经合组织成员国的智囊团,企业、民间社会和劳工协会以及其他国际组织的专家组成。该小组于 9 月 24—25 日期间在 OECD 巴黎总部召开了第一次会议,并将在 2019 年 1 月在剑桥麻省理工学院举行研讨会,会议将对多个现有的原则或指南进行评估和讨论,之后,OECD 将根据小组的调查结果为理事会起草建议书。

(3)OECD 人工智能政策观察站

OECD 于 2019 年启动 OECD 人工智能政策观察站(the OECD AI Policy Observatory)②,联合 OECD 各委员会和外部参与者的力量,提供关于如何确保人工智能的使用产生有益效果的公共政策见解。观察站将与 OECD 各委员会合作,利用 OECD 多学科和跨领域的专业知识,成为资料收集和进行辩论的中心,并为各国政府提供有关如何确保人工智能的有益使用的指导。在这方面的工作将作为 OECD 跨越更多政策领域的"走向数字经济项目"(Going Digital

---

① OECD (2018):" AI: Intelligent machines, smart policies: Conference summary," OECD Digital Economy Papers, No. 270, OECD Publishing, Paris, https://doi. org/10. 1787/f1a650d9-en.

② OECD AI Policy Observatory, https://oecd. ai/, last visited: 30 Nov. 2020.

Project)的一部分。人工智能的快速研发和应用缩短了从人工智能的研发到其产生经济和社会影响的时间。未来人工智能将会带来转变的速度和规模都具有不确定性,并且将会产生复杂的法律、伦理、文化和技术层面的问题。这些因素都强调在政府、产业、政策和技术专家、公众之间建立良好的和实时的对话参与机制的必要性。因此,观察站还将促进各种利益相关方集团的参与。

(4)《人工智能建议书》

2019 年 5 月 22 日,OECD 理事会通过了《人工智能建议书》(以下简称《建议书》),《建议书》成为 OECD 生效的法律文件,OECD 成员国需要遵守。《建议书》确立了 AI 的五项原则,并向政策制定者提出五项建议。五项原则为:包容性增长、可持续发展、社会福利;以人为本的价值观和公平;透明度和可解释性;稳健性和安全性;可归责性。五项建议为:投资于人工智能研究和开发;培育人工智能的数字生态系统;为人工智能营造有利的政策环境;建设人力资源能力,为劳动力市场转型做好准备;加强国际合作。[1]《建议书》被 OECD 评价为第一个可信赖 AI 的国际标准。

(5)GPAI

GPAI 于 2020 年 6 月 15 日在 OECD 的主导下创办,创始成员包括澳大利亚、加拿大、欧盟、法国、德国、印度、意大利、日本、韩国、墨西哥、新西兰、新加坡、斯洛文尼亚、英国和美国。GPAI 将由四个工作组组成,包括负责任的 AI、数据治理、未来的劳动市场、创新和商业化。

2.七国集团

如上文所述,于 2016 年 4 月在日本召开的 G7 ICT 部长会议上,各国同意以 G7 成员国为核心并与 OECD 等国际组织合作,就人工智能给社会和经济带来的影响评估和人工智能开发原则的制定

---

[1]　OECD Legal Instruments："Recommendation of the Council on Artificial Intelligence," May. 2019, https://legalinstruments. oecd. org/en/instruments/OECD－LEGAL－0449#main-Text,last visited：30 Nov. 2020.

等方面展开国际对话与合作。

2017 年 9 月 25—26 日期间,在意大利担任主席国的 G7 产业和 ICT 部长会议上,各成员国达成了一份部长宣言,还包括一份附件:《与利益相关方关于以人为本的人工智能的意见交换》(G7 Multi-stakeholder Exchange on Human Centric AI for our Societies)。[①] 该附件首先承认,推进人工智能技术不仅是克服技术挑战的问题,也是了解这些技术对社会和经济的更广泛的潜在影响,以及确保我们通过以符合人类为中心的方法推进这些技术以符合我们的法律、政策和价值观的问题。在这方面,该附件也承认以下事项的重要性:(1)了解政策制定者、产业界和民间社会对人工智能相关的经济、伦理、文化和法律问题进行的研究和理解;(2)注意多利益相关方之间关于经济增长、创造就业机会、生产力、创新、可问责性、透明度、隐私、网络安全、安全等问题的讨论;(3)探索多利益相关方对政策和监管问题的方法、提出的技术和社会考虑;(4)更好地了解人工智能的潜力,从而可以在整个社会中充分和公平地实现其潜力,以及当前和未来的劳动力如何获得与人工智能技术相关的必要技能。在上述几个方面,附件提出,我们将发挥我们的作用,确保与相关利益攸关方进行公开、更新、知情和参与的对话,提高人们对人工智能采取人性化方法的意识,并将努力引导对社会有益的人工智能。

2018 年 3 月,在加拿大召开的 G7 创新部长会议所关注的主题是转换性技术对经济和社会的影响,以及政策制定者如何提高企业的竞争力、刺激创新并消除劳动参与者的障碍,使得所有社会成员都能够享受转换性技术带来的收益。创新部长们的讨论集中于机器人、人工智能、大数据分析、区块链和清洁技术(clean technologies)领域的最新进展及其显著改善人们生活水平的潜力。会议重申了其支持创新和与私人部门合作并保障所有人共享利益

---

① G7 2017 Italia:"G7 MULTISTAKEHOLDER EXCHANGE ONHUMAN CENTRIC AI FOR OUR SOCIETIES",26 September 2017, last visited: 30 Nov. 2020.

的承诺,并进一步承认适当和明智的商业政策及高效的监管环境的重要性。创新部长们也强调了以人为本的人工智能的愿景,这将为 G7 成员国的包容性的和可持续的增长带来积极的影响,以及政府政策在刺激创新方面的重要性。各国达成协议,"促进各利益相关方在人工智能方面展开对话与合作,为七国集团政府未来的政策讨论提供信息,并由 OECD 承担各利益相关方召集人的角色"①。

---

① G7 Innovation Ministers' Statement on Artificial Intelligence, Chairs' Summary: G7 Ministerial Meeting on Preparing for Jobs of the Future, https://g7. gc. ca/en/g7-presidency/themes/preparing-jobs-future/g7-ministerial-meeting/chairs-summary/, last visited: 7 Sep. 2018.

第三篇

人工智能治理的基础分析

及基本路径探索

RESEARCH ON

ARTIFICAL INTELLIGENCE GOVERNANCE

# 第九章　人工智能的社会属性、效应及其问题分析

随着技术成果的产业化和逐步应用,人工智能开始深入人类社会,成为新的生产生活方式和内容。人工智能正在并将更加深远地对当下和未来的社会行为、社会关系、相关的社会规则制度以及社会治理方式产生显著的影响和改变。时下,人工智能技术的应用一方面促进了相关应用领域事业的发展进步,另一方面也明显呈现出其所带来的不安全和风险因素。因此,如何扬长避短,让人类在充分安全的条件下享用人工智能所带来的重大利好,已经成为社会治理的突出问题和重要任务。本章以人工智能技术研发、产业发展以及社会应用的现实状况为基础,以人工智能的法律治理为切入点和着眼点,在前文对人工智能技术构成、应用和产业发展状况进行介绍的基础上,整理认识时下人工智能技术的社会属性,梳理总结人工智能应用在社会法律治理领域中产生的基本问题。

## 第一节　人工智能技术的社会属性和社会效应

### 一、社会属性

从技术的社会效应上反观,时下应用中的人工智能技术主要由数据、算法、算力、互联网等几个主要技术关联构成一个整体。数据、算法、算力和互联网是数学、计算机学、信息学等科学技术成果,而在社会治理上,需要面对的是它们的应用所产生的社会效应和社会问题。效应和问题来自于技术成果的社会属性,无论在局部

的构成元素还是在整体上，人工智能都具有自身的社会属性。

社会治理的对象和目标是一定时空中的人的行为和关系。从人的社会行为、社会关系、社会空间、时间与信息的关系来看，社会行为是人通过信息实现的互动。在行为与信息的关系上，信息是人的行为依据和基础，而人的行为也创造生成了信息。这种行为的互动实现、运行构成人与人之间的社会关系，而整个人类社会空间的核心社会生活内容便是这种人和信息互动形成的社会行为和社会关系。人工智能的社会属性来自于人工智能的构成元素和整体运行对于社会行为和社会关系发生作用的事实。这种作用是通过这种技术要素、技术机制对于行为和关系的信息基础产生作用与改变而实现的。

从人工智能的局部构成要素来看，数据的社会属性就是人类社会行为以及作为行为基础或者依据的信息的表现形式和载体的数据化。据此，对社会行为的机器计算便成为可能和现实。因此，在这种意义上说，数据不再是简单的数字代码，而是人类的行为和行为依据的来源和发生地。

算法的社会属性就是人类社会关系的算法化。社会行为关系的算法化是计算机和智能科学发展的当然结果。如前所述，在计算科学领域，各种事物、行为和相关信息可以成为数据，而事物以及人的行为之间关系的确定便是计算科学所要解决的问题，解决这些问题的指令便是算法。当然，社会行为和相关信息的数据化后，其所期待的价值目标以及目标得以实现的条件就是要使这些代表着行为和信息的数据能够通过计算科学技术进行计算，从而对这些数据的多重关系进行确定，而确定这种关系的规则、方式等指令就是算法。在信息和智能科学领域，在事物和行为的价值标准、规则、内容、模式、关系等数据化后，算法的深入研发应用已经在深入广泛地确定、建构和运行着当下的人类社会关系。在此种意义上，算法就是人类社会行为关系①。

互联网技术的社会属性是社会空间的互联网化和虚拟化。一是指"万物"互联，即在互联网技术下，通过计算电脑、网络和相关物联设备，世间各种事物可以在一个信息计算、传播、分享和互动平台上更加紧密关联起来；二是世间万物，从无生命的物体到有生命的动物、从事件到行为都可以数据的形式存在计算电脑和互联网空间中，万物都可以在这个空间中找到对应数据形式，因此，这个空间不是一个真实世界，而是一个真实世界的虚拟化形式；三是在算法的运行下，对于现实世界万物的行为和关系都可以用算法进行一定程度上的描述、表达和指令，都可以在这个互联网空间中进行计算式模拟，并可以在此基础上运行和操控现实的真实事物、行为和关系。在社会属性上，互联网就是已经形成并主导真实世界的新的人类社会空间和人类社会运行模式。

根据以上的分析总结，从整体上来看，在技术层面，时下的人工智能是由具有强大算力的互联网、数据和算法等几个关键技术有机结合所构成的技术机制；而在社会属性层面，现实空间的虚拟化、万物以及相关行为和信息的数据化以及行为关系的算法化在整体上的关联、运行形成了一个完全不同于以往的社会运行机制。在这个机制中，人类行为、事物包括机器在以一种全新的方式关联运行，产生了大量的、全新的社会效应。由此，人工智能一方面极大地促进了既有社会行为能力，强化了社会关联程度，丰富了社会关联关系；另一方面相对于以往，人工智能应用下的知识信息的生产和运行、信息与行为的关系、行为决策机制、社会行为模式、社会关系结构、社会运行规则等多方面正在发生深刻的改变，即人工智能为人类社会建立一个不同于以往的人类社会行为和关系模式。在这种意义上，对于人类而言，人工智能就是一个全新的人类社会运行机制，由此形成了一个全新形式的人类社会。

---

① 参见於兴中：《算法社会与人的秉性》，载《中国法律评论》2018 年第 2 期。

## 二、人工智能的社会效应

人工智能技术的社会应用在使其具有了社会属性的同时,相应地也产生了丰富的社会效应。人工智能的社会效应是指人工智能技术在应用中对社会行为的运行条件、行为模式、行为内容以及对社会关系造成的改变。社会效应以技术效应为基础,但又不同于技术效应。技术效应是指在实验阶段解决了一定问题,社会效应是指解决问题的技术在社会应用领域中所产生的社会变化和社会价值。这些社会变化和价值有的是直接生成的,有的则是间接衍生的。从微观目的上讲,在具体的行业应用领域,社会效应是人工智能技术研发、使用的目标和原动力;从宏观社会结果上看,社会效应是应用后的人工智能技术对整体社会行为和社会关系带来的改变。概括来说,当下的人工智能技术的应用产生了如下显著、多重的社会效应。

### 1. 社会效应的具体体现

就效应的具体呈现而言,在信息、行为以及社会关系的整体结构关系维度上,以数据、算法、算力和互联网为重要的技术构成,人工智能社会运行机制也产生了不同于以往的信息、知识、行为以及社会关系的新模式和相关的社会效应。

(1)开放性的社会交往行为模式形成了公开、广泛关联的社会关系,即时性的信息传播、交流和互动的行为模式极大地提高了社会行为的效益。互联网是以分组交换方式连接而成的信息网络,因此,它不存在范围上的封闭界限,是一种开放的社会交往空间,因此,信息分享、知识生产和提供,行为互动等社会行为和关系在互联网上打破了传统时空行为上的时间和地域的限制,从而具有广泛公开、开放、普惠的联系性。人们通过互联网能够以极高的速度进行信息交流活动,时间延迟不再是信息交流要考虑的因素,社会行为的空间因素和条件也发生了极大的变化,由此产生的相关问题和考量得到了极大的改变。

生活方式多样化、便捷化。人们的日常生活方式会发生革命性变化,包括人们的消费模式和结构。网络平台出现虚拟商店,利用淘宝、京东、亚马逊等购物平台,采用多种网购形式进行交易。支付便捷、物流快速,节约了大量购物成本。在休闲娱乐方式上,可以在线观看电影、电视或听音乐,通过微信、QQ、微博等交流工具进行网络聊天或网络交友;通过网络订购产品等,如网上订票、订餐等;通过电子银行转账、存款和消费。

随着移动互联网的普及和信息资源的深度挖掘,更加开放、高效、便利、自由的生活呈现在人们面前。其打破了种种地域乃至国家的限制,把整个世界空前地联系在一起,推动了全球化的迅速发展。

(2)交互性的信息分享、交流行为和关系模式使多向主体行为的即时广泛的社会参与成为现实,增强了社会主体参与社会活动能力和可能性。互联网的多媒体、超文本技术使人们的信息交流方式由传统的线性交流,转变为联想式的多向交流,使用户同时成为网络信息资源的消费者和生产者。

信息渠道多样化。移动互联网时代的到来,使人们获取知识和信息的方式发生了巨大变化。信息平台以物联网、云计算技术为基础,向以用户需求为导向的资源获取上发生转变,从"口耳相传"转变为"你说我听""你演我看"以及"转载、搜索与定制"。信息间"互联互通、透彻感知、深度整合",呈现了多元化、个性化的智慧服务。

新闻业、媒体业也在信息化的浪潮中受到了巨大的冲击,移动端海量的信息使得新闻的真实性和成熟度受到了多方面的考验。这给传统新闻行业的品牌忠诚度、新闻时效性、内容互动性和大众体验度提出了新的挑战。"抖音""今日头条"、各大公众号自媒体脱颖而出,短视频带来了新的使用浪潮。

(3)互联网的应用产生信息爆炸效应,汇聚了海量数据和信息,形成了行为和关系得以建立的丰富充分的依据,提升了决策的精准性和目标实现效果。随着网络技术的广泛应用,人们不但可以通过连接在网络上的家用电脑随时使用世界各地的丰富信息资源,还可以积极地参与网络信息资源的生产。而且,电脑多媒体技术创造出的"虚拟现实"环境,以其形象逼真的效果反映客观真实世界,使网络传播的内容更具社会渗透力。以国际互联网为代表的网络技术的出现,不仅拓宽了人们认识世界的视野,增加了人们了解世界的机会,而且对人的社会化方向、内容产生了深远影响。

(4)无中介性的、去中心化的、多向化的、平面化的、非层级性的信息生产、分享、交流的行为和关系模式使信息、行为和相关关系状况具有了透明性和真实可靠性。互联网没有中间管理层次,它呈现出的是一种非中心的、离散式的信息生产、传播、交流和分享的管理结构(以前是中心化的、分工的、分割的、垄断的)。这种社会关联、管理结构为社会行为关系结构和社会治理结构带来了前所未有的影响及改变,促进政治统治、经济体制、商业垄断以及社会控制等多种模式的改变。

去中心化,更多地形成了以网络为基础链接的个人与个人之间、个人与物之间的关系,传统的个人与群体的紧密依赖性模式关系在网络上并不存在,网络上存在的个人与群体的关系体现为个人与特定的网络空间的人群或者"朋友圈"的关系。在当下,这种虚拟空间中的群体关系是现实的群体关系和行为的辅助工具和手段,在未来,随着技术的更加进步,这种传统的现实群体关系存在的程度和空间可能会非常有限。

经济结构服务化、扁平化。信息技术日益发展,颠覆了传统思维模式,服务性行业逐步成为社会经济形势的主导。市场组织形式逐渐用扁平化管理代替传统的"等级式"垂直性管理,用"去中心化"趋势代替"中心化",用互动式管理代替命令式管理。信息的公开和流动性使民众意见的获取和统计借助大数据平台得到高效运转,民主决策有据可依。网络经济迅猛发展,"机遇优先""首发"效应、"网络增值""路径依赖""锁定效应",使信息产品拥有绝对的市场份额,专业和技术阶层逐渐成为职业主体。知识创新成为社会发展的主要动力,引领社会未来的发展趋势。

(5)虚拟空间中决策智能化和现实空间行为的自动化、无人化。信息技术的广泛应用改变了人们的社会生活环境,也改变了人的生活方式、行为方式和社会互动关系。信息科技的飞速发展,带来了"4A"革命,即工厂自动化(FA)、办公室自动化(OA)、实验室自动化(LA)和家庭自动化(HA),给人类生活带来巨大的变革。

在信息社会中,劳动是人类谋求生存和发展的主要手段,是人类社会生活的最基本的内容。几千年来,人类劳动方式经历了从手工劳动到机械劳动的变革。在信息社会里,劳动生产自动化使劳动过程从自动化控制、自动化生产向智能化方向发展,向机器操作、电脑操控的全自动流程转变。这种自动化的劳动是建立在信息化技术基础之上的,正是以电子计算机技术为核心的信息技术的发展,才带来了自动化技术的发展,才使人类生产劳动过程实现了自动化控制和自动化生产。

引用先进的信息技术管理平台,实现无纸化办公;改进已有的工业控制系统实现远程监控和无人值守功能;推进智能化管理,程序化、标准化的高危生产工序,使用机器人代替人工操作高危生产工序,降低人员工作强度和生产成本,提高企业效益。

自动化、无人化的模式会使社会行为的行动能力无论在价值实现效益还是在价值实现效果上都得到空前改变和强化①,这一方面无疑会直接给人类带来巨大利益和福祉,另一方面使传统工具、手段意义上的或者从事纯粹体力劳动的人将会从社会劳动空间渐渐隐退,人更多的是目的意义上的人,更多的是从事创造思想的脑力劳动,人类社会在发展水平较低阶段因为行为能力低下所形成的社会分工而带来的价值异化、价值偏离将得到即使不是彻底也会是极大程度上的消解。在此基础上,人类社会中客观事物价值的实现方

---

① 参见〔美〕克莱·舍基:《人人时代:无组织的组织力量》,胡泳、沈满琳译,浙江人民出版社2015年版,第3—19页。

式、人与事物之间的关系以及人与人之间的社会行为关系会有很大的变化。比如，随着智慧决策和无人自动化的高度实现，由于在人和物、人和人之间存在了智能机器人，人类社会分工模式与传统的不同，导致人类社会主体为追求事物价值的交换行为关系将在程度和实质上与以往会有很大的不同。

2. 人工智能社会效应的两面性

人工智能的社会效应促进了国家治理、经济体制、商业运行以及社会控制等多种社会活动模式的改变，无论是在微观社会行业发展领域还是在宏观社会进步效应上，这些技术的特点和优势在相关社会领域所带来的利好都是巨大的。但是，与以往人类社会出现的新技术大同小异，作为一种解决问题的方法和手段，人工智能无疑也是一把"双刃剑"。因此，应用中的人工智能在社会价值效应上便具有双重属性，简单直白地说，人工智能既可以为善，也可以为恶。

信息技术是人类技术进步的产物，它在提高人们参与各类活动的质量和带来巨大社会收益的同时，也蕴藏着巨大伦理风险，甚至可能威胁到整个人类社会的健康与生存。例如，人工智能可使人类从一般的智能活动中摆脱出来，集中精力创新发现发明，然而同人类一样聪明甚至超越人类的人工智能系统，一旦失去控制，可能对人类在地球的存在带来威胁。

人工智能技术的开放性、即时性、交互性以及海量信息数据的分享和传播的确是带来了社会行为的公开、直接、透明、高效、精准，促进了社会主体的社会能动性，塑造了主体独立性和创造力，增强了整个社会生产生活的参与性；自动化的智能决策机制不仅增强了行为的决策能力和效率，而且凸显了非人为的技术上的客观公正性，人类社会因社会分工而带来的价值异化、价值偏离将得到即使不是彻底也会是极大程度上的消解①，一定程度上避免了人为的价

① 参见冯象：《全世界机器人联合起来——新"创世纪"书》2017年12月，载文化纵横微信公众号（https://mp.weixin.qq.com/s?__biz=MzA5MjM2NDcwMg==&mid=2664296193&idx=1&sn=051357c96d9a718c8df518977a4fa15f）。

值异化可能;而行为的无人化的机器人操作不仅解决了有限领域的人力不足和成本问题,更是解决了自然人力的弱势、不足以及自然人能力无法企及的宏观、微观物理空间中的操作能力问题。

　　总之,这些技术特点无论是在社会微观行业发展领域还是在宏观社会进步效应上,在政治、经济、文化、科学研究、社会治理、军事等领域所带来的利好都是巨大的。当然,一方面,人工智能作为人类社会的科技进步成果,能够给人类的生产生活带来便利和效能,增强人类的生产力,改善人类的生活质量;另一方面,在一定程度上,面对新的社会行业领域的技术需要,这种技术若应用不得当,将会破坏原有的行为模式和关系架构,侵害既有的社会权益,带来既有社会秩序上的混乱,带来常态化的社会治理问题。比如,这些技术特性也同时造成了个人信息、个人隐私等权利遭受侵犯,无政府的失序状态、社会风险增加,犯罪能力增强等状况。当然,如果人工智能技术研发和应用行为带有恶的动机和目的,同样在以上所有领域,相比以往任何技术发明,人工智能将会带来更加严重的人类社会安全问题,将会更加严重地危害人类利益。比如,从人类的主体立场上看,如果智能自动化造成的无人化不只是使人类从体力劳动中解放而是彻底替代或者等同于人类,或者说不仅从工具意义上,而且也会从目的上排除掉人的存在。那么,或者在程度上,或者在根本上,这可能不只是破坏人类社会自身的既有权益秩序和人类社会自身的安全风险问题,更为严重的是未来社会是否仍然是以人为社会主体的而不是以机器为主体的问题。林林总总,对于这些现象和问题将在后面的总结分析中进行梳理,而它们愈发凸显出人工智能的社会治理的重要性和紧迫性。

## 第二节 人工智能法律治理视角下的问题

### 一、主要构成技术的应用场景相关社会问题小结

#### (一)信息数据化技术应用场景及相关问题

当前,"人工智能+"的模式正在所有的行业领域中进行推广和复制,如公共管理和服务的电子政务和智慧司法,社会管理和城市运行、商业贸易领域的各种电子商务和智能商业服务、工农生产领域的工业 4.0 和智慧农业、教育领域的智能学校和智慧学堂,个人生活领域中的智能家居、无人驾驶,军事安全领域的无人机等各种智能武器和智能攻防等。人工智能技术在这些领域中的应用基础和前提性工作就是作为各种行为基础和依据的信息数据化,即各种主体、目标事物和相关行为关系模式的数据化。人工智能技术应用中的数据化不是为了封存,而是将信息和行为转化为数据进行高效高质的智能化应用进而创造价值,而由于数据的应用是以上各种领域业务,如有效公共管理和司法、商业价值获取、生产效率提高、个人生活优化、军事战斗力提高的重要前提基础,由此,数据便拥有了各种相关的重要价值。

在信息、行为和社会关系的维度上,数据作为一种新的事物,其价值的客观存在当下产生了本身的诸多问题。数据是什么,是财富、资源、资产、生产要素,还是其他? 首先是数据的价值属性的界定,其次是数据这种价值的实现方式,即数据应当如何生产、收集、储存、利用、保管、拥有、转移、流通和使用。由于大数据多数属于非结构化原始数据,如果通过既有的著作权法将其一概认定为"作品"显得有些牵强。如果说数据是一种财产,这种财产相关权利的内容构成应当如何设计和界定,数据提供方、使用方、控制方以及数据主

体应该如何进行确认,他们之间的权利义务关系如何界定,权利实现的行为和社会关系模式应当怎样安排等,如此才能实现数据自身的价值定位和人工智能正当的技术价值。信息技术与网络通信的发展为获取、加工、传播信息提供了极大的便利,也为盗版、剽窃、抄袭等不法行为提供了方便,这种极端化的行为挫伤了信息生产者的积极性。

当前,在数据生成和运行过程中,离日常生活较近的大小数据平台,包括社会公共领域管理服务平台、商业领域企业平台已经产生许多显性的滥用、买卖、泄露、传播社会主体的数据信息现象,人们较多谈及的是个人敏感信息和隐私保护问题。比如,社交媒体的图片标签或者自动标记功能可能引发关于用户隐私的争议,Facebook 的图片标记功能利用人脸识别技术就图片中的人像向用户进行"标签推荐",这被认为是在未获用户明确同意的情况下收集用户的"脸纹"等生物识别信息,违反了美国伊利诺伊州的《生物识别信息隐私法》。实践上,对于相关问题已经开始通过技术手段,如通过设计保护隐私(privacy by design)、默认保护隐私(privacy by default)、知情同意、加密等概念的标准来保护隐私。在法律和政策上,比如欧盟《一般数据保护条例》(GDPR),也在维护传统权利观念和信息安全的同时增设了关于数据的主体的删除权(被遗忘权)、可携带权、免受自动化决策权(数据画像)、访问权等新型权利。

实际上,作为新兴技术之一的信息技术仍具有高度的不确定性,不良后果难以预测,影响后果的因素复杂,相互依赖性太强而不能把握。这种不确定性使得事后干预措施的可控性非常渺小,加之信息数据已不仅是一种计算资源,而是变成一种社会商品,具有商业价值。个人数据资产具备人格利益和财产利益的双重属性,其安全问题,尤其是应用平台对大量用户信息的滥用和商业化的加工已带来了不同程度的社会信任危机。巨大的经济利润会诱使商家和滥用权力者通过信息干预人的自主权和侵犯人的隐私权。网络安全依旧是信息伦理的重要话题。网络的恶意攻击,网络犯罪,网络恐怖主义活动对社会、企业商业秘密和个人敏感信息的攻击,给社会安全带来极大的隐患。伴随全面深入的数据信息化、数据公开和非正当化的数据运用,数据运用也带来了政治、公共管理、经济、商业、教育、科技、文化、军事、信息传播、国家安全等多领域的网络安全隐患、现实风险和其他诸多发展上的问题和挑战。比如,由于数据资源日益成为重要生产要素和社会财富,商业巨头之间的数据之战不断上演;政治选举、军事发展和国家安全保护方面,数据的获取和应用已经产生了诸多现实效应,数据竞争已经成了秘而不宣的事实。

(二)社会关系算法化场景及相关问题

与行为信息的数据化紧密关联,社会关系的算法化也在人工智能技术应用过程中形成了突出的场景和相关问题。算法是数据的"灵魂",数据所及领域同时定会是算法运行的空间和场景。从社会行为和关系的内容生产到内容推荐,算法在社会公共管理和服务、企业生产、商业运行、金融理财、新闻传播等多个领域蓬勃发展并担当重要角色。同样的问题是在法律和社会治理意义上,算法是什么,是作品、商业秘密、专利还是其他? 算法价值属性应当如何界定? 围绕算法的研发设计、使用等相关的行为价值基础、标准、内容和权利义务关系等应如何确定?

除了与数据适用相关联,算法因此同样会导致泄露或者滥用个人信息,侵犯个人隐私以及带来诸多领域的安全风险问题以外,以既有社会价值标准来衡量,人工智能软件对于我们人类作出涉及未来的决策能够起很大的积极作用,但是,人工智能根据大数据利用算法作出的决策是否是准确的、可以被采纳的? 机器算法的设计是否符合伦理要求? 程序工程师的伦理规范是否成了其设计的智能产品的伦理标准? 时下的算法产生了社会歧视、偏见、"暗箱"操作、商业垄断和不正当竞争等场景和相关问题①。人工智能的"歧视"与"偏见"已经成为社会广泛讨论的话题。由于算法是人类开发的用

---

① 参见马长山:《智能互联网时代的法律变革》,载《法学研究》2018 年第 4 期。

于描述设定事物和行为关系的指令,算法模型的设计和应用数据的选择都包含编程人员的主观上的判断和支配因素,智能算法本质上是"以数学形式或计算机代码表达的意见"。算法并非完全客观的,其中可能暗藏歧视。智能算法的设计目的、数据运用、结果表征等都是开发者、设计者的主观价值选择,他们可能会把自己持有的偏见嵌入智能算法之中。因此,无论是人的利益驱动的需要,还是设计者自身价值观念的偏见和歧视,都可能会导致算法指令具有歧视和偏见的可能性。

正如凯文·凯利在其作品《失控》中所指出的,"人们在把自然逻辑输入机器的同时,也将技术逻辑带到了生命之中,机器人、计算机程序等人工制造物也越来越具有生命属性"。作为大数据处理的计算程序、人类思维的一种物化形式和人脑外延的智能算法,也正"失控性"地呈现出其劣根性——歧视。而智能算法又可能会把这种歧视倾向进一步放大或者固化,从而造成"自我实现的歧视性反馈循环"。正如奥威尔在其小说《1984》中所指出的,"谁掌握过去,谁就掌握未来;谁掌握现在,谁就掌握过去"。智能算法决策本质上就是用过去预测未来,而过去的歧视和偏见可能会在智能算法中固化并在未来得以强化。

"算法歧视"状态的普遍存在给人工智能的市场应用带来不合理性和不正当性因素,"算法歧视"主要表现为偏见代理的算法歧视、特征选择的算法歧视和大数据杀熟三种基本形态。算法歧视中对客观敏感数据进行的处理导致了结果的偏颇,不一定具有主观歧视意图;特征选择歧视算法是用"偏见进、偏见出"的方式,即使用了错误数据导致了错误结果;杀熟是价格歧视和特定推送歧视的表现,是智能软件有针对性、隐蔽性的算法歧视。

在人工智能的实际社会应用中,算法偏见和算法歧视的发生要求算法必须透明化、质量标准化而不能"暗箱"操作,智能算法本身的透明性问题也广受关注。人们批评和质疑人工智能自主决策系统的主要原因是它仅仅凭借数字输入和输出,而不能够提供作出这一决策所必需的理由和材料。与传统的决策系统不同,对于基于智能算法基础上的人工智能决策,普通人根本无法理解其复杂的算法机制原理和框架模型,这种决策是基于算法"暗箱"而作出的,不透明性问题便由此而生。这种不透明性使得人们很难了解算法的内在机理。因此,在需要质疑自主决策系统的结果时,如何解释智能算法就成了难题。

在社会治理意义上,算法"暗箱"操作主要是指算法的设计和工作流程不能被利益相关者知晓,操作的结果形成过程不明了,无法有效实现信息和行为之间的良性活动和价值认同,无法满足利益相关者的预期和利益期待,带来社会行为、社会关系和社会秩序上的不确定性的状况。比如,时下的智能投顾,通俗地说就是"机器人理财",最早出现在美国,是用数据算法优化理财配置的智能产品。2018年4月27日,中国人民银行、银保监会、证监会、外汇局联合发布《关于规范金融机构资产管理业务的指导意见》(以下简称资管新规),要求金融机构运用人工智能技术、采用机器人投资顾问开展资产管理业务应当经金融监督管理部门许可,取得相应的投资顾问资质,充分披露信息,报备智能投顾模型的主要参数以及资产配置的主要逻辑。[①]

人工智能技术在社会政治活动、政府机关组织运行以及司法业务开展等社会公共管理和服务等工作应用中,算法黑箱问题显然是不能容忍的,其影响决策的正当性和有效性。代议机关民主表决、政府行政管理执法、司法机关进行审判等公共治理活动要求各种信息行为必须要透明、可预知、可交流、互动参与,否则,其中一个方面剥夺了根本的公共活动的知情权,其他方面也无法实现活动本身的目标,违背了公开民主的基本原则和价值,成了技术带来的专制和霸权。公共治理和服务领域的人工智能算法必须要符合正当透明

---

①　参见郭雳:《智能投顾开展的制度去障与法律助推》,载《政法论坛》2019年第3期。

可知的基本原则。

另外,已经出现的人工智能算法共谋和算法协议定价开展垄断市场的不正当竞争而逃脱监管行为,或者形成新的行为模式,对现有制度上行为和关系的界定提出了挑战。人工智能技术能够通过智能数据处理和分析工具,或者与其他计算机进行共谋性交流,或者通过机器学习突然开始自动相互交流和协调并进而实施相同价格,帮助企业在产出、定价和其他商业决策上占据优势,进而维持或者取得市场优势,这对各国反垄断执法和立法都提出了明确的挑战①。

算法歧视的救济方式从阶段上可以分为预防性控制和矫正性责任规制。从预防的角度要做好对数据源头的把关,其中包括民主化的数据收集和筛选以及基于伦理的算法设计和把关。从矫正的角度是造成不利后果后追责方式的设计和选择。2014 年,美国白宫发布报告《大数据:抓住机遇,保护价值》,其中指出数据来源的特定性和算法设计者主观意图的影响会导致算法的结果出现偏见。当前,美国联邦政府及各州都把存在实质性歧视影响的算法纳入法律调整的范围,并对歧视性算法进行司法审查。

(三)微观社会应用领域的智能化等无人场景及相关问题

数据、算法和互联网技术最终的指向目标都是现实物理世界的智能化。智能化是数据、智能算法和互联网平台运行的结果,本身就是人工智能技术应用的场景体现,所涉社会行为关系的问题具有综合性,一方面是人的行为围绕智能技术的综合运用所形成的行为和关系问题;另一方面较为突出的是,在智能机器法律"主体"性质待定的状态下,人类应该如何对待智能化的机器行为的性质和结果,即如何界定机器的主体属性、行为属性、机器成果的属性和归

---

① 参见黄晋:《人工智能对反垄断法的挑战》,载中国社会科学网(www. cssn. cn/zx/zx bwyc/201810/t2018101046667411. htm),访问日期:2020 年 1 月 19 日。

属、机器的责任等多个方面的行为规则及制度①。

　　发展人工智能的首要动机在于提高生产力,实现人类自身的解放,使人类获得更大、更多的自由,而不是取代人类,使人类成为被驱使的对象。因此,安全可控应该是整个人类社会发展人工智能的基本准则。时下,智能化产品使用的社会监管和控制问题较为突出。智能化产品的安全和风险无疑是人类最为关切的问题②。人工智能技术作为解决金融、交通、城市建设、医疗等一系列迫切的社会问题的手段,当下也在安全监管等方面对立法和公共政策的制定提出了更高的要求。比如在特定领域,如自动驾驶、法律决策、医疗判断,又如,机器人法官、律师、医生在执行操作前是否需要取得驾照、律师资格、行医执照等行业相关部门的许可。

　　具体问题还包括对智能机器人或系统应当采取怎样的监管控制措施;是否实行安全风险系数分级;是否实施军民两用行业区分;是否实施准入门槛和政府审批措施;是否要确定市场准入许可制度;是否确定技术标准和管理标准。欧盟委员会发布的《人工智能道德准则(可信赖 AI 的伦理准则)》中主张通过非技术方法包括:监管(管理);行为准则;标准;认证;通过管理框架进行审计等方法实现可信赖的人工智能。另外,欧盟主张应在全球层面上推动用统一方法来界定人工智能发展的基本原则,主张宣布起草一份“人工智能宪章”,其中应包括限制向专制政权或可能侵犯人权的行为开发或售卖人工智能技术,禁止将人工智能技术用于部署自动化致命武器等原则。

　　随着无人机、自动驾驶、社会化机器人、致命性自律武器等应用的发展,涌现出大量人可能处于决策圈外的智能化自主认知、决策

---

　　① 参见〔美〕约翰·弗兰克·韦弗,郑志峰:《人工智能机器人的法律责任》,载《财经法学》2019 年第 1 期。

　　② 参见 Matthew U. Scherer 撰写:《监管人工智能系统:风险、挑战、能力和策略》,曹建峰、李金磊翻译,载腾讯研究院网(https://www.tisi.org/16213),访问日期:2021 年 11 月 19 日。

与执行系统,这迫使人们在实现强人工智能之前,就不得不考虑如
何让人工智能体自主地作出恰当的伦理以及法律等行为规范上的
抉择或者适用,将人工智能体同时构造为人工伦理、法律智能体,实
现智能系统"行为"伦理和法律的代码化①。

　　从技术人工物所扮演的伦理角色来看,包括一般的智能工具和
智能辅助环境在内的大多数人工智能物自身往往不需要作出价值
审度与道德决策,其所承担的只是操作性或简单的功能性的伦理角
色:由人操作和控制的数据画像等智能工具,具有反映主体价值与
伦理诉求的可操作性道德;高速公路上的智能交通管理系统所涉及
的决策一般不存在价值争议和伦理冲突,可以通过伦理设计植入简
单的功能性道德。反观自动驾驶等涉及复杂的价值伦理权衡的人
工智能应用,其所面对的挑战是:它们能否为人类所接受在很大程
度上取决于其能否从技术上嵌入复杂的功能性道德,将其构造为人
工伦理智能体。

　　让智能机器具有复杂的功能性道德,就是要构建一种可执行的
机器伦理和法律机制,使其能实时地自行作出伦理抉择。鉴于通用
人工智能或强人工智能在技术上并未实现,要在智能体中嵌入其可
执行的机器伦理和法律规范,只能诉诸目前的智能机器可以操作和
执行的技术方式,通过基于数据和逻辑的机器代码化实现价值的
融入。

　　(四)宏观社会空间中智能化场景及相关问题

　　智能化、自动化技术除了在具体单一应用领域形成微观上的场
景和直接问题之外,交叉综合的智能技术和产品应用也形成整个社
会空间中的社会智能化的宏观场景、效果以及间接性的社会问题。

　　其一,智能社会中,政府、企业平台和公众之间的权力和权利构
成、结构关系、问题正在生成。比较显著的现象是在新的商业模式

---

　　①　参见段伟文:《人工智能的道德代码与伦理嵌入》,载《光明日报》2017年9月4
日,第15版。

下,智能企业平台产生并承担了重要的社会公共治理和管理的功能,如法律、法规、规章所要求的平台实名认证、信息审查、监管义务、平台的自律管理权、审查管理权、制定平台规则、处罚平台违规行为、解决平台纠纷等"准立法""准执法""准司法"权力和功能;而对于公众来说,借助智能的政治、经济、文化、立法、司法、执法等社会公共管理和服务的技术平台与条件,可以在平面化、即时化、普惠化、直接共享而非介质化地参与到以上的公共事务中,这将促进整个社会的治理结构、运行模式、基本的社会制度和规则将发生实质性的变化①。

　　另外,智能互联网技术也会形成网络民粹主义和多数人的暴政,甚至还会破坏民主的价值实质。"跨国界的范围、无边界的规模、分散的控制、新型机构、集体行动能力的急剧变化",正在"转变通信与信息政策领域的国家控制与主权",也"改变了国家介入社会的方式和范围,促进着社会治理与国家治理模式的发展变革"②。

　　其二,权力不对称和不平等现象出现,造成新的社会发展不平衡、不稳定。由于信息和运用信息的技术能力掌握在较少数的人的手里,社会财富迅速集中在少数人手中,在财富、资源、机会、发展等多方面,权力和权利的不对称和不平等成为突出的问题。平台企业可以掌握用户大量的数据信息,统计、了解和掌握人的偏好和行为,其掌握的数量和效果远远超过用户对自己的了解,由此也形成了巨大的权利和权力上的不对称③。

　　其三,造成社会失业以及社会不稳定问题。智能应用导致重复性、非创造性职业和工作被机器大量取代,失业现象较为凸显,实施教育政策促进劳动者人工智能技术能力培养,加强社会保障系统完

---

① 参见马长山:《智能互联网时代的法律变革》,载《法学研究》2018年第4期。
② 李良荣:《警惕网络民粹主义"暴力"》,载人民论坛网(http://theory. rmlt. com. cn/2015/0109/367985. shtml),访问日期:2021年11月19日。
③ 参见郑戈:《在鼓励创新与保护人权之间——法律如何回应大数据技术革新的挑战》,载《探索与争鸣》2016年第7期。

善成为现实之需①。

其四,机器智能反向塑造人类社会,放大传播色情、暴力等负面文化精神产品,社会精神乏味和创造力不足现象出现②。虚拟、自动化、智能化知识生产和服务减少人的反思,造成人的过度的知识服务路径依赖而创新动力减少;知识服务过度反向支配人的需求,过分依赖智能造成的人类自主性丧失和部分能力削减现象出现。而且,VR/AR"技术与各类虚拟场景的结合,使得大量年轻人沉迷于网络游戏和虚拟世界当中,厌弃现实世界中的人际交往,是对传统社会伦理生活的意义和价值的否定。烦躁、抑郁等精神问题在青年人群中高发,甚至将网络虚拟场景与现实场景无法做有效的区分,引发实际的犯罪行为。

其五,信息化深入发展扩大社会交往,提出更高的伦理道德要求。传统的社会交往主要局限于相对狭小的熟人范围,人们之所以遵守伦理道德很大程度上是因为相对狭小的熟人圈子中无所不在的外在监督,还有一些人对伦理道德的信守主要局限于相对狭小的熟人圈子,对圈子之外的人则未必守信。现代社会交往日益突破传统的熟人交往范围,建基于强大信息技术的互联网进一步打破传统交往的时空限制,使之成为普遍性的社会交往。这就要求人们具备更高程度的道德自律、更高程度的宽容与尊重,从而促进形成以普遍的诚实、守信为价值基础的现代社会公德。

其六,智能化精准营销造成社会文化区隔。现实中,产业精准营销运用人工智能技术的确会显著提升效率和效果,但是会造成相似文化类型的人群扩大和群体间的区分,进而固化了已有分区和阶层分化,将事物或者人按照其文化品位、看法、追求、评判标准、价值观点等文化标准进行区分和隔离。每个分区不断强化自身的身份

————————

　　① 参见高奇琦:《就业失重和社会撕裂:西方人工智能发展的超人文化及其批判》,载《社会科学研究》2019年第2期。
　　② 参见苗阳、陈凌霄、鲍健强:《科学技术的社会价值及其反向塑造人类世界观研究》,载《自然辩证法通讯》2018年第10期。

认同,但是也会强化与外界的分化,强化偏见而不利于文化事业的传承发展①。

## 二、法律视角下的场景以及相关问题

法律是规则和秩序版的人类社会,以全视野对接人类社会生活全景象,法律作为社会行为规范和重要的社会治理方式,在宏观层面上,法律表现为社会治理系统工程的运行;在微观层面上,法律则表现为社会行为规则集合体。无论在立法、执法和司法等法律的运行方式上,还是在规范的内容确定上,人工智能的技术应用无疑都在不同程度地促进着法律的发展和变革,并全方位地促进整个社会中法律调整对象、调整方法的改变。人类既有法律系统上的宪法、刑法、民法、行政法、经济法、商法、程序法等所有部门法都在不同程度和数量上发生着法律关系上的演变。因此,人类社会的法律治理工作必须要与人工智能的技术发展和应用进行全方位的对接。

这种变化发生机制是什么呢?从社会行为规制的角度来看,这种影响的机制来自于人工智能技术应用对于法律关系要素的改变。具体来说,通说法律关系是由主体、客体和权利义务内容三个方面要素构成的,三个方面要素中任何一个要素的改变都会引起法律关系的产生、变更或者消灭。而在社会关系运行中,人工智能作为一个新生事物,正在通过相关行为和事件影响、改变社会法律关系的主体、客体和权利义务内容的分配,催生了新的法律规制和社会治理问题。总结当下已经发生的相关现象和事实,具体说来,人工智能技术应用在法律领域产生的相关变化可以描述为如下的一些情况②。

---

① 参见《AI 与文化的结合》,载电子发烧友网(http://www. elecfans. com/rengong-zhineng/593999. html),访问日期:2021 年 11 月 19 日。

② 参见杨延超:《机器人法:构建人类未来新秩序》,法律出版社 2019 年版,第 9—22 页。

（一）主体方面

当前，人工智能产品越发广泛地融于社会生产活动，使人工智能系统更为明晰地呈现为可以模拟和替代人类的理性行为，因可与人类相比拟乃至比肩的存在，故可视为"拟主体"，或者说智能体具有某种"拟主体性"。在法律关系主体方面，在主、客体关系维度上，人工智能技术应用所带来的突出问题为是否赋予智能机器人主体资格，而不仅仅是将其作为客体。比如，从现状来看，已有的智能机器人除了不具有人类的原创的思想和精神以外，在数据和算法运用基础上，已经形成了类似人类的意识和表达能力，可以像人一样与人进行一定的信息传递交互，在一定意义上也可以被看作是一种情感和思想上的互动交流。近几年来，由于大数据的生成和深度学习技术的发展，智能机器人在思维创造能力和情感交流方面都已经更加趋近于具有人的特征，比如对于机器人写诗、新闻稿件等创作作品的行为，人类可以不承认这是一种原创以及并不能接受这是人创作的作品，但是从法律角度上看，应当考虑机器人创作作品的主体确定和作品的权利归属问题。

进一步来说，在法律的发展历史上，既然完全可以在自然人以外赋予单位、公司等法律主体的地位，那么，从现实问题的解决上，赋予创作机器人主体资格地位也不是没有现实的意义和可能性。面对这种状况，除了对人类所谓"原创""创作""思想""精神""情感"等这些概念进行更加严格的确定外，就现有的外在形式和表征来看，这类的机器人完全可以具备法律上人的特征并可以具备法律上的人格地位[1]，如欧盟考虑赋予自助机器人的电子人的地位[2]。2017 年 10 月 26 日，沙特阿拉伯授予香港汉森机器人公司生产的机器人索菲亚公民身份，人类历史上出现了首个获得公民身份的机器

---

[1] 参见杨延超：《机器人法：构建人类未来新秩序》，法律出版社 2019 年版，第 9—22 页。

[2] 参见曹建锋：《十项建议解读欧盟人工智能立法新趋势》，载腾讯研究院网（https://www.tisi.org/4811），访问日期：2021 年 11 月 19 日。

人,由此也进一步推动了法学界对于人工智能载体主体地位的思考并提出了一个新的法律问题——人类将来是否有必要在法律上承认人工智能机器人的法律主体地位?

机器人是否应该具有法律人格的问题是人工智能技术应用给法律关系主体带来的最有冲击力的影响和变化,也提出了非常尖锐的现实问题。当然,人工智能技术给法律关系主体带来的改变不仅是机器人的主体资格问题,还包括传统的法律关系的主体种类和构成上的变化。人工智能的法律地位是一切与人工智能相关法律问题的开端,由此,人工智能产品的权责归属成了理论和现实中的问题,对于弱人工智能产品,权责属性相对明确。而对于强人工智能,可能已突破了生物人自我意识和理性思考的伦理基础,机器人是否应该具有法律人格的问题是人工智能技术应用给法律关系主体以及行为的责任带来的最有冲击力的影响和变化,也提出了非常尖锐的现实问题。具体在后文介绍说明。

(二)客体、权利义务和行为模式方面

如果说人工智能技术的应用和发展,对法律关系的主体所产生的影响和改变在很大程度上还是一种想象、预判和推理的结果,那么,在法律关系客体方面,其所带来的影响和改变在很大程度上已经成为现实并且非常显著,带来了法律规制和治理的必要性和紧迫性[1]。客体变化的情况有的是原有权益构成、保护状况等发生了演变,有的则是在社会生产生活领域生成出全新的法律关系后,相应地生成出社会主体所追求实现的价值内容以及相应所需要保护的权利种类。比如,数据以及数据应用就在很多社会法律关系中引起了多重变化,对个人隐私、个人信息、人格、肖像、自然人声音、表情、肢体动作等人格利益的保护的重新界定与保护,对多方面的权利保护提出了新的问题和挑战,由此需要对相关的新的主体可应用的价

---

[1]　参见吴汉东:《人工智能时代的制度安排与法律规制》,载《法律科学(西北政法大学学报)》2017年第5期。

值、权利内容、行为模式的属性等进行新的界定或者补充完善。另外，人工智能对知识产权保护也提出了新挑战，比如智能机器的文学、艺术作品创作体现的是机器的原创性还是人的原创性，随即涉及的便是相关人格权和财产权利利益归属问题。另外，智能机器人深度学习过程中收集、储存、运用大量的他人已享有著作权的信息可能会构成对他人著作权的侵害，如何来界定这样行为的权利和义务的内容和责任属性，以及具体由谁来承担这样的责任问题都是需要重新进行法律上的认识和界定的①。

法律要对出现的全新客体、所涉及的权利义务内容以及相关的行为模式等进行确定。比如，数据和算法的法律属性的界定和相关权利的保护的紧迫性在当下尤为突出，在利用人工智能时如何通过法律规范数据的收集、储存、利用行为，避免数据的泄露和滥用，并确保国家数据的安全，也是亟须解决的重大现实问题②。比如，如何界定算法的法律属性，应该通过什么样的法律对算法进行保护，算法的法律保护如何获得技术发展进步与算法成果利益保护之间的平衡？还有算法偏见和算法黑箱是人工智能技术应用的障碍和所必须要面对处理的现实问题。当前，理论上已经开始对算法本身的公开性、透明性和公正性的问题展开了讨论，现实中需要尽快在法律等规则制度上找出办法对相关的问题进行解决。在行为模式方面，区块链的智能合约模式对传统的民商事法律中合同订立行为模式和相关规范就提出了挑战。比如，由于区块链共识机制和记账方式的技术应用，传统意义上要约与承诺等行为区分和其他定约有效法定要件构成都会受到挑战。区块链这样的行为数据生成、储存和传输技术也为传统诉讼法中的举证行为规范和举证责任分配制度提出了新的问题。

---

① 参见王利明：《人工智能时代提出的法学新课题》，载《中国法律评论》2018 年第 2 期。

② 参见丁晓东：《什么是数据权利？——从欧洲〈一般数据保护条例〉看数据隐私的保护》，载《华东政法大学学报》2018 年第 4 期。

　　(三)责任方面

　　与主、客体以及权利义务内容产生的变化相一致,法律责任方面也产生了相应的变化。时下,现实中对这种变化的关注不仅在于在人类全领域是否让机器人作为独立主体独立承担责任问题,另外人工智能"主体"性的产生带来了传统法律关系上的主体种类和构成上的变化。比如,机器人"犯罪行为"的刑事责任的承担方式问题[1],智能产品侵权的民事责任归责原则问题,智能产品的行政违法的责任承担方式问题等。概括来讲,就是人工智能技术的使用造成了传统法律领域新的责任主体、责任的行为模式基础、责任属性、责任内容以及责任划分和承担方式,相关方面需要在法律规制上作出新的安排和设计[2]。比如,在责任主体确定上,如果机器人不能作为独立承担责任的主体,在人工智能机器人造成侵权伤害时,应该由谁来承担责任呢? 是机器人的所有人、使用人还是设计人或者制造商?

　　无人驾驶汽车交通肇事后分别在刑事和民事领域的责任主体构成上与有人驾驶的机动车肇事案件定会有很大的不同。另外,智能体和智能技术的运用,也会带来主体的行为能力、责任界限以及相应的责任能力等诸多法律主体元素上的变化。由于机器人的设计和制造往往是多种复合主体完成,有多重程序和算法上的设计和安排,因此,依据现有的法律,这就给确定人工智能机器人的责任带来了困难。

---

　　[1]　参见蔡婷婷:《人工智能环境下刑法的完善及适用——以智能机器人和无人驾驶汽车为切入点》,载《犯罪研究》2018 年第 2 期。
　　[2]　参见袁曾:《人工智能有限法律人格审视》,载《东方法学》2017 年第 5 期;张吉豫:《人工智能良性创新发展的法制构建思考》,载《中国法律评论》2018 年第 2 期。

# 第十章　人工智能治理模式、道路与规律探索

本章在上文对于人工智能社会治理中产生的问题进行梳理、分析和总结的基础上,探讨和分析人工智能社会法律治理的实质、属性和价值目标,总结人工智能社会治理所要遵守的重要价值原则,分析治理工作的根本任务、有效的方式方法以及治理模式的构成,进而在进行人工智能技术应用和治理工作阶段划分的层面上,探讨人工智能社会法律治理的道路和基本规律。

## 第一节　人工智能社会治理的属性、目标、原则与模式构成

### 一、人工智能社会治理的实质

作为一种社会本能,人工智能社会治理的呼声直接来自于人工智能带来的安全、风险和权益保护秩序的问题。但是,治理和规制的本意虽然包含对事物进行风险控制或者限制,而其更准确的理解是通过法律等规则的控制和限制对事物进行合理的应用,在一定的规则秩序中,追求和实现事物积极价值和意义,从而避免和消除事物本身所具有的消极和负面影响,而且前者更是治理规制的目标本意和核心价值。事实上,人工智能技术的社会属性使人类又一次面临着似曾相识的悖论性的抉择,不得不在趋利避害的努力中面对和回应技术的开发和使用。对于人工智能的治理和规制,本能上的确是要避免其带来的不安全和权益风险,但是其实质和真正的有效方式和道路方向应该是进行合理有效的社会关系界定,通过法律等规

则的制定和运行更好地发挥出人工智能的积极效能。

## 二、人工智能治理的双重属性和价值目标

人工智能社会治理的实质使其具有了限制和发展的双重属性和价值目标:一是作为规制对象的人工智能价值的实现;二是包括法律制度在内的社会秩序的自我系统更新。前者是将与人工智能相关的社会行为和社会关系纳入法律等规则中进行处理和安排,从而更好地发挥出人工智能的优势以及积极的社会价值。这是法律等规制和治理的外部显性功能,体现的是法律等规制解决一定社会领域新生问题的主要功能属性。认识这一属性,可以更加明确规制工作所要解决的一定领域的问题和实质目标,如人工智能的法律规制就是要避免人工智能的发展和应用带来的不安全和各种风险问题,也要确定更加明确的关系规则,建立新型社会关系,保护好相应的权利和利益,从而促进这项事业发展,使其发挥更多的积极效用。

但是,法律等规制和治理除了这样的外部目标和功能以外,还有实现自身系统更新和法律变迁的功能属性。也就是说,在一个社会中,法律等规制和治理也是一套相对独立的,具有一定自我更新、自我完善的系统工程。从系统内部来看,外部功能和价值虽然是法律治理的重要功能,但是,这些外部功能的追求主要是如上所说的法律等社会关系产生、变更和消灭的社会事实,是治理系统和体系自身不断完善的外部性社会价值诱因和外在条件。而从法律等治理和规制的内部性体系工程来看,从开始的互联网,到大数据、算法等这些因素和条件对于法律等规制和治理体系来说,都是逐步出现的促进法律等规则和治理体系不断演化和变迁的社会因素,这个过程是渐变的,不是突变的,如此更加强调的是法律等治理体系的继承和稳定,从而保证社会治理体系的有效和有序性。因此,强调这个属性有助于法律等规制、规则演变的技术处理和安排,保证整个

社会治理工程的继承和发展以及持续稳定。

### 三、人工智能社会治理的基本原则

人工智能社会治理的基本原则,是指从整体上讲,这项工作的基本行为准则,体现治理的价值定位、立场态度、存在条件以及方法和道路的内在标准和方向规定。人工智能给人类带来的最大的警示和挑战是:人是否能够被智能产品替代而丧失社会主体地位,人工智能技术是否能够为人类所控、所用而不是带来安全和风险等不利后果,由此,人工智能社会治理的出发点自然是将人工智能作为客体和规制的对象进行趋利避害式运用,而不是在人类不清楚、不能控制的情况下,任由机器自我决策和行动,或者形成一个有完全不同于人的社会主体所掌控的社会。

当前,关于人工智能研发和应用的基本价值标准、要求和原则有很多,主要是基于不同的领域、不同的视角、不同的层面提出来的,比如主要有服务人类原则、安全可靠原则、可信原则、公正平等原则、以人为本原则、公开透明原则等。本书认为,这些原则各有合理性和价值,而从人工智能社会治理的角度和领域来看,这些原则可以总结为如下两个必须恪守和坚持的基本原则,二者相辅相成。

#### (一)人的主体性原则

人工智能的社会治理首先必须要恪守的是人与其他万物主、客体界分下的人的主体地位和人的主权原则,这是治理活动价值正当性所在。人的主权原则是确定人和万物之间主客体关系结构的基本原则,是人类社会内在的基本规定,具体化为万物价值实现的正当性和向善性,相对于万物的人类正当利益要得到实现和保护。人的主体地位是治理工作的基本立场、态度和出发点,也是这项工作基本的存在条件。因为如果智能机器人是主体,即便人不是客体,那么,首先,智能机器人并不能作为纯粹客体性规制对象来加以规制。其次,如果人成了客体,失去绝对主体地位的人类如何来主导对机器人的规则的制定,如工作本身便没有了条件和可能,即便是人与机器都作为主体存在,这项工作也不可能完全是由人类主导的。最后,显而易见,机器人的绝对主体地位而非拟制性主体的赋予会使这项工作彻底失去正当意义和价值基础①。

(二)信息的可知与行为的可控原则

从效力位阶和逻辑关系上看,信息的可知与行为的可控原则是人类主体主权原则的必然要求。简言之,前者是后者的条件,如果智能机器行为不可知、不可控而自行其是,人类也便丧失了其主体和主权立场。另外,在可知可控的情况下,智能产品"行为"才能与人类行为有序和谐共处,人工智能产品的效用才能为人所用。可知可控原则体现的也是治理活动手段和方法上的有效性。

社会治理和控制的基本要义体现在追求理性有序状态,而不是非理性混乱状态。无论人机合作的复合性行为模式和行为关系,还是智能机器独立的、无人的行为模式和行为关系,在社会治理上,治理秩序形成的关键在于行为过程的可预期性和行为结果生成过程的可恢复性。可预期性能够保证行为之间的有效互动和回应而使社会秩序正常运行,可恢复性能够明确不当违规结果的形成过程,进而能够明确进行归责、追责、救济和矫正,从而实现秩序的回复。因此,这种可知可控的原则可以分解为如下几个方面进行理解:一是行为的决策基础和依据必须具有正当的价值和规则基础;二是行为内容的和模式、信息和行为之间的关联关系是可预期、可控制的②;三是行为的决策条件、环境、依据和过程是清晰明确的;

①　参见《人工智能北京共识》,载百度百科(https://baike.baidu.com/item/%E4%BA%BA%E5%B7%A5%E6%99%BA%E8%83%BD%E5%8C%97%E4%BA%AC%E5%85%B1%E8%AF%86/23515671? fr=aladdin)。

②　参见中国国家新一代人工智能治理专业委员会:《新一代人工智能治理原则——发展负责任的人工智能》,载中国轻工业信息网(http://www.clii.com.cn/lhrh/hyxx/201906/t20190619_3935070.html)。

四是行为的结果形成的逻辑规则是可以追溯和复盘的①;五是信息和行为之间因果关联是明确清晰的。

### 四、人工智能社会治理的基本模式构成

#### (一)人工智能社会治理的主要任务

解读国务院《新一代人工智能发展规划》,在行为与规则的关系层面上,人工智能法律治理的主要任务体现为一个主要矛盾或者一条发展道路过程上的四种矛盾关系和相关问题的处理,治理模式的相关要素和结构关系也体现在这样的任务内容中。这个主要的矛盾就是人工智能所带来的社会主体权益的实现与既有规则的冲突,冲突问题解决的过程即是人工智能法律规则建立与发展的道路探索过程。

而具体要解决什么样的问题以及如何解决这些问题,主要体现在规则建立过程中以下几种基本的矛盾关系的处理和价值平衡上,即这些矛盾的关系就是问题所在,而处理这些矛盾关系就是解决问题的方向和方式探索。本书认为,在人工智能相关制度建立过程中,重要的是处理好四种矛盾关系,一是相对于治理规范和制度而言,人工智能的技术价值效用实现与权益安全保护、风险防范的关系;二是相对于人工智能的技术应用而言,人工智能赋能社会治理与社会治理对象的关系;三是立法与司法、执法等法律系统运行方式的内部结构关系;四是法律规则与政策、惯例和伦理道德等其他社会行为规则的关系。每一种关系的处理既要体现治理的外部价值实现,也要体现治理系统自身理性地继承和发展以维持社会秩序稳定而非失序的关系。

#### (二)人工智能社会治理的模式结构

人工智能社会治理的模式结构就是对人工智能进行治理和规

---

① 参见中国信息通信研究院与腾讯研究院 AI 联合课题组:《政策、监管与规制:〈联合国的人工智能政策〉解读》,载腾讯云网(https://cloud.tencent.com/developer/article/1033880),访问日期:2021 年 11 月 19 日。

制的基本要素、条件、方式和方法的结构性构成,其可被描述为包括自变量、函数值和运算规则的函数运算模型。在整个人工智能治理和规则建设过程中,所要考量的安全保障、风险防范、权益实现和发展进步等价值,所要选用的实现这些价值的法规、政策、伦理规范和相互间的协调发展及运行关系(所涉社会主体在范围效应上的群体性或个体性,人工智能在社会生产生活中应用的整体水平、程度以及普遍赋能状况,人工智能技术研发和应用所处的发展阶段和国别制度等时空条件,所涉现实客体价值发育上的抽象或者具体状态,相关法律秩序得以有序变迁的制度保障性因素等,构成了治理和规制工作需要着重对待的现实变化中的因素和条件)。这些因素既包括不同阶段人工智能作为客观客体所展现出来的价值目标和问题因素,即这个函数公式的自变量,也包括人工智能技术研发和应用状态在赋能层面上所形成的社会治理的问题基础以及现实条件,还包括人工智能治理的在不同情况下所选用实施的具体规制和治理的方式方法,即这个公式的函数值。基于此,整个人工智能的社会治理和法律规制就是在不同的发展阶段、在解决不同问题以实现不同价值目标的运算法则确定的情况下,这些变量因素的现实动态博弈过程和结果。

　　而这里所运用的运算法则,就是立法、司法、法律适用、伦理道德和政策等不同的规制方法和规制方案在规制治理方面所具有的独特的功能特点与相关现实问题解决和价值目标实现之间的合理匹配的关联关系,而这种关联关系一方面体现并取决于人工智能安全和发展价值的实现要求;另一方面体现的是相对于这些价值要求,这些治理手段和方式在一定条件下所具有的针对性的功能。而这种运算规则的制定受到现实社会中的政治、经济、文化传统、社会制度、技术发展的程度和需求等更多方面问题和价值考量因素影响与决定。以治理和规制为主要目标,相关要素的不同匹配和关联,形成了不同的规制和治理模式。一定时间和空间范围内条件的变化会导致治理模式的变化,这些系列的、演化的治理模式便形成了一定时间和范围内的人工治理和规制的道路。

## 第二节　人工智能治理模式构成要素的认识与选择

人工智能治理模式的构成要素主要体现在治理人工智能所要处理的四种矛盾关系之中,即为矛盾关系的构成要素,也是治理所要实现的具体的价值目标以及所要采用的具体的方式方法,而要素的选择即为在这几种平衡关系的处理中,如何选择具体的方法和道路来实现具体的以及总体的价值目标。

### 一、安全与应用发展之间的平衡

人工智能技术将会被广泛应用于社会经济、政治、公共管理、军事国防等生产生活领域,不同条件下,各种领域运用人工智能技术的程度、价值基础和相关功能考量会有所不同。但是,在任何领域中,安全与应用发展是人工智能法律规制与社会治理所要处理的两个根本性的、矛盾性的价值要素,二者的矛盾是治理的主要问题的源头,是确定重要治理任务的出发点和落脚点,也决定着人工智能治理的方式和方法。

人工智能技术应用价值有安全、应用发展两个方面,从技术角度来看,这种安全可以分为技术内生安全问题和技术应用衍生安全问题。从法律和社会治理的角度看,这种安全所指不只是人类社会、国家等群体性的安全与风险问题,还包括社会关系中个体的权益安全保障和权益风险避免问题,而后者时下常常是不被重点强调的①。另外,这种权益不仅指业已出现或者形成的人工智能技术和产品应用上的权益安全和风险的问题,也包括尚未应用的人工智能技术和产

---

① 参见中国信通院:《2018年人工智能安全白皮书》,载中文互联网数据资讯网(http://www.199it.com/archives/774218.html)。

业的发展进步问题。发展也是一种主体权益价值,就人工智能而言,无论相对于整体人类社会还是社会行为个体,相关技术的开发和发展都是有着或相对抽象模糊或相对具体明确的客体价值存在的①。

　　安全与应用发展在人工智能技术发展和应用的不同阶段呈现的状态也是不同的。在不同条件下,二者之间的矛盾张力状况也不一样,由此形成的不同博弈和选择从根本上决定着人工智能治理、规制的道路和方法。在人工之智能发展之初,对于这个具有巨大社会效应和影响力的技术,安全和应用发展的要求表现极为突出。其作为一项具有极大的应用价值和诱惑力的新技术成果,对于人类而言促进发展的要求显然是极为强烈的,但是,在既有的人类秩序规则框架中找不到其相应的位置而秩序价值又是必须考虑的前提下,这种新技术成果的保障安全要求也必须要同样受到重视。

　　由于初始阶段对于事物本身及其关联行为缺乏清楚、准确和规律性的认识及稳定的控制能力,安全和发展相互间的矛盾关系张力显然是最为显著的,通常会出现促进了发展就面临着风险,而过多地考虑了安全因素则会抑制发展进步的现象,往往相关的规制工作和新立规范很难精细地实现这种平衡,而在旧的规范和秩序缺乏对人工智能进行界定和规制的情况下,作为新事物,其发展、促进安全保障和权益保护都需要在规范及制度上作出特殊的安排以实现单方面的价值追求,往往体现为一种规范在促进发展,而另一种规范则在保障安全,规范的形式往往都是独立的单行文件,很难在同一个文本或者规范中做到二者关系的有效处理和平衡。因此,在人工智能技术成果应用之初,如何平衡好二者的关系,减小张力,实现二者兼顾,同时保障社会秩序的有序变迁是规制工作最为重要的考量。

---

　　① 参见伦一:《人工智能治理相关问题初探》,载《信息通信技术与政策》2018 年第6 期。

随着人工智能及其产品成果的发展日益成熟、丰富和稳定，人们对其和相关行为的认识也更加理性、全面、稳固，伴随法律和相关制度对相关的现象进行了更加全面、丰富、系统的规制和界定，人工智能也就像当下的其他技术成果一样，其发展和安全的问题变得不再突兀并表现出强大的张力，而是更加常态化、平常化地在已经完善和发展的社会规制秩序中获得平衡和运行。

## 二、人工智能技术赋能治理手段与治理对象上的平衡

什么是技术赋能治理手段与治理对象上的平衡？在通过法律等社会制度和规范对人工智能技术研发和应用进行治理的工作中，有两个显著的要素就是治理的对象和治理的手段方式。这里的治理对象，指的是被人工智能技术化的或者被人工智能技术影响或者改变了的事物，包括物体、有形价值、行为内容、行为模式、社会关系、无形事物和无形价值等。而治理手段，指的是法律政策、道德伦理以及社会习惯等有效的社会规范和社会制度。

### (一)赋能手段与赋能对象的关系

二者的关系如果比较直观地看，治理对象和治理手段在治理这个关系维度上，也仅限于对象和手段的关系，各有所属，但是，从人工智能技术普遍赋能的客观现实状况进一步发掘，法律、政策以及道德伦理规范的生成和运用同样会得到人工智能技术的赋能，它们也是现实社会生活中的事物、有形和无形的社会行为和价值，同样是技术赋能的对象并正在得到人工智能技术的赋能，如时下正在进行的智慧司法、执法、立法和法学知识生产与法学教育等，智能技术也正在改变它们原有的工作状态和能力。

所以，以治理目标为驱动，从现实中单线的发生现象和机制上看，好像比较显著而易于看到的事实是，一些原有的社会事物在人工智能技术的作用或者赋能下已经并正在产生安全、应用和发展上的问题。因此，从直观本能的视角看到的，当然也是运用社会常识

所能想到的,就是要改变法律规则和制度以对新的智能技术造成的问题进行规范和治理。而这时往往会忽略的是,将法律制度等事物从赋能对象中隔离出来看待。但是,在现实中,这些法律制度等事物也正在运用人工智能技术,它们也是人工智能技术赋能的对象,现实中的法律和制度也在智能化的道路上。所以,现实真实完整的场景和事实是,包括治理手段和方法在内的所有事物都在智能技术的影响和赋能当中,法律、政策以及伦理规范制度不是被排除在外的。因此,面对现实技术需求,普遍的、正常的社会行为反应不可能在赋能上把法律等治理手段单独排除在外,它会无可阻挡地兼顾人工智能技术在治理对象和治理手段上的发展。

而在更深的层面上,法律规范和制度的智能化与治理对象的智能化是共时共存的社会发展现象和事实,二者的平衡发展是人工智能技术实现自我发展的规律性的体现。任何事物的产生和发展以至消亡都是一个矛盾体的演化过程,都有自身内在的治愈、矫正和纠偏功能,即人工智能自身的技术能力的运用和自身安全保障两个要素的相生相克。也就是说,对于人工智能技术自身而言,自身要想赋能于这个世界上的事物,那这种赋能必须是能够通过自身来保障安全的,这种保障的方式也要赋能于法律等治理手段,而赋能于治理手段,便保障了赋能其他事物的可能,这就是相生,反过来或者消极来看就是相克。在这个层面上,相对于智能技术的生成和发展来说,法律等治理手段不再是其外在因素,而是其自我发展的条件。因此,实质上,智能技术在治理对象和治理手段上的赋能平衡就是人工智能技术生成演化的规律性方案和自我实现道路。因此,这种平衡关系与安全和发展的平衡关系是紧密关联的。如果说安全与应用发展上的平衡,是在人工智能与法律等治理方式相关联的关系中,把人工智能作为法律的治理对象而看到的平衡关系,那么,同样也是在这种关联关系中,技术在治理手段与治理对象上的赋能平衡则是把法律等治理手段作为技术赋能的对象所看到的平衡关系。而实际上,二者所体现的都是人工智能技术得以生成和发展的内在性、规律性的规定,在安全和发展层面上,在治理意义上,包含着智能技术得以研发、应用的规律性道路和趋势。

显而易见,对于人工智能的治理而言,认识事物自身的生成、发展的内在规定及规律的意义是必要和重大的,无论是法律,还是政策、伦理等社会制度规范,尊重事物的内在规律和自然法则是自身发挥效力的前提基础和条件保障,更不用说,如果人工智能技术的能力真的能够给社会生产生活带来现在所想象的安全和风险问题,那么,即便不是把这些作为内在的矛盾规定和自然法则,这种直观的经验也能告诉我们,治理的手段只有得到与治理对象同样甚至更强的赋能,才能够真正达到治理的目的和效果,这应当是关于整个人工智能技术应用治理工作的宏观的、也是根本性的理解和认识,以规定治理工作的终极目标、道路和方式,而至于选用什么样的手段和方法,取决于方法和手段的自身功能和现实的条件。实际上,智能技术在治理对象和治理手段的赋能平衡,恰恰是现实中关于人工智能安全与发展的观念上的逻辑悖论的现实解悖。

(二)人工智能技术赋能法律治理手段

这种技术赋能法律等治理手段,是人工智能的"技术治理"的一部分,是人工智能技术自身治理功能的显现。本书认为,人工智能的技术治理包括大致两个方面的内容:一是,当技术应用产生了社会治理上的相关问题时,如安全和风险上的问题,而解决问题的方法和手段不是通过制度、规范控制和消解掉这种不安全与风险,而是通过另外的技术手段或者完善技术来解决这些问题;二是,同样在技术应用产生了社会安全和风险等治理问题后,治理的方式不是通过新技术的适用,而是通过技术赋能既有的或者新的权利义务划分等规范和制度运行进行这种行为与关系的治理。所以,这种技术治理既包括通过技术处理改变治理规范存在的事实和问题基础(相对于法律来说,就是既有法律存在的事实基础和需要解决的问题基础),也包括通过智能技术提升法律生成、运行的效果和效率,还包括通过规范采用相当或者更高水平的技术来控制和制约技术应用而获得安全保障等。但是,需要补充说明的是,这里说的技术治理,不是说法律等行为规范数字化、碎片化到具体的智能社会关系、社会行为中以后,智能时代不需要法律等社会治理规范了,而只要通过技术对社会事实的改变和改造就可以实现治理了。本书的观点则认为,技术的发展和应用的确可以改变社会事实,从而改变法律治理对象的状况和问题,消解掉原来法律治理的对象和问题,从而解决法律治理工作的问题和困难。但是,使原来的法律问题、制度和相关工作不存在了,不能说技术从整体上就能取代了法律,(比如,区块链的应用可能对证据规则和制度的改变),而这里是说法律通过技术改变自身存在和发挥效用的问题基础、事实、形式和运行方式,从而实现着技术的内在治理功效。

对于治理对象上的赋能场景,现实生产生活中已经有较多展现,前文已经介绍说明,这里不再赘述。就治理"手段"上的赋能场景而言,当下主要包括智能执法、智能司法、智能法务、智能法律服务、智能法律研究、智能法学教育等。到目前为止,在信息数据化后,这些能力的赋予主要体现的运用形式还是智能知识发掘、整理和应用、信息传输、行为管理、自动办公系统,算法上主要是以信息和意见推荐为主,在法律等规范、制度生成和应用领域上,算法自动法律判定等决策以及自动运行法律行为还极为少见。当下,仍然是以人的主体决策行为中枢进行整个法律等治理系统的运转。但是,随着人工智能技术的升级和全面发展进步,随着法律等相关规范的代码化、运行机制自动化能力的提高和技术安全性提高,相信智能法律决策和自动执行已经为时不远。魔高一尺,道高一丈,治理规范的生成和执行也只有达到这个程度,才能实现对智能事物治理的效率和效果兼顾。

### 三、立法和法律适用上的平衡

在立法和法律适用上,矛盾与平衡关系的处理,是指在法律运行体系内部以及整个体系的发展变化中,如何通过法律方式的使用和发展来调整人工智能技术应用中的各项权益价值,并在解决人工智能应用行为和社会关系相关问题的同时,实现法律秩序自身的有序变迁,以达到法律对稳定社会秩序的保障。所说的法律方式的使用和发展,就是指在人工智能法律治理层面上,通过运用立法、司法与执法等法律适用手段并处理好它们之间的矛盾关系,处理好人工智能安全、使用和发展等价值上的矛盾关系。

那么,什么是立法和法律适用规制层面上的矛盾关系呢? 作为处理问题的方式,在具体的行为和社会关系问题的处理上,这就涉及对它们的功能区别以及优、劣势比较。同时,这种矛盾关系也包含它们之间的协作关联关系,即它们在解决问题上,如何相互协调之间的关系以实现互补和功能衔接,保障规制的双重价值兼顾实现。

（一）立法

立法包括法律的修改和完善等活动,其发生的必要条件,是在既有的法律规范视野中,人工智能相关行为在属性上已经成为一种全新行为,形成了全新的社会关系,已有的法律规范和制度无法对其进行有效调整,新立规范对其进行调整已成为现实的必要。而立法发生的充分条件是,人工智能行为全新的法律关系的主体、客体以及权利义务的内容、责任分配等,已经在社会应用领域和场景中处于相对具体和明确的状态,而且,在实际社会行为和法律关系上,表现出数量的普遍性、内容的丰富性以及权益受影响程度上的深层次性。也就是说,只有在人工智能应用行为具有普遍的社会权益影响效应时才能进行相关的立法,在一定程度上,法律关系的内容和行为的普遍程度决定是否立法、立多少法以及是否能够形成充分完整的人工智能治理的法律体系①。

立法方式对于人工智能规制而言,在功能上有着自身的特点和

---

① 参见郑戈:《如何为人工智能立法》,载《检察风云》2018 年第 7 期。

现实效果上的优劣势。相对于司法等法律适用行为而言,立法是一种主动性相对较强、具有普遍性、强制性较强的法律规制活动,立法规制的后果优势是法律规范会有效地指引、评价、预测社会行为后果,会使社会关系相对稳定和有序。而从消极负面的角度来说,相对于新生行为和社会关系的调整来说,立法规制通常是相对滞后的,反应较为不灵活和效率相对低下。另外,设定的法律规范运行的后果会使社会关系相对固化,社会行为的创新能力和创新效力相对弱化,不利于一个事物积极快速发展。因此,立法的充分和必要的两个条件决定的是能不能和要不要立法,即立法的条件和时机的逻辑问题;立法规制的优势和劣势着眼和强调的是立法的应用和选择的经验性问题。

### (二)法律适用

法律适用,就是适用已定的法律规则对社会行为进行规范或者对社会关系进行调整的法律活动。从最广泛的意义上说,法律适用包括立法以外一切法律实施活动,具体包括司法、行政执法、社会守法等。在整个法律运行体系上,立法、司法、执法和守法都具有操作的相对独立性,各自社会效果对行为和社会关系都具有独特的规制效应。司法机关的裁决影响的不只是具体案件当事人的未来行为,也同样会对一般社会主体起到示范作用。可以说,在一定的逻辑起点上,法律规制起源于立法,但实际的规制效应不只是在于立法本身,更在于其他法律适用以及整个法律系统的体系化运营。因此,法律规制效果的实现要做好全方位法律运行体系的工作,法律适用也是规制工作的重要组成部分,具有直接、独立的治理与规制效应。

相对于立法规制的创设新法的属性和特点而言,法律适用的规制特点在于通过对既有规范的"变通"适用来实现对人工智能行为等新生行为和关系进行调整。适用的方式除了通常的司法裁决和行政机关执法以外,面对人工智能新行为和新关系,在合理范围内,通常会通过司法解释和执法文件等有效适用方式来对规则进行应用以达到治理的规范和治理的效果。现实中的司法解释和执法文件对于既有规范虽然有扩大解释和创设规范的"嫌疑",但是,从严格的逻辑、意义和社会权力分工来讲,这些行为还是没有超出既有规范的,因为法律适用的规制效应受制于其自身的一些根本属性和特点的约束,即司法、执法等法律适用针对的行为不具有普遍性、稳定性和立法意义的权威性。另外,司法行为和执法行为的规制效应的产生相对于立法的主动性来说是被动性的,因此,法律适用规制效应的影响力与立法规制效应相比较无论是在广度和深度上都是有限的。

当然,辩证地来看,这些局限性在一定的条件下也是法律适用对人工智能行为规制的优势所在。相对于立法行为的滞后性、不灵活以及效率低下而言,法律适用活动对具体问题的应对和解决具有及时性、灵活性和高效的特点,对于发挥法律的效能、维护法律的权威和法律治理的有序状态具有重要价值。尤其是在立法规制机会尚不成熟的情况下,法律适用的治理价值具有不可替代的作用。法律适用往往能够保障既有的法律制度在解决相关问题上具有有效性,使相关问题得到有效的解决。同时,又能不因自身的局限性而抑制新生事物价值的发展、发挥和实现,促进相关产业的发展。这往往是法律治理体系内部体系有序变迁的重要价值考量,否则,不但会使秩序失序,而且会影响技术和产业的发展。

四、法律、政策以及伦理规范的平衡

作为全新的事物,在社会关系运行中,人工智能行为会牵涉整个社会规则体系。在这个体系中,除了法律还有伦理规范和各种政策。与在法律领域发生的碰撞和关联相似,新生人工智能行为一方面对既有的伦理价值问题、伦理规范和政策体系提出了问题,同时也产生了伦理规范和政策对其进行调整、产生反应和发挥作用的现实需要。因此,在人工智能社会治理上,有必要做好法律、伦理和政策的运行关系上的协调处理,以此弥补各种规范在解决问题上的能力不足,实现各种规范和规则之间的协调互补,在更大范围的社会规则空间中解决秩序和发展上的矛盾问题。根据当前人工智能应用较为广泛和发展较为发达的国家治理状况和经验,当相关社会关系和具体问题相对于法律手段和方式尚未发育成熟时,通常先通过政策和社会伦理规范进行人工智能的社会治理①。

(一)伦理规范建设

伦理规范是关于处理人与人、人与自然以及人与社会之间关系的行为规范和准则,也是社会治理体系的重要组成部分。通常认为,社会伦理规范的内容不会像法律规范内容具有明确的关系主体、客体、权利义务内容,以及明确肯定的违规责任承担的问题,也不像法律具有一个丰富科学的规范体系,并运用一个专业精致的庞大社会职业群体和机构对其运行和实施。

由此,在社会行为和关系的规制上,伦理规范与法律规范相比较有这样的几个特点:一是在对行为评价上标准比较宽泛、相对模糊,如通常用是与非、好与坏、善与恶、正义与否等标准对社会行为作出评价,在一般社会行为上,评价标准相对单一概括,更多地强调在道义上应当做什么和不应当做什么。二是在大众社会生活中,伦理规范主要是在社会评价的基础上,通过社会主体自律和社会舆论影响等来运行,通常缺乏强有力的运行组织机构执行这样的规范以实现规范效果。因此,相关规范对行为的约束力也比较弱,不具有强制性。三是基于以上因素,伦理规范对于社会行为的规制具有很大的弹性和相对不确定性,在对具体社会行为的规制上往往会形成很大的讨论空间。当然,非在大众社会生活状态下,在具体行业工作中,伦理规范具有较强的行业性特征,相关行业工作关于本群体

---

① 参见腾讯研究院:《2017 年全球人工智能政策十大热点》,载《中国科技财富》2018 年第 1 期。

的特殊性伦理要求比较突出,伦理规范也相对具体、明确和严格,也会有明确具体的、有效的组织机构执行职业伦理规范以实现规范效用。

在人工智能发展之初,作为新事物,其在伦理价值和规范层面显现出来的问题尤为突出①,在通常的大众生活中,其社会属性、价值、相关行为和社会关系的性质特定等方面尚处于有待发展并进行逐步界定的阶段,因此,它们往往都需要更大弹性的规范和制度以成就更大的发展空间。社会伦理规范的这些特点也使其对于人工智能行为和关系的规范调整在不同的时空条件下形成了自己优、劣势。而同样在这个阶段,人工智能相关行为和社会关系在科研职业群体内则为显性、突出和相对具体丰富的。由此,职业伦理规范规制效力和效果就已经较为具体化,规制的评价标准会具体明确并与职业利益紧密关联,相关的约束和规范手段也会具体有效,也会有职业组织来运行实施这样的职业伦理规范以对人工智能的生成、发展具有显著的规制效力和影响②。

在相关的法律问题和解决方式尚未成熟时,伦理规范的这些属性和特点可以充分显现出伦理规范在规制和治理上的优势和积极效应,由此既能够对人工智能的消极效应的研发方向进行约束,同时,也不会抑制人工智能在大众社会生产生活空间中的长远发展和未来普遍性积极社会效应的发挥。

当然,即便是在人工智能的法律治理已经发展得非常成熟和完备的时候,社会伦理规范对相关领域的治理作用也是不可或缺或者替代的。比如,伦理规范的评价作用虽然相对模糊和弹性空间比较大,但是,这种概括性的效果不是通过具体性的法律规范效应可以穷尽的。另外,伦理规范的自律功能和效果也是法律规范超强的约

---

①　参见朱体正:《人工智能时代的法律因应》,载《大连理工大学学报(社会科学版)》2018年第2期。

②　参见《IEEE发布三项人工智能新标准,涉及高层次伦理问题》,载凤凰网(http://tech. ifeng. com/a/20171123/44775133_0. shtml),访问日期:2021年11月19日。

束功能无法替代的,这些都体现其在社会治理中有着独立于法律之外的优势功效。在对社会行为和关系的现实调整中,伦理与法律规范除了相互弥补的积极关系以外,也存在评价标准和正当性界定等消极冲突问题。因此,法律规制与伦理规制的相互关系问题,在人工智能的任何发展阶段上都是存在的。

(二)政策制定

政策是指政党、政府、社会团体、行业组织为了实现一定的事业目标,通过采取一定措施激励、促进或者抑制一定事业发展的主张方案。通常情况下,政策也是由一定的规范和规则构成的,与法律规范相比较,虽不会像法律规范那样具有系统性的、逻辑相对严谨的主体、客体以及权利义务内容构成,但对于实施条件、主体、对象、方案和措施等,政策方案是有明确规定的,其主要方向和目标是促进或者禁止一定事业的发展并保障实现相关的目标。

政策也是社会规制和治理的重要组成部分。相对于伦理和法律规范而言,在逻辑上,政策通常具有推动作用的特征。这主要体现在其是一定团体和组织内部的主张、意思表示和目标追求,以此为基础,借助其政治、社会、行业等地位和影响力,将组织的价值追求和实施方案政令化,对更大范围以及整个社会的行为进行推动和发展,以在更大范围内发挥这种影响并实现价值目标。通常来说,在规制和社会治理层面上,政策的表现形式和种类是非常丰富的,有政府政策、政党政策、社会团体政策、行业组织政策,不同种类和形式的政策的效用在不同制度的国家和社会里的功效是不同的。

相对于法律和伦理规范而言,政策具有如下的特点:一是与伦理和法律相比较,伦理规范和法律规范一旦确定和实施便在一定的时空中具有了普适性,政策则体现为一定群体、范围和时间上的主张,不具有普适性,其普适性是政策制定者的追求。二是相对于法律规范来说,政策的内容往往体现为政令,因此,也是比较确定,但是往往是不够稳定的,可能会根据现实的效果以及推动组织的变化

而变化。三是通常来说,政策往往体现为一定的组织机构的主张和
实施方案,其权威性肯定不如法律,主要是通过其自身的社会政治
地位实现,受其政治地位的变化影响。四是通常来说,政策的实施
保障性不如法律,法律是通过国家权力机关来保障实施的,具有最
强的保障力,政策是通过政治组织机构系统和力量实施的,不具有
和法律一样的强的保障力。五是政策在促进一项事物的发展方
面,效率和效果明显优于法律规范、伦理规范等其他社会规范。

　　由此,政策的这些特点也表现出政策在人工智能等新事物的治
理上的优势,表现为在快速推动和强力限制一项事业的发展上具有
反应快、效果明显的特点,能够比较有效率地实现一定的目标和价
值①。另外,对于全社会风险性考量上,由于政策所主张的事业往往
处于尝试推动发展状态,这种风险性在最初则是相对较小的和可控
的。因此,在人工智能技术的研发和初步适用阶段,如果说职业伦
理规范是对其在相对较小、固定的职业群体内实现评价和约束性调
整,而政策则表现为通过特定的政治和行业组织在社会范围内对其
进行调整,通过解决价值冲突,促进或控制人工智能在更大范围内
发展。

　　在全世界范围内的政党政治条件下,在执政党推动施政方案治
理结构中,政策往往是法律的基础和法律前身,甚至,在一定程度和
意义上,政策就是法律,在特定的时间和条件下,政策往往体现为比
法律更强的效力和权威。因此,在一定事业的发展阶段上,一方面
从科学性的角度来看,在尝试推动和发展上,政策作为法律的先
导,法律是不能替代政策的功能和作用的;另一方面,任何新事物的
发展,从现代社会的政治治理现实来看,往往首先开始于政党的推
动,政党政策对于一项事业的影响远远大于法律的功能,在此种意
义上,政策规制与法律规制在性质上是有很大的区别的,在逻辑

---

① 参见吴汉东:《人工智能时代的制度安排与法律规制》,载《法律科学》2017 年第
5 期。

上,往往是没有政策就没有法律。近几年来,随着互联网和人工智能新型事业的发展,由于相关的法律、法规的滞后与发展尚不够成熟,世界各国普遍采用的做法是通过国家、政府、行业组织的政策来推动、引领人工智能事业的发展。

　　总之,对于法律规范、司法解释、伦理规范以及政策等方法而言,应当在什么情况使用何种方式方法进行人工智能的治理,是要考虑具体时空条件下它们在功能上的各自的优劣势的,即要根据人工智能发展状况和状态、不同的阶段价值取向、方法和手段的现实效果,进行问题和解决问题的方法上的关联匹配。当然,更多的情况和状态下,是各种方式在不同程度上的联合运用。因此,发挥各自的优势,搁置或者控制各自的劣势是处理以上多种矛盾关系并运用以上方式进行人工智能治理的根本原则,以此处理好这些因素的矛盾,进一步实现价值之间的平衡,从而实现人工智能行为和社会关系的良性运转,促进人工智能积极价值的实现①。

## 第三节　人工智能治理的道路与规律

### 一、概说

　　通过上文的分析可以看出,对于人工智能的治理需要考虑的问题很多,核心是要在整个规制工作中始终考虑安全保护和风险防控相关价值与发展价值的平衡,赋能治理对象和治理手段的平衡以实现技术治理,同时,也要考虑不同规则方式在整个规制体系中的平衡以及整个社会规则规制系统的继承和发展上的平衡问题。人工智能治理的规范性、制度性的方式方法也很多,包括立法、法律适用以及法律规则以外的伦理规范和政策等,而在这个层面上,人工智

---

　　① 参见张平,刘露:《人工智能监管与法律规制》,载国家信息化专家咨询委员会秘书处主编:《中国信息化形势分析与预测(2018—2019)》,社会科学文献出版社2019年版。

能治理的核心任务就是建立相应的规范和制度体系实现人工智能发展上的多种价值的平衡，从而探索其治理的方式方法和道路。显而易见，在什么样的情况下，追求什么样的价值，选择运用什么样的方法，形成什么样的模式，以及如何运用这样的模式来实现规制和治理，体现的就是人工智能应用、发展在社会治理和法律规制上的基本规律，内容包含人工智能治理发展的阶段划分以及相应的方式、方法和道路模式选择。一定时间和空间范围内所依据的条件的变化会导致治理模式的变化，这些系列变化的治理模式便形成了一定时间和范围内的人工治理和规制的道路。

在现实治理过程中，实现怎样的以及如何实现相关价值的平衡状态是有时空条件限制的。任何事物都有从萌芽产生到发展成熟的变化过程，人工智能技术和相关产品应用也有着不同的发展阶段及其所涵盖的不同的时空条件。在其不同的发展阶段的条件制约下，如前所述，规制的价值追求、运用的方式方法以及整体规则的结构体系肯定是不同的。因此，要认识和把握这个基本规律从而做好人工智能的法律规制工作，首先就要在规制的视角下对人工智能的发展阶段进行科学的认识和划分，以对其相关治理条件进行准确、有效的把握。

从技术的角度来看，人工智能可分为狭义人工智能和广义人工智能，弱人工智能（Weak AI）、强人工智能（Strong AI）和超强人工智能（Super AI），专用人工智能（Artificial Narrow Intelligence, ANI）和通用人工智能（Artificial General Intelligence, AGI）等。一般来说，狭义人工智能、弱人工智能与专用人工智能指的是相似类别和发展阶段，而广义人工智能、强人工智能与通用人工智能是相似类别和发展阶段。[①]

从社会行为和关系治理的视角来看，随着人工智能影响范围从

---

[①]　参见〔英〕卡鲁姆·蔡斯（Calum Chace）:《人工智能革命:超级智能时代的人类命运》，张尧然译，机械工业出版社 2017 年版，第 6—7 页。

小到大,程度从浅到深,治理的价值定位、方法选择、治理条件也会相应发生改变,因此,阶段的划分主要考量的是人工智能研发和应用中客观形成的、对社会行为和社会关系产生影响的因素。由于人工智能的治理是探索以人工智能技术研发、产业发展和社会应用为基础和对象的综合性活动。因此,确定治理阶段的划分应当综合考虑技术、产业、社会应用以及治理工作自身阶段划分规律和需考量的因素。具体包括:人工智能是抽象的观念还是具体的社会行为;人工智能是技术研发行为还是技术应用行为;在全社会范围内,人工智能技术的社会应用是整体系统的状态如通用人工智能,还是部分分割的状态,如专用人工智能;社会应用是覆盖全社会的状态还是部分领域或群体应用的状态;社会应用是否形成了全新的法律主体、客体、权利义务内容、行为模式,即新的法律关系以及法律关系的数量上的状况;等等。

## 二、治理阶段及其治理方式

本书以人工智能技术研发和产品应用的社会行为化为线索,充分考虑相关行为和社会关系发展的不同状态,以及不同状态下的各种价值矛盾冲突的状况,尝试将人工智能行为的治理规制分为萌芽阶段、发展阶段和成熟阶段,并结合发展充分国家和社会的相关经验,以此为基础探索相关的规律、道路和模式。

### (一)人工智能治理的萌芽阶段

#### 1.阶段状况特征

在这个阶段,无论是从整体还是部分上,人工智能技术和产品应用处于抽象的观念阶段,即在社会生产生活中,人工智能仅仅作为一个新的整体概念现象出现,仅作为研究人员的研究对象,正处于人类的研发过程之中,相关的知识和技术尚没有普遍应用并转化为量化生产的技术成果。从规则规制的角度来看,人工智能尚没有成为社会主体的行为对象并生成相关新的社会行为和社会关系;从法律关系的角度来看,尚没有形成新的法律主体、权益客体以及因为新的应用行为所形成的新的社会关系的权利义务内容;从社会行为的角度来看,与人工智能相关的社会行为主要是相关主体的科学研究和技术开发行为。

这个阶段也尚未形成人工智能技术的社会应用场景,与人工智能相关的社会行为场景是以人工智能为对象的科研活动和行为,而人工智能的科学研究行为在规则和制度属性上与传统科学研究行为没有根本上的差别,对这样的行为和社会关系的调整仍然可以适用传统的社会规范和制度。从法律规制的角度来看,没有必要也无法制定出新的法律规范来进行相关的规制。

在抽象的观念上,安全权益仍然处于不确定的高风险阶段;在发展价值上,鉴于人工智能可能存在的共识性使用价值,人工智能技术则是处于有待于深入、广泛研究和发展阶段。因此,在这对矛盾关系的处理和价值平衡上,应该采取措施促进人工智能的发展,同时,要对其可能对于既有的权益安全的破坏风险和不安全实施高度的监控。

2. 阶段的价值特征与治理方法模式

概括地说,这个阶段是大发展和高风险并存的阶段,在相关方面,社会规则和秩序显示出即将出现跌宕起伏的继承变迁和大发展变化状态。面对人工智能这样具有强烈冲击性的新鲜事物,高度争取发展与高度提防风险构成了整个社会治理的主题基调和氛围。在规则体系内部治理规范的矛盾关系处理上,由于新生人工智能行为和社会关系尚不具体存在,这个阶段治理工作的主要方向应当是考虑和研究在这些技术被应用从而对社会行为和社会关系产生影响后,是否确立新的规范以及如何制定新规范进行治理的问题。根据前文的分析,法律规范和制度在这个阶段尚没有充分的应用的条件,就整体状况而言,过早或者过细的法律规范可能会限制事物本身的发展;在更大规则体系和范围内应当考虑如何制定或者运用合适的其他规范对人工智能的科技研发行为进行相应的规制,由此更好地促进人工智能的研发并控制研发可能带来的潜在风险。

　　根据前文的分析,这个阶段主要应该制定并实施大量的政策来促进、监控人工智能科技的研发和发展,并加强国际合作,运用、建设行业和职业伦理规范来约束人工智能科技研发人员的行为①,以在有效的范围加强对人工智能研发的价值取向、目标监控和防范,如此做到促进发展和防范风险的平衡②。2019 年 7 月 24 日,我国中央全面深化改革委员会第九次会议审议通过了《国家科技伦理委员会组建方案》,指出:"科技伦理是科技活动必须遵守的价值准则。组建国家科技伦理委员会,目的就是加强统筹规范和指导协调,推动构建覆盖全面、导向明确、规范有序、协调一致的科技伦理治理体系。要抓紧完善制度规范,健全治理机制,强化伦理监管,细化相关法律法规和伦理审查规则,规范各类科学研究活动。"这一重大举措,开启了我国科技伦理治理制度化的历程。面对信息技术的迅猛发展,有效应对信息技术带来的伦理挑战,需要深入研究、思考并树立正确的道德观、价值观和法治观。

### (二)人工智能治理的发展阶段

#### 1.阶段状况特征

　　人工智能法律规制的发展阶段,是指人工智能的技术研发,成果开始产业化,相关技术成果已经进入社会生活领域开始应用的阶段,主体部分与专用人工智能阶段相对应。随着部分人工智能技术研发成功,相关成果开始从抽象的概念和观念成为具体社会价值载体,成为社会行为的对象和社会关系建立的基础,成为法律关系上的标的。因此,以人工智能应用为基础的新的社会行为和社会关系开始出现并逐步建立起来。当然,在这个阶段,根据发展程度的不同,作为整体的人工智能,虽然局部和部分领域的技术体现为行为

---

① 参见宋建宝:《欧盟人工智能伦理准则概要》,载中国法院网(https://www.china-court.org/article/detail/2019/04/id/3847044.shtml),访问日期:2021 年 11 月 19 日。

② 参见张吉豫:《人工智能良性创新发展的法制构建思考》,载《中国法律评论》2018 年第 2 期。

上的应用而进入到社会关系领域,但是,人工智能仍然存在概念化、观念化、抽象化的成分,在不同程度上,相关领域的人工智能有待技术继续研发和现实应用。因此,这个阶段属于人工智能的发展阶段,发展状况上体现为现象的抽象概念与具体现实应用的混合。

在这个阶段,治理与规制视角下的人工智能最显著的特点是技术成果开始逐步深入影响社会,社会实践领域中的人工智能应用场景开始出现并逐渐丰富起来,人工智能应用已经成为现实行为并形成具体社会关系。除了人工智能科学研发行为以外,开始出现因应用行为而产生的相关新的法律关系的主体、客体以及权利义务内容,相关的法律问题已经开始出现并成为日益凸显的秩序问题,法律的规制已经成为现实的考量并已经具备必要条件。

2. 阶段的价值特征与治理方法模式

当然,在这个阶段,虽然法律规制已经具备了社会应用场景基础,但是人工智能技术仍然有待发展,较为充分、丰富的人工智能的应用场景仍待逐步建立起来,对于相关技术的投入使用可能带来的权益上的风险仍然有必要在未广泛应用前做好监控。在治理的核心价值矛盾问题处理上、在规则的应用和选择上、在宏观结构上,仍然需要通过政策、伦理规范体系的制定和建设以促进、监控人工智能技术的发展。同时,在已经开始应用的领域中,人工智能技术应用上的安全风险已经不再是抽象观念上的,技术应用的积极价值效应具体现实化,相关风险已经变得现实具体可控。当然,这也是人工智能技术能够在现实中得以应用的前提,在具体相关应用领域已经具备了使风险、发展权利和义务化并在主体间进行合理分配的可能。因此,就有必要在法律行为和法律关系发展相对成熟的领域,不再只是运用政策和伦理等进行控制、管理和促进,应积极通过法律规范的制定和应用对人工智能的发展促进和风险消解进行平衡规制,进而通过平等、公开、科学合理的权利义务内容的划分与分配长效稳定地获得协调。

当然,如前文所分析探讨的,在这个阶段选择什么样的法律规制方法进行规制,各种方法之间的关系应该是怎样的?相关规制工作如何实现法律制度和秩序自身的继承发展、有序变迁?根据这个阶段人工智能发展与应用的具体状态,本书认为,在整个发展阶段上,法律治理应当体现为工作重心从适用旧法的治理模式逐步向创设新法的模式演变的过程,在发展阶段的初期阶段上,综合考虑多方面的价值平衡,应当是以既有法律的适用为主,同时在人工智能法律关系已经具备并发展相对成熟的领域进行相关的新法制定;在发展的后期阶段,相对较多的治理工作应当体现为创设出来的新法。

　　如前所述,这个阶段初期,人工智能治理选择"法律适用"的方式,体现为这样的一种社会过程:人工智能的法律治理和规制的实施过程,实际上就是在解决人工智能应用中出现的社会问题的过程中,调整和确定相关法律规范的有效性,或适用、或完善、或废弃,从而使相应法律制度得以变迁的道路过程。这个治理和规制的道路就是通过法律解决问题从而确定法律规范的有效性的道路。通常来说,按照事物发展的规律,新事物以及新行为、新的社会关系的出现是逐步的,社会关系的改变也是一种渐进式的改变,就如前文所述,人工智能的相关要素的出现并在社会关系中发生作用,致使既有规范设定的法律关系在主体、客体、权利义务内容等方面发生了与原有的不同或者差异,这种情况出现后,通常来说,按照事物的发展规律,人工智能法律上的问题首先发生在法律适用领域,或者首先反映在法律适用领域,在司法和执法的应用过程中,对这种差异性进行解释或者界定,以使这种变了样子的要件在原有的规范下获得认同,以使其照常能够适用既有法律规范,仍然在这种情况下适用原有的法律规范,这也是维系整个法律治理体系的稳定性以保障整个法律的稳定价值的实现的需要。比如,在智能机器人造成他人损害时,仍然应当依据我国《民法典》确定相关法律责任的承担者,即应当由其创造者或管理者承担责任。也就是说,在一定时期内,既有的法律制度和规则体系仍可有效地应对智能机器人所带来的挑战,而不需要承认机器人的民事地位。智能机器人进入民事主体的范畴在未来或许是可行的,因为随着未来科技的发展,智能机器人可能也会不断"进化",不排除将来智能机器人的思维能力会进一步发展,具备与人类相当甚至超越人类的意识和思考能力,并可以在一定范围内独立地享有权利、承担义务,但在目前,人工智能机器人还不能也没有必要成为民事主体①。

可以说,以上这种做法可以通过司法裁判文书或判例形成先例,这种判例通常在现实中能够起到新的法律规则的作用,对相关的法律关系和行为作出认定和调整。当然,当这种新的案件和纠纷无法在既有的法律规范中进行适用的情况下,或者说这种适用已显牵强附会影响法律适用的效果时候,在立法机构不能制定新的规则的情况下,司法机构如在我国最高人民法院会作出有效的司法解释或者其他司法文件②,通过指导司法审理工作对相应的人工智能法律领域新问题作出法律上的界定和调整,如最高人民法院《关于审理利用信息网络侵害人身权益民事纠纷案件适用法律若干问题的规定》最高人民法院《关于审理涉及计算机网络域名民事纠纷案件适用法律若干问题的解释》,等等。

对于制定新的法律规范的情况,由于以解决问题为先导,问题的逐渐出现和解决导致人工智能方面的法律规则也是逐步建立和发展起来的,由简单到复杂,由单一领域到综合领域,由规制某一个具体领域的行为关系的法律发展到体系化的法律制度过程。在法律规制的发展阶段,人工智能的立法应该开始于技术率先产业化并进行社会应用的领域。由于促进发展和管理控制风险效益的要求,以及整个领域的法律规制处于尝试探索状态,根据立法工作的自身发展规律,这个阶段的法律规范通常体现为单行法,从部门法

---

①　参见王勇:《人工智能时代的法律主体构造——以智能机器人为切入点》,载《理论导刊》2018 年第 2 期。

②　参见喻海松编著:《侵犯公民个人信息罪司法解释理解与适用》,中国法制出版社2018 年版,第 3—13 页。

的属性来看,这些规范往往都是行政促进法和行政管理法;从法律位阶上看,它们又多属于位阶较低的行政法规、规章以及地方性法规、规章等规范性文件,在空间和层级上效力上是相对有限的①。随着这个发展阶段的不断前进,逐步会出现高于这些位阶的单行法律,如电商法。即便如此,在这个发展阶段也很难形成以丰富、完善、成熟的法律规范为基础的体系化的法律制度。另外,伦理和政策在这个阶段的不同状况下仍然发挥着重要的治理作用并处于积极和显性的状态。因此,在整体上,这个阶段仍然是各种社会规则都处于相对力量均衡的混合应用阶段。

另外,在这个阶段,要充分重视人工智能技术在广阔的社会生产生活领域中的应用对既有的法律客体价值、主体行为模式、主体关系构成、法律关系内容构成等多方面法律构成要素的改变,不同于前面,这里的重要关注点在于对于既有法律治理问题上的改变,有的情况下,可能是人工智能技术的应用生成新的法律事实,使原有的法律关系和相应的法律制度已经不存在了,或者使原来制度设计所要解决的问题已经通过技术应用得到了解决,如此便改变和促进了治理效益,这在司法、执法和立法等法律运行机制中体现得最为明显。比如,智能终端上的立案方式的采用、线上的庭审方式的生成,这都对既有的问题、规则和制度进行不同程度的改变。因此,这个阶段,在具体工作上,根据现有的人工智能技术水平,要加大对法律制定和运行上的技术赋能工作,时下的智慧立法、司法、法律服务等工作就是符合这个规律要求和体现。

(三)人工智能治理的成熟阶段

1. 阶段状况特征

人工智能治理的成熟阶段是以人工智能技术的发展、应用、成熟为基础和前提的。一项技术及其运用的成熟是指这项技术在整

---

① 参见汪庆华:《人工智能的法律规制路径:一个框架性讨论》,载《现代法学》2019年第 2 期。

体上不再是抽象的,而是完全可以细化为具体的社会应用场景和相关行为现象,其技术功能处于稳定的应用状态,在一定的条件和时间范围不再会有技术上新的突破和发展,从而带来法律和法律关系相关要素的实质性改变。同时,在具体的现实应用中,相关技术应用的安全风险应该处于具体明确的状态,并且是可控的,而不是处于未知、有待防范和控制的状态。也就是说,在成熟的发展阶段,在社会主体的观念上和整体社会氛围上,人工智能技术已经不再是一种新技术,而是作为一种常规技术处于普遍应用阶段,具有通用在任何环境中的学习和行动算法,这个阶段的主体与通用人工智能阶段或者强人工智能阶段相对应①。

在这个阶段,从规则规制的角度来看,在整个社会生活中,社会主体关于人工智能应用行为是极为丰富的;从法律关系的角度来看,人工智能发展到这个阶段,应当形成丰富多样的客体性应用价值。同时,相关技术也会促使社会主体发生很大的变化,并且在主体间形成内容丰富的权利义务关系。通过法律规制的发展阶段,经过各种价值的冲突、调整、平衡和沉淀,相关的价值要素已经作为权利和义务有机融入法律规范和法律制度之中,完全脱离了整体抽象和概念化表达的状态,在整个社会关系中,已经形成内容丰富、种类多样、具有严密的规制结构关联的法律关系和规范体系。

在法律治理意义上,相对于传统社会现象和行为的法律规制经验来说,作为规制对象的人工智能,在发展成熟阶段,其应该与不同领域的法律关系以及不同层级的法律规范有更加紧密的关联和深层的涉及,在现实运行的规范体系中能够充分体现自己的存在。也就是说,相关事物所产生的社会行为关系能够以相关的部门法律对其界定,从而对其进行有效规制,并通过法律的运行和适用进行调整。

---

① 〔美〕罗素(Stuart J. Russell)、〔美〕诺维格(Peter Norvig):《人工智能:一种现代的方法》(第3版),殷建平等译,清华大学出版社2013年版,第26、856—857页。

## 2. 阶段的价值特征与治理方法模式

在这个阶段,无论在逻辑上还是在现实中,相对于前两个发展阶段,人工智能的技术和产业发展最为成熟,因此,应用场景也是最为丰富的。在权益的安全风险和发展的价值关系平衡上,通过发展阶段的治理和规制工作,在技术发展较为平稳、饱和以及安全风险比较确定的情况下,在日益丰富和体系化的法律规范和制度下,各种专门的政策、伦理的促进和监管已经凸显不出来特别的价值和意义,或者说这些规范的价值在常态中则处于隐性状态。如前文所述,虽然安全风险和发展的价值仍然是规范和制度需要实质性处理的矛盾价值关系,但是,它们已经有机地融入法律规范的权利义务分配中,在法律规范等社会行为规则所指引的日常行为和社会关系中得到了常态化的自然实现,相关的矛盾冲突也已经在立法、法律适用以及其他社会规范中得到合理恰当的平衡。

在这个阶段,随着人工智能技术在各种应用领域的发展成熟和相关规制规则的建立,人工智能规制和治理的主要方式应当是新设法律规则的运用,辅以政策和伦理规范的运用实施。在这个阶段上,实质性的安全和发展的价值冲突往往源自法律制度内部的各种规范以及法律规范与伦理和政策制度之间的冲突和矛盾。因为在发展过程中,应用场景是逐个建立起来的,相关的应用领域的规制规范也是逐个确定下来的,人工智能相关社会行为和社会关系不是单一的,而是交错复杂的。毫无疑问,逐步建立起来的规制规则通常在结果上只能进行局部领域利益考量和价值定位,这些规则之间在现实中一定会存在着各种各样的价值确定、利益划分、责任承担、权利义务划分、具体的实施办法等多方面的冲突,因此,这些发展中逐步建立起来的独立规则都需要建立关联并尽力保证构成内容协调一致,需要通过建立整体上有机统一的法律人工智能规制体系来解决相关的冲突矛盾。另外,从社会治理秩序实现的效果来看,社会规范之间的矛盾冲突关系是社会失序的直接原因和表现。因此,无论是从人工智能法律规制的外部价值实现和制度自身的发展完善来说,这个阶段的工作核心是建立人工智能治理和规制的规则体系,而其中核心工作是法律制度体系的建立。

人工智能法律规范体系建设,是指在整理既有的相关规范或者建立新的法律规范的基础上,通过确定一定标准意义上的人工智能法律规范的不同种类、不同位阶、不同渊源形式、不同的时空效力范围、不同的性质功能等,建立规范之间的结构关联关系,以消除或者平衡体系内部规范之间的矛盾关系,从而使人工智能法律规范作为一个整体有效地发挥法律治理功能。成熟发展阶段的人工智能法律规制体系建设应当解决以下七个方面的问题,包含如下几个方面的内容:

第一,根本法上的定位和制度安排。根据现实发展需要和制度安排科学性的考量,如必要,应当通过宪法等根本法的形式确定一个国家关于人工智能技术和应用行为的根本性制度安排。其中包括对于人工智能发展和应用的基本价值认识及对应态度,人工智能开发和应用的基本定位,人工智能开发应用的基本原则,人工智能技术发展和应用的管理组织、管理机制和管理制度;宪法作为根本法,确定人工智能行为相关规定的最高效力和权威,是一切规范和制度的准则,相关规定不得与其相抵触。

第二,基本法上的重要制度规定。如果必要和可行,要确定人工智能的基本法,确定通用人工智能应用的主体种类、客体内容构成,以及基本权利、义务和责任等法律关系的内容构成和种类,确定通用的人工智能开发、应用的法律行为和法律关系的基本制度与基本原则;基本法规定内容的效力和权威性要高于除了根本法以外的规范的效力和权威,这些规范不得与其相抵触。

第三,人工智能专项业务的单行法,如与发展相关的,包括人工智能技术发展、人工智能产业发展、人工智能应用技术服务等相关法律法规;与安全保障和风险防控相关的单行法,如包括与人工智能相关的安全保护、人工智能的安全标准、数据和隐私保护、网络安全等相关法律法规;又如综合性的,包括人工智能相关的产权确定和保护、电子商务活动等相关法律法规。

第四,特定的人工智能产品相关规范,如无人驾驶汽车、无人机、机器人等多种人工智能技术产品的产权、制造、管理、使用、安全标准和风险防范办法等相关的法律法规。

第五,既有部门法律规则发展完善,如民法、刑法、程序法、知识产权法等既有部门法律规范因人工智能的应用导致相关规范作出新的修改和完善,如此也在既有的部门法律文件中对人工智能做了法律上的规制和调整。当然,有的情况是通过法律适用过程的司法解释和执法办法来实现的,这在人工智能规制规范体系化建设上也要充分考虑,也是体系的构成内容和要素。

第六,人工智能立法和法律规范效力确定制度,即关于人工智能开发、应用以及管理的法律规范的属性、渊源形式和效力等级的制度安排,这会涉及根本法、基本法和单行法,中央与地方立法,国内法与国家法,立法和司法解释、判例、执法性法律文件等司法与行政的法律适用规范性文件,地域、部门与行业规范,法律、法规、规章、政策、管理制度与伦理,国际法上的国际公约、惯例等法律文件。

第七,在以上的人工智能化的社会行为和社会关系发育成熟,相关的规则和制度发展丰富、成熟的基础上,治理手段的运用和治理机制的运行也将更加智能化,即便以现有的人工智能技术为推理进路,随着各种事物的信息数字化、各种社会关系的算法化以及新的人工智能技术的出现,社会法律治理所依据的事实、问题,以及治理手段和运行方式将会有较大程度的改变,法律等规范的数字化、社会行为和关系运行的高度融合和自动智能生成、适用和执行将获得充分的技术基础和社会运用基础。在法律制定和运行上,这个阶段,应当更加注重通过技术应用改变社会法律事实、问题和解决问题的条件从而进行更加高质量和高效率的制度设计与设立,同时,充分运用智能技术实现对法律运行的赋能,实现法律等规范与社会行为和关系的紧密伴生、自动运行。

### 三、治理道路和规律的总结

以上尝试对人工智能治理阶段做了划分并对不同阶段规制的主要任务、方法和模式做了分析、探索和总结,在一定程度上阐释了人工智能治理和法律规制需要考量的相关要素、发展过程和应当遵循的基本规律,现将基本规律总结为如下六个基本方面。

(一)应用价值与权益风险的张力逐渐消减

人工智能的研发、应用和发展表现为从整体观念的抽象认识到部分技术和成果的具体现实应用的过程。在这个过程中,规制的核心价值矛盾和张力是随着现实的社会行为运行和相关社会关系的建立而逐渐清晰、确定并得到认识和掌握的。由此,应用价值、发展与安全风险的张力逐步降低,风险逐步降低与可控,而应用则逐步广泛和深入,在整个过程中,二者互为条件,相辅相成。

(二)应用价值与权益风险从分而治之到合并处理。

在人工智能社会行为和关系的规制上,在人工智能核心、实质性的矛盾价值处理上,安全风险与发展应用的规制历经的是从分而治之走向合并统一规制的过程。由以上发展状态的规律性演化和现实问题所决定,人工智能研发以及应用现象开始出现的时候,主要是通过政策和伦理根据现实的需要分别处理安全和发展上的问题,所涉及的问题和解决方案可能是综合的,但伦理和政策在解决问题上会各有侧重。而随着技术、产业和行为关系的发展成熟,治理工作就会开始运用权利义务的规范统一体来处理风险和发展的关系。在法律上,风险更多地体现为义务考量,发展和应用则更多地体现为权利考量。

(三)政策伦理功能逐步淡化与法律规范的逐步健全丰富

人工智能治理的规则建设过程是政策、伦理的规制作用和功能渐渐淡化或者隐形化,并逐步被法律规范和制度替代的过程,体现为人工智能从作为一种新的事物被政策、伦理促进和监控的阶段,逐步演化为通过常态化的法律主体间权利义务的划分而在社会上自我常态化发展和风险控制阶段。

(四)相关旧法适用上的更新完善与新法的逐步建立

人工智能的法律秩序变迁过程是旧法的适用与新法的建立相结合的过程。由此,旧法在解决问题的过程中以适应新问题的需要而逐渐修改和完善,新法则根据现实的需要在旧法的空白处得以生长和建立起来,从而顺应人工智能规制的现实需求实现法律制度的继承和发展,保证社会发展稳定有序。

(五)从单一的规范制定到统一完善的制度体系的建立

在新法的制定过程中,首先应当从位阶较低、行政管理性较强、效力范围有限的司法裁决、司法解释、行政管理等法律文件开始,在此基础上,逐步制定适用不同应用领域和场景的单行法,并根据现实情况的需要确定综合性的基本法和根本法上的内容,协调国际、国内业已形成的各种法律渊源之间的结构关系,而最终使人工智能行为的法律规范和制度体系得以建立起来。

(六)治理规范内容的演化与规范制定运行赋能同时并举

在对人工智能进行治理的发展进程中,可以说,无论是通过改变规范存在的事实和问题条件,还是确定治理规范的内容来采用同样甚至更先进的技术,保障人工智能在各种场景中进行应用的安全,以及采用同样甚至更先进的技术来运行法律,这都可以被看作是人工智能技术对法律的赋能。这种赋能的价值是明显的,这种需求也是必要的,只是往往在人工智能技术应用之初,其还没有普遍地深入到社会生产生活领域,这种价值和需求的现象往往是局部而非整体的,对于治理的主体来说往往是自发的而非自觉的,在赋能与治理的关系上往往处于割裂的而非整合的。而随着人工智能技术的升级和应用的普遍深入,这种价值和需求的显现就会愈发显著,就会演变为整个治理活动的自觉行为。

需要说明的,是以上关于人工智能规制各个阶段的划分、模式选择等规律性分析主要是根据现实的发展经验,在逻辑上的划分和从学理上的探讨,肯定不是绝对唯一的,当然在解决现实问题上也不是一劳永逸的。在现实中,完全可以根据工作上理解和解决现实问题的需要作出其他相应的阶段划分和模式选择。另外,各个阶段的划分界线也不是绝对明确的,各种规制方式的应用也不是绝对完全严丝合缝地针对不同阶段的现实问题的,这种阶段的划分的现实基础依据是人工智能现象整体、主体上的发展状况和主要矛盾状况,不排除个别、零散的情况超越界线的出现和存在,规制方式的选择也主要看解决主体矛盾问题主要方式的选择倾向,不排除其他个别问题解决选择其他的方式方法。具体说来,比如,根据不同的国家、法系和法律发展习惯与传统的情况,可能在人工智能萌芽之初就会产生比较笼统的宪章性的文件,但这种情况肯定是少数的;也可能存在对于人工智能的规制一直通过旧法的解释和司法活动文件,而不是更多地通过立法进行解决;不同国家的政党政策的作用和功能也是完全不同的,但是,毫无疑问,这些不同文化、制度传统和发展倾向所形成的偏差,不影响以人工智能技术和产业发展规律为基础所形成的治理和规制上的问题形成、演化以及解决问题所要考量的因素与规制方式、方法和道路选择上的大体规律的判断。

第四篇

我国人工智能产业、政策

与规制思路

# 第十一章　我国人工智能产业发展与政策、法规现状

目前,我国人工智能技术与产业发展较为迅速,在论文、专利产出和人才培养方面处于世界前列,在企业数量、行业投融资、市场规模等方面亦表现出较强的实力。在具体的产品应用方面,我国在智能音箱、智能机器人、无人机等终端产品方面均有世界知名的品牌,也显示出巨大的市场潜力。在人工智能与垂直行业的结合方面,我国在"人工智能+金融""人工智能+安防""人工智能+家居""人工智能+电网""人工智能+法律"等方面均取得了较大的创新成果,也有着巨大的发展空间。

人工智能应用范围广泛,语音和视觉类产品最为成熟。人工智能已经在医疗健康、金融、教育、安防等多个垂直领域得到应用。

## 第一节　新兴人工智能终端产品

过去十年,人工智能技术与传统行业深度融合,广泛应用于交通、医疗、教育和工业等多个领域,在有效降低劳动成本、优化产品和服务、创造新市场和就业等方面为人类的生产和生活带来革命性的转变。当前发展较为成熟且已初具市场规模的三款终端产品是智能音箱、智能机器人和无人机。[1]

---

[1]　参见清华大学科技政策研究中心:《中国人工智能发展报告2020》,第186页。

## 一、智能音箱

近年来,智能音箱领域增长迅速。《IDC 中国智能音箱设备市场月度跟踪报告》显示,2020 年智能音箱市场销量 3676 万台,同比下降 8.6%;其中带屏智能音箱占比 35.5%,销量同比增长 31.0%。此次整体市场下滑主要受到疫情、渠道调整和应用场景有限三方面影响。2020 年中国智能音箱市场的竞争格局依然维持着三强争霸局面,销量共占市场份额超过 95%,其中以阿里巴巴的天猫精灵和百度的小度智能音箱之间的竞争尤为激烈。从 2020 年销量来看,阿里巴巴的天猫精灵销量位居第一。而 2020 年第四季度,百度与拼多多的合作为其赢得了该季度的销量冠军宝座。而在带屏智能音箱市场上,百度以 63.4% 的市场份额保持领先。带屏音箱上的先发优势及不断升级的交互体验为小度在家系列音箱积累了良好的口碑;2020 年其带屏产品矩阵进一步完善,且渠道渗透力不断提升。[①]

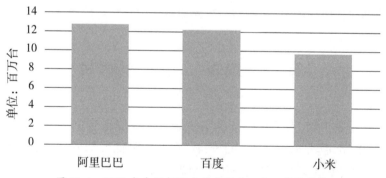

图 11.1　2020 年中国智能音箱市场前三大厂商销售[②]

---

① https://n.znds.com/mip/52094.html.
② 图表来源:Canalys 官网。

## 二、智能机器人

前述《中国人工智能发展报告2020》指出:智能机器人的发展主要经历了三个阶段,分别是可编程试教、再现型机器人,有感知能力和自适应能力的智能机器人。其中所涉及的关键技术有多传感器信息融合,导航与定位、路径规划、机器人视觉智能控制和人机接口技术等。

国际机器人联合会(IFR)发布了《世界机器人2021工业机器人》,其中显示,如今全球工厂中有300万台工业机器人在运行,增长了10%。尽管全球"新冠"大爆发,新机器人的销量仍小幅增长了0.5%,2020年全球出货量为384 000台,这一趋势主要由中国市场的积极发展引起,弥补了其他市场的萎缩。亚洲仍是全球最大的工业机器人市场。其中中国的安装量增长了20%,出货量为168400台,这是有记录以来单个国家的最高数值。运营库存达到942230台,增长21%,2021年将突破100万台大关,如此高的增速,预示着中国机器人化的速度非常快。①

图11.2　2015—2024年全球工业机器人销售情况统计及预测

----

① 载 https://www.sohu.com/a/499876509_121195728。

### 三、无人机

无人机市场主要由个人消费级无人机和商用无人机构成。消费级无人机主要用于航拍、跟拍等娱乐场景；商用无人机的应用范围则非常广泛，可以用于农林植保、物流、安保、巡防等多个领域。消费级无人机售价基本保持在 5000 美元以下，续航能力不超过 1 小时。商用无人机相比于个人无人机，拥有更大的有效载荷和更长的飞行时间，在工业领域应用最为成功。商用无人机市场出货量虽小，但售价较高，其收入占据了无人机市场的 2/3。

前述《中国人工智能发展报告（2018）》指出：目前国内最有影响力的无人机企业是大疆创新（DJI）。大疆主要开发制造消费级无人机，同时在民用领域也有渗透。在消费级无人机市场，大疆在全球占有绝对领先的市场地位。根据大疆最新公布的财报数据，2017 年公司营收 175.7 亿元，同比增长 79.6%。无人机产业市场调研公司 SkylogicResearch 的数据显示，在整个北美无人机市场，大疆占据了 50% 的份额。在主要用于拍摄的售价在 500 美元至 1000 美元的无人机市场，大疆占据了 66% 的份额；在售价在 2000 美元至 4000 美元的市场，大疆占据了 67% 的份额。除大疆外，国内还有一些发展较快、比较有影响力的无人机企业，如亿航、零零无限、零度智控和极飞科技等。

## 第二节　人工智能与传统行业的结合[①]

人工智能技术与传统行业的结合催生了人工智能行业新的增长点。

---

① 参见清华大学中国科技政策研究中心：《中国人工智能发展报告（2018）》，第 50—52 页。

1. 人工智能+金融

人工智能在金融领域的应用主要包括"智能投顾"（Rodo-Advisor）和金融反欺诈等。

"智能投顾"是人工智能与投资顾问的结合体，是一种结合人工智能、大数据、云计算等新兴技术以及现代投资组合理论（MPT）的在线投资顾问服务模式。从整个投资咨询价值链来看，如果是面向普通用户，智能投顾的服务覆盖信息获取及分析、投资方式及策略、交易执行、资产配置再平衡等，根据客户需求的提升，智能投顾也会提供一些增值服务，如税收规划等。对于专业人士，"智能投顾"则将会加入投资组合分析等。

以往金融欺诈检测系统非常依赖复杂和呆板的规则，由于缺乏有效的科技手段，已无法应对日以演进的欺诈模式和技术。伪造、冒充身份等欺诈事件时有发生，给金融企业和用户造成很大的经济损失。国内以猛犸反欺诈为代表的金融科技公司，应用人工智能技术构建自动的、智能的反欺诈技术和系统，可以帮助企业风控系统打造用户行为追踪与分析能力，建立异常特征的自动识别能力，逐步达到自主、实时地发现新的欺诈模式的目标。

2. 人工智能+安防

人工智能在安防领域的应用主要包括警用和民用两个方向。在警用方向，人工智能在公安行业的应用最具有代表性。利用人工智能技术实时分析图像和视频内容，可以识别人员、车辆信息，追踪犯罪嫌疑人，也可以通过视频检索从海量图片和视频库中对犯罪嫌疑人进行检索比对，为各类案件侦查节省宝贵时间。

在民用方向，利用人工智能可以实现智能楼宇和工业园区的智能监控。智能楼宇包括门禁管理、通过摄像头实现"人脸打卡"、人员进出管理、发现盗窃和违规探访的行为。在工业园区，固定摄像头和寻访机器人配合，可实现对园区内各个场所的实时监控，并对可能潜在的危险进行预警。除此之外，民用安防方向还有一个非常重要的应用场景，就是家用安防。当检测到家庭中没有人员时，家庭安防摄像机可自动进入布防模式,有异常时给予闯入人员声音警告,并远程通知家庭主人。而当家庭成员回家后又能自动撤防,保护用户隐私。

### 3. 人工智能+家居

智能家居可以实现远程设备控制、人机交互、设备互联互通、用户行为分析和用户画像等,为用户提供个性化生活服务,使家居生活更便捷、舒适和安全。小米打造的智能家居生态链在经历了几年的积累后,已经形成了一套自研、自产、自销的完整体系,接入生态链的硬件已高达6000万台。另外,以美的、海尔、格力为代表的传统家电企业依托本身庞大的产品线及市场占有率,也在积极向智能家居转型,推进自己的智能战略。

### 4. 人工智能+电网

在供应方面,人工智能技术能协助电力网络营运商或者政府改变能源组合,调整化石能源使用量,增加可再生资源的产量,并且将可再生能源的自然间歇性破坏降到最低。生产者将能够对多个来源产生的能源输出进行管理,以便实时匹配社会、空间和时间的需求变化。

在线路的巡视巡检方面,借助智能巡检机器人和无人机实现规模化、智能化作业,提高效率和安全性。智能巡检机器人搭载多种检测仪,能够近距离观察设备,运检准确性高。在数据诊断方面,相比人眼和各类手持仪器,机器人巡检也更精确,而且全天候、全自主,大大提高了设备缺陷和故障查找的准确性和及时性。同时,用户可以对机器人巡检的每个点位的历史数据进行趋势分析,提前预警设备潜在的劣化信息,为精准检修策略的制定提供科学依据。

### 5. 人工智能+法律①

我国"人工智能+法律"领域发展较为迅速,也展现出较大的潜

---

① 参见上海百事通信息技术股份有限公司:《法律人工智能发展趋势研究报告》,第28—31页。

力。正如萨斯金教授多次谈到,中国的法律服务行业可以采取"蛙跳"的方式,利用人工智能等新兴科技,引导全球法律科技行业的变革。他大胆地预言,5 年后中国的法律服务行业将领先全世界。

在政府公共领域,法律科技取得了较大的成就。2013 年 7 月 1 日,中国裁判文书网开通运行,自此各级法院的生效裁判文书,除涉及国家机密、商业秘密和个人隐私外,均予以网上公开,这为机器学习提供了重要的数据资源基础。2015 年 7 月,最高人民检察院召开"互联网+检察工作"座谈会,会上明确提出"智慧检务"概念。自2005 年公安部下发《关于开展城市报警与监控技术系统建设工作的意见》以来,我国公安系统也在打造"天网工程",即为满足城市治安防控和城市管理需要,利用 GIS 地图、图像采集、传输、控制、显示等设备和控制软件,对固定区域进行实时监控和信息记录的视频监控系统。近年来,"天网"系统正在利用人工智能技术升级为智能视频监控系统,即利用最新图像识别技术、对海量数据的分析和处理能力,在运行过程中能够精准地抓取信息和智能识别。该工程的重要组成部分"实时行人检测识别系统"可以通过路上的智能摄像头,基于人脸识别技术等识别行人的年龄、性别、衣着等信息。

与我国人工智能产业迅猛发展相得益彰的,是我国为人工智能发展提供了友好的政策法规环境。在国家层面,我国陆续出台了《中国制造 2025》《关于积极推进"互联网+"行动的指导意见》《中华人民共和国国民经济和社会发展第十三个五年规划纲要》《机器人产业发展规划(2016-2020 年)》《"互联网+"人工智能三年行动实施方案》《"十三五"国家科技创新规划》《新一代人工智能发展规划》《促进新一代人工智能产业发展三年行动计划(2018-2020 年)》等一系列政策法规对人工智能技术与产业发展提供支持,同时在无人机、自动驾驶等方面也出台了一些政策法规以引导产业发展。在地方层面,截至 2022 年 3 月,我国有 29 个省市出台了相关产业政策促进推动新一代人工智能发展,部分地区还因地制宜在本地区制定了无人机、自动驾驶等相关政策法规。总体来看,我国的政策法规制定尚有以下不足之处：政策制定偏重宏观上的产业促进，对于具体领域的指导不足；在无人机、自动驾驶、智能医疗等领域，体系化、标准化政策法规供给不足；全国各地人工智能政策支持力量不均衡，总体上东部省份发达于西部省份。

任何技术都是"双刃剑"，都需要外部力量加以规制，人工智能也概莫能外。对于人工智能规制的基本价值定位，最重要的就是在发展与安全的矛盾中作出选择。技术发展可能影响到人类总体安全、国家安全与个人安全，出于对人工智能技术的较高的风险评估结果，本书认为应当在发生冲突时以安全价值为重。在人工智能规制过程中，要注意协调技术规则与法律规则的关系、伦理理性与工具理性的关系、近期立法与中远期立法的关系、国内规则和国际规则的关系、规制人与规制机器的关系、法律政策与道德伦理的关系、人工智能与国家安全的关系。总体上，对于人工智能的规制，应当坚持伦理、政策、法律三管齐下，协调形成人工智能规制体系；坚持前期引导、中期约束、后期干预的立法逻辑；探索在现行法律框架内规制人工智能的可能性，适时对既有部门法律规则进行修订完善；对于发展比较成熟的人工智能领域，要加快立法；对于发展尚不成熟的人工智能技术，要强化研究，适时纳入立法计划；积极参与人工智能国际规则制定。对于人工智能的法律规制，应当明确其目标定位系保护、促进与监管的三位一体，在时间定位上人工智能立法亦需要超前部署，在范围定位上要注意协调国内法与国际法的关系。

我国人工智能相关政策法律法规数量较多。截至 2022 年 3 月 25 日，以"人工智能"作为标题或全文关键词，在法信网数据库上进行模糊检索，共检索得到国家层面的政策法律法规 1186 部，地方层面的政策法规 6917 部。下文将对较为重要的政策法律法规文件进行介绍，并总结现状与不足。

## 第三节　我国国家层面人工智能相关政策、法规现状

### 一、人工智能发展的早期阶段(1956—1997 年)

21 世纪前,囿于算法、算力、数据等技术条件的限制,人工智能总体上处于缓慢发展的时期。在人工智能发展的第一次繁荣期(1956—1976 年)①与第一次低谷期(1976—1982 年)②,我国由于特殊历史原因,未能在国家政策层面上对人工智能技术投入较多的关注。在人工智能发展的第二次繁荣期(1982—1987 年)③与第二次低谷期(1987—1997 年)④,我国逐步开始对人工智能技术的发展提供政策支持。

"文化大革命"结束之后,我国对人工智能等信息技术就一直抱持着鼓励研究、促进发展的基本态度。1986 年 8 月 2 日,国家科委《关于当前科技工作形势和今后工作若干意见的报告》中对既往的"学术批判"进行了反思,即"三十多年来,我国在自然科学领域,先后进行过许多次'学术批判',如批判摩尔根遗传学说、分子生物学、控制论、人工智能、相对论等,这些批判除采取了不应有的政治斗争手段之外,还存在两个共同性问题:一是把现成的哲学结论和概念当作判别科学是非的标准,凡不符合这些标准的,一概当作谬误;二是把自己知识上的局限和偏见当作科学探讨的界限,凡超过这个

---

①　1956 年达特茅斯会议提出了"人工智能"的概念和发展目标;1959 年,Arthur Samuel 提出了机器学习。在此阶段,人工智能迎来了首个繁荣期。
②　在此阶段,受到机器翻译等项目失败以及一些学术报告的负面影响,人工智能遭受质疑与批评,包括:运算能力不足、计算复杂度较高、常识与推理实现难度较大等等。
③　在此阶段,出现了更强可视化的决策树模型和突破早期感知机局限的多层人工神经网络,具备逻辑规则推演和特定领域回答解决问题的专家系统盛行,第五代计算机得到发展。
④　在此阶段,技术领域再次陷入瓶颈,抽象推理不再被继续关注,基于符号处理的模型遭到反对。

界限的,一概当作邪说。今后一定要避免重演这种错误。"1988 年 4 月 20 日,国务院办公厅《关于印发信息技术发展政策要点和生物技术发展政策要点的通知》(国办发〔1988〕18 号)提出:"在具有重要意义和潜在市场的若干领域里,开展面向未来的中、长期研究开发活动。这些领域包括:超大规模集成电路和超高速集成电路技术、综合业务数字网络技术、软件自动化技术、柔性生产技术、人工智能和智能计算机系统等。"1992 年 3 月 8 日,国务院下达的《国家中长期科学技术发展纲领》中提出:"要研究新一代计算机技术,发展中文信息处理技术、人机界面技术和人工智能技术。研究、开发柔性制造系统技术、机器人技术和计算机集成制造系统技术。"

二、人工智能的复苏期(1997—2010 年)

伴随着 1997 年人工智能"深蓝"(Deep Blue)战胜世界国际象棋冠军 Garry Kasparov,人工智能技术重新受到人们的关注。机器计算性能的提升与互联网技术的快速普及也为这一轮人工智能的复苏提供了基础。

在这一阶段,我国在宏观上继续支持人工智能技术的研究发展,在具体领域也持续探索人工智能技术的应用。(1)在工程勘探领域,2003 年 9 月 12 日,国务院建设部发布的《工程勘察技术进步与技术政策要点》(建质函〔2003〕202 号)中提出:"要加强新的信息技术,如三维数字化技术、网络通讯技术、地理信息系统与卫星定位系统技术、人工智能技术、企业管理信息化等在岩土工程领域的应用研究。"(2)在医疗领域,2009 年 11 月 13 日,国务院卫生部发布的《人工智能辅助诊断技术管理规范(试行)》(卫办医政发〔2009〕196 号)(现已失效)中提出了人工智能辅助诊断技术临床应用的医疗机构、人员、技术管理等方面的基本要求。

### 三、人工智能的增长爆发期(2010年至今)

2010年以来，伴随着大数据时代的到来，人工智能迎来了增长爆发期。2014年，微软发布全球首个智能助理微软小娜。2016年，AlphaGo以4∶1战胜世界围棋冠军李世石。由于算法的优化、算力的提高、数据规模和质量的提升，人工智能技术发展环境空前优越，各国纷纷筹谋人工智能技术的发展。

在这一时期，特别是2015年以来，我国不断出台关于人工智能的政策，大力促进人工智能技术和产业的发展。鼓励和支持人工智能的发展逐渐成为一项国家战略。这一阶段，我国国家层面上较为重要的人工智能相关政策法律法规主要包括如下内容。

#### 1. 宏观上的产业促进政策法律法规

2015年5月，国务院印发《中国制造2025》，其中首次提及智能制造，提出加快推动新一代信息技术与制造技术融合发展，把智能制造作为两化深度融合的主攻方向，着力发展智能装备和智能产品，推动生产过程智能化。

2015年7月4日，国务院印发《关于积极推进"互联网+"行动的指导意见》，其明确提出第11个重点发展领域为人工智能领域。该意见指出：依托互联网平台提供人工智能公共创新服务，加快人工智能核心技术突破，促进人工智能在智能家居、智能终端、智能汽车、机器人等领域的推广应用，培育若干引领全球人工智能发展的骨干企业和创新团队，形成创新活跃、开放合作、协同发展的产业生态。该意见提出了培育发展人工智能新兴产业，推进重点领域智能产品创新，提升终端产品智能化水平三个主要方向。

2016年3月16日，第十二届全国人民代表大会第四次会议批准了《中华人民共和国国民经济和社会发展第十三个五年规划纲要》，其中指出要"重点突破大数据和云计算关键技术、自主可控操作系统、高端工业和大型管理软件、新兴领域人工智能技术"。

2016 年 4 月,工信部、发改委、财政部联合发布《机器人产业发展规划(2016—2020 年)》。该规划指出,机器人产业发展要推进重大标志性产品率先突破。在工业机器人领域,聚焦智能生产、智能物流,攻克智能机器人关键技术,提升可操作性和可维护性,重点发展弧焊机器人、真空(洁净)机器人、全自主编程智能机器人、人机协作机器人、双臂机器人、重载 AGV 6 种标志性工业机器人产品,引导我国工业机器人向中高端发展。

2016 年 5 月 18 日,发改委、科技部、工信部和网信办联合印发《"互联网+"人工智能三年行动实施方案》。该方案指出,到 2018 年,中国将基本建立人工智能产业体系、创新服务体系和标准化体系,培育若干全球领先的人工智能骨干企业,形成千亿级的人工智能市场应用规模。根据该方案,未来 3 年将在 3 个大方面、9 个小项推进智能产业发展。智能家居、智能可穿戴设备、智能机器人等都将成为发展的重点扶持项目。

2016 年 7 月 28 日,国务院印发《"十三五"国家科技创新规划》。该规划指出,在人工智能领域,重点发展大数据驱动的类人智能技术方法,开展下一代机器人技术、智能机器人学习与认知、人机自然交互与协作共融等前沿技术研究。

2016 年 8 月 26 日,国家发展改革委办公厅《关于请组织申报"互联网+"领域创新能力建设专项的通知》出台,其中提到了人工智能的发展应用问题,指出:为构建"互联网+"领域创新网络,促进人工智能技术的发展,应将人工智能技术纳入专项建设内容。其包括申报深度学习技术及应用国家工程实验室、类脑智能技术及应用国家工程实验室、虚拟现实/增强现实技术及应用国家工程实验室等。

2016 年 11 月 19 日,国务院印发《"十三五"国家战略性新兴产业发展规划的通知》,其中要求推动类脑研究等基础理论和技术研究,加快基于人工智能的计算机视听觉、生物特征识别、新型人机交互、智能决策控制等应用技术研发和产业化,支持人工智能领域的基础软硬件开发。在制造、教育、环境保护、交通、商业、健康医疗、网络安全、社会治理等重要领域开展试点示范,推动人工智能规模化应用。

2017 年 3 月,李克强总理在《政府工作报告》中提到:"一方面要加快培育新材料、人工智能、集成电路、生物制药、第五代移动通信等新兴产业,另一方面要应用大数据、云计算、物联网等技术加快改造提升传统产业,把发展智能制造作为主攻方向。"

2017 年 7 月 8 日,国务院印发《新一代人工智能发展规划》(以下简称《规划》),提出了面向 2030 年我国新一代人工智能发展的指导思想、战略目标、重点任务和保障措施,部署构筑我国人工智能发展的先发优势,加快建设创新型国家和世界科技强国。《规划》明确了我国新一代人工智能发展的战略目标:到 2020 年,人工智能总体技术和应用与世界先进水平同步,人工智能产业成为新的重要经济增长点,人工智能技术应用成为改善民生的新途径;到 2025 年,人工智能基础理论实现重大突破,部分技术与应用达到世界领先水平,人工智能成为我国产业升级和经济转型的主要动力,智能社会建设取得积极进展;到 2030 年,人工智能理论、技术与应用总体达到世界领先水平,成为世界主要人工智能创新中心。

2017 年 9 月 1 日,中华人民共和国第十二届全国人民代表大会常务委员会第二十九次会议修订通过《中小企业促进法》,将第 33 条改为:"国家支持中小企业在研发设计、生产制造、运营管理等环节应用互联网、云计算、大数据、人工智能等现代技术手段,创新生产方式,提高生产经营效率。"

2017 年 12 月,工业和信息化部印发《促进新一代人工智能产业发展三年行动计划(2018—2020 年)》。计划提出,以信息技术与制造技术深度融合为主线,以新一代人工智能技术的产业化和集成应用为重点,推进人工智能和制造业深度融合,加快制造强国和网络强国建设。

2018 年 1 月,在国家人工智能标准化总体组、专家咨询组成立大会上,国家标准化管理委员会宣布成立国家人工智能标准化总体组、专家咨询组,负责全面统筹规划和协调管理我国人工智能标准化工作。会议发布了《人工智能标准化白皮书(2018版)》,从支撑人工智能产业整体发展的角度出发,研究制定了能够适应和引导人工智能产业发展的标准体系,进而提出近期急需研制的基础和关键标准项目。

2018年3月5日,在第十三届全国人民代表大会第一次会议上,李克强总理在政府工作报告中提出:"发展壮大新动能。做大做强新兴产业集群,实施大数据发展行动,加强新一代人工智能研发应用,在医疗、养老、教育、文化、体育等多领域推进'互联网+'。发展智能产业,拓展智能生活。运用新技术、新业态、新模式,大力改造提升传统产业。"

2018年4月1日,国务院《关于落实〈政府工作报告〉重点工作部门分工的意见》中提出:"发展壮大新动能。做大做强新兴产业集群,实施大数据发展行动,加强新一代人工智能研发应用,在医疗、养老、教育、文化、体育等多领域推进'互联网+'。加快发展现代服务业。发展智能产业,拓展智能生活,建设智慧社会。运用新技术、新业态、新模式,大力改造提升传统产业。加强新兴产业统计。(国家发展改革委、工业和信息化部、科技部牵头,教育部、民政部、财政部、人力资源社会保障部、文化和旅游部、国务院国资委、国家卫生健康委员会、国家市场监督管理总局、国家广播电视总局、体育总局、国家统计局、国家文物局、国家中医药局等按职责分工负责)"

2018年12月14日,科技部发布《科技企业孵化器管理办法》。其第17条提出:"孵化器应加强服务能力建设,利用互联网、大数据、人工智能等新技术,提升服务效率。有条件的孵化器应形成'众创—孵化—加速'机制,提供全周期创业服务,营造科技创新创业生态。"

2. 具体领域的产业促进、指导政策、法律、法规

(1)无人机领域

在无人机领域,我国国家层面上的相关政策、法律、法规主要包

括以下内容:

2010年8月24日,国家测绘局发布了6项测绘行业标准,均自2010年10月1日起实施,具体为:《数字航摄仪检定规程》,编号为CH/T 8021—2010;《无人机航摄安全作业基本要求》,编号为CH/Z 3001—2010;《无人机航摄系统技术要求》,编号为CH/Z 3002—2010;《低空数字航空摄影测量内业规范》,编号为CH/Z 3003—2010;《低空数字航空摄影测量外业规范》,编号为CH/Z 3004—2010;《低空数字航空摄影规范》,编号为CH/Z 3005—2010。

2017年6月13日,国家标准化管理委员会办公室等印发了《无人驾驶航空器系统标准体系建设指南(2017—2018年版)》。其中提出:无人驾驶航空器系统标准体系建设共分两个阶段完成。第一阶段(2017—2018年):满足无人驾驶航空器系统市场需求,支撑行业监管需要,初步建立无人驾驶航空器系统标准体系,并重点制定一批市场急需、支撑监管的关键标准;第二阶段(2019—2020年):逐步推进无人驾驶航空器系统标准制定工作,到2020年,基本建立健全无人驾驶航空器系统标准体系,制修订300项以上无人驾驶航空器系统标准,基本实现基础标准、管理标准和技术标准全覆盖,行业应用标准满足相关行业应用需求。加快将我国标准提升为国际标准,提高我国无人驾驶航空器系统国际标准化竞争力。

2017年12月6日,工信部发布了《关于促进和规范民用无人机制造业发展的指导意见》(工信部装〔2017〕310号)。其中提出了指导思想、基本原则、发展目标等总体要求,大力开展技术创新、提升产品质量性能、加快培育优势企业、拓展服务应用领域、建立完善标准体系、强化频率规范使用、推进管控平台建设、推动产品检测认证等主要任务,加强组织实施、加大政策支持、注重人才培养、发挥协会作用、强化日常监管等保障措施。

(2)自动驾驶领域

在自动驾驶领域,我国国家层面上的相关政策、法律法规主要包括以下内容:

2017 年 12 月 27 日,工业和信息化部、国家标准化管理委员会印发《国家车联网产业标准体系建设指南(智能网联汽车)》(工信部联科〔2017〕332 号),提出分阶段建立适应我国国情并与国际接轨的智能网联汽车标准体系:到 2020 年,初步建立能够支撑驾驶辅助及低级别自动驾驶的智能网联汽车标准体系。制定 30 项以上智能网联汽车重点标准,涵盖功能安全、信息安全、人机界面等通用技术以及信息感知与交互、决策预警、辅助控制等核心功能相关的技术要求和试验方法,促进智能化产品的全面普及与网联化技术的逐步应用;到 2025 年,系统形成能够支撑高级别自动驾驶的智能网联汽车标准体系。制定 100 项以上智能网联汽车标准,涵盖智能化自动控制、网联化协同决策技术以及典型场景下自动驾驶功能与性能相关的技术要求和评价方法,促进智能网联汽车"智能化+网联化"融合发展,以及技术和产品的全面推广普及。

2018 年 4 月 3 日,工业和信息化部、公安部、交通运输部印发《智能网联汽车道路测试管理规范(试行)》(工信部联装〔2018〕66 号,已失效),其中对测试主体、测试驾驶人及测试车辆、测试申请及审核、测试管理、交通违法和事故处理等事项进行了规定。

2018 年 12 月 25 日,工业和信息化部印发《车联网(智能网联汽车)产业发展行动计划》(工信部科〔2018〕283 号),提出行动目标是:到 2020 年,实现车联网(智能网联汽车)产业跨行业融合取得突破,具备高级别自动驾驶功能的智能网联汽车实现特定场景规模应用,车联网综合应用体系基本构建,用户渗透率大幅提高,智能道路基础设施水平明显提升,适应产业发展的政策法规、标准规范和安全保障体系初步建立,开放融合、创新发展的产业生态基本形成,满足人民群众多样化、个性化、不断升级的消费需求。

## 第四节　我国地方层面人工智能相关政策、法规现状

### 一、时间分布特点

在地方政策法规制定的时间分布特点上,清华大学中国科技政策研究中心发布的《中国人工智能发展报告(2018)》指出:省级人工智能政策发布起始于 2009 年,随着 2012 年《国务院关于推进物联网有序健康发展的指导意见》发布,全国各省市发布人工智能政策的数量呈现逐年递增趋势。在 2014 年后,伴随着国务院《关于印发〈中国制造 2015〉的通知》《关于积极推进"互联网+"行动的指导意见》《关于印发促进大数据发展行动纲要的通知》《国民经济和社会发展第十三个五年规划纲要》的颁布,各省市的人工智能政策发布呈现井喷式的增长态势。至 2016 年,各省市人工智能政策发布数量到达峰值 276 篇。2017 年,《国务院关于引发新一代人工智能发展规划的通知》出台,再一次推动各省市人工智能政策发布的热潮,各地的人工智能发展规划也相继出台。[①]

### 二、地域分布特点

在地方政策法规制定的地域分布特点上,截至 2019 年 1 月 20 日,笔者以"人工智能"作为标题或全文关键词,在法信网数据库上进行模糊检索,共检索得到地方层面的政策法规 1939 部。其中,政策法规数量排名前五名的是:广东省(165 部)、安徽省(156 部)、江苏省(132 部)、山东省(105 部)、河南省(101 部),见表 11.1。

---

① 参见清华大学中国科技政策研究中心:《中国人工智能发展报告(2018)》,2018年 7 月,第 66 页。

表 11.1　我国地方层面人工智能相关政策法规数量分布(单位:部)

| 排名 | 省级地区 | 数量 | 排名 | 省级地区 | 数量 | 排名 | 省级地区 | 数量 |
|---|---|---|---|---|---|---|---|---|
| 1 | 广东省 | 165 | 11 | 上海市 | 77 | 21 | 江西省 | 35 |
| 2 | 安徽省 | 156 | 12 | 甘肃省 | 73 | 22 | 山西省 | 34 |
| 3 | 江苏省 | 132 | 13 | 四川省 | 64 | 23 | 吉林省 | 33 |
| 4 | 山东省 | 105 | 14 | 广西壮族自治区 | 59 | 24 | 内蒙古自治区 | 32 |
| 5 | 河南省 | 101 | 15 | 辽宁省 | 58 | 25 | 黑龙江省 | 29 |
| 6 | 河北省 | 95 | 16 | 湖南省 | 53 | 26 | 云南省 | 28 |
| 7 | 浙江省 | 90 | 17 | 陕西省 | 48 | 27 | 宁夏回族自治区 | 13 |
| 8 | 天津市 | 86 | 18 | 湖北省 | 46 | 28 | 海南省 | 11 |
| 9 | 重庆市 | 86 | 19 | 贵州省 | 46 | 29 | 青海省 | 9 |
| 10 | 福建省 | 83 | 20 | 北京市 | 38 | 30 | 西藏自治区 | 3 |
|  |  |  |  |  |  | 31 | 新疆维吾尔自治区 | 2 |

### 三、领域分布特点

1. 宏观上的产业促进政策、法律、法规

不少地区都出台了相关产业政策促进推动新一代人工智能发展。截至 2019 年 1 月 20 日,上海市、浙江省、吉林省、南京市、辽宁省、黑龙江省、贵阳市、福建省、广西壮族自治区、长沙市、合肥市、江苏省、成都市、贵州省、东莞市、广东省、甘肃省、天津市、广州市、沈阳市、武威市等 21 个省市均出台了专项针对人工智能的政策支持本地区的产业发展。例如,2018 年 7 月 23 日,广东省人民政府发布了《关于印发广东省新一代人工智能发展规划的通知》(粤府〔2018〕64 号),主要包括以下内容:

基础与环境:在发展基础方面,广东总体发展实力稳步增强、产业链条基本建立、科技创新能力持续提升、创新企业规模不断扩大、产业融合应用趋势加强;在发展机遇方面,人工智能进入快速发展阶段,成为国际竞争的新焦点,广东具备培育人工智能产业的良好条件;在问题与挑战方面,人工智能领域本身存在技术瓶颈,尚未形成体系化、标准化发展格局,人工智能专业人才结构性短缺。

总体要求:指导思想、基本原则、发展目标,提出"第一步,到2020年,广东人工智能产业规模、技术创新能力和应用示范均处于国内领先水平,部分领域关键核心技术取得重大突破,一批具有地域特色的开放创新平台成为行业标杆,人工智能成为助推广东产业创新发展的重要引擎,形成广东经济新的增长点;第二步,到2025年,广东人工智能基础理论取得重大突破,部分技术与应用研究达到世界先进水平,开放创新平台成为引领人工智能发展的标杆,有力支撑广东建设国家科技产业创新中心;第三步,到2030年,人工智能基础层、技术层和应用层实现全链条重大突破,总体创新能力处于国际先进水平,聚集一批高水平人才队伍和创新创业团队,人工智能产业发展进入全球价值链高端环节,人工智能产业成为引领国家科技产业创新中心和粤港澳大湾区建设的重要引擎。新一代人工智能技术和产品在各领域得到广泛应用,建成一大批人工智能科技创新创业平台载体,成为全球人工智能产业科技创新前沿阵地,智能经济与智能社会取得跨越式发展。基本建立较完善的人工智能法规、伦理规范和政策体系,形成较强大的人工智能安全评估和管控能力"。

强化人工智能科研前瞻布局:加强前沿与应用基础理论研究,着力突破应用关键技术瓶颈,着重加强数据支撑共性技术攻关,大力推动关键部件和系统研发。

构建开放协同的创新平台体系:打造若干人工智能开放创新平台,推进深度学习计算服务平台建设,推进开源软硬件基础平台建设,推进产学研协同创新平台建设,推进行业公共服务平台建设,加快人工智能多领域多场景示范应用(智能机器人、智能终端产品、智能可穿戴设备、智能无人驾驶运载设备、智能制造、智慧政府、智能物流、智能教育、智能家居、智能医疗、智能交通、智能金融、智能安防、智慧农业、军民融合)。

推动人工智能产业集约集聚发展:促进人工智能产业园区蓬勃发展,加快打造人工智能小镇,推动人工智能企业"专精特新"发展,孵化人工智能创新创业企业,引进具有创新活力的龙头企业。

营造良好的人工智能多元创新生态:加强与先进国家和地区的合作发展,推动粤港澳大湾区共创共赢,促进省际创新要素协同联动,提升基础配套服务能力,加快数据资源开放共享,加大科技金融支持力度,构建标准规范和知识产权体系,健全法规和安全监管体系。

保障措施:加强组织领导,加强政策支持,集聚高端人才,优化空间布局,加强试点建设。

2. 具体领域的产业促进、指导政策、法律法规

(1)无人机领域

各省、市在无人机领域因地制宜制定了相应的政策法规,主要包括以下内容。

在辽宁省,2016 年 6 月 20 日,盘锦市人民政府印发了《盘锦市无人机产业发展规划》。

在宁夏回族自治区,2016 年 10 月 20 日,中卫市人民政府发布了《关于规范中卫沙坡头机场周边通用航空及无人机飞行管理的通告》。

在云南省,2017 年 5 月 12 日,文山州人民政府发布了《关于明确文山普者黑机场无人驾驶航空器禁飞区域的通告》。

在四川省,2017 年 8 月 18 日,四川省人民政府公布了《四川省民用无人驾驶航空器安全管理暂行规定》。

在陕西省,2017 年 9 月 6 日,宝鸡市人民政府办公室印发了《宝鸡市民用无人机管理暂行规定》。

在重庆市,2017 年 10 月 29 日,重庆市人民政府公布了《重庆市

民用无人驾驶航空器管理暂行办法》。

在湖北省,2017 年 10 月 30 日,湖北省人民政府办公厅印发了《湖北省无人驾驶航空器专项整治联防联控工作实施方案》。

在湖南省,2018 年 3 月 5 日,长沙市芙蓉区人民政府办公室印发了《长沙市芙蓉区无人驾驶航空器及其他升空物体专项整治方案》。

在新疆维吾尔自治区,2018 年 5 月 8 日,新疆维吾尔自治区人民政府发布了《新疆维吾尔自治区民用无人驾驶航空器安全管理规定》。

在江苏省,2018 年 11 月 27 日,江苏省工业和信息化厅印发了《关于促进和规范江苏省民用无人机制造业发展的意见》。

(2) 自动驾驶领域

各省、市在自动驾驶领域也因地制宜制定了相应的政策法规,主要包括以下内容。

在北京市,2018 年 8 月 9 日,北京市交通委员会、北京市公安局公安交通管理局、北京市经济和信息化委员会印发了北京市《关于加快推进自动驾驶车辆道路测试有关工作的指导意见(试行)》和《北京市自动驾驶车辆道路测试管理实施细则(试行)》。随后,北京市经济和信息化委员会、北京市交通委员会、北京市公安局公安交通管理局印发了《北京市自动驾驶车辆道路测试能力评估内容与方法(试行)》和《北京市自动驾驶车辆封闭测试场地技术要求(试行)》。

在天津市,2018 年 12 月 24 日,天津市交通运输委员会、天津市工业和信息化局、天津市公安局发布《关于指定西青区、东丽区智能网联汽车测试道路的通告》。

在重庆市,2018 年 3 月 11 日,重庆市经济和信息化委员会、重庆市公安局、重庆市交通委员会、重庆市城市管理委员会印发了《重庆市自动驾驶道路测试管理实施细则(试行)》(渝经信发〔2018〕14 号,已失效)。

在河北省,2018 年 1 月 2 日,保定市人民政府印发了《保定市人民政府关于做好自动驾驶车辆道路测试工作的指导意见》(保政发〔2018〕1 号)。

在广东省,2018 年 4 月 3 日,肇庆市人民政府印发了《肇庆市人民政府关于加快推进肇庆市自动驾驶车辆道路测试有关工作的指导意见》(肇府函〔2018〕126 号)。2018 年 5 月 22 日,深圳市交通运输委员会、深圳市发展和改革委员会、深圳市经济贸易和信息化委员会、深圳市公安局交通警察局印发了《深圳市关于贯彻落实〈智能网联汽车道路测试管理规范(试行)〉的实施意见》。

在江苏省,2018 年 9 月 3 日,江苏省经济和信息化委员会、江苏省公安厅、江苏省交通运输厅印发了《江苏省智能网联汽车道路测试管理细则(试行)》。2018 年 12 月 6 日,江苏省工业和信息化厅、江苏省市场监督管理局印发了《江苏省智能网联汽车标准体系建设指南》。2018 年 7 月 16 日,杭州市经济和信息化委员会、杭州市公安局、杭州市交通运输局印发了《杭州市智能网联车辆道路测试管理实施细则(试行)》。

## 第五节　我国人工智能相关政策、法规的优势及不足

### 一、优势

(1)总体上思想解放完成,政策制定者长期支持科研和产业发展

总体来看,我国自从 20 世纪 80 年代以来就在关注人工智能等新潮信息技术,并在政策上不断给予支持。进入 21 世纪之后,特别是 2015 年之后,无论是国家还是地方都开始进行密集的政策制定,对人工智能技术的科研和产业化予以支持。近 40 年来,我国政策制定者对待人工智能技术一直采取积极关注、促进发展的态度,在拥抱先进技术方面已经完成了思想解放,为各界人士踊跃投

身人工智能产学研建设事业提供了良好的政策环境,也使得人工智能产业的投资者、建设者有着良好的政策利好预期。

(2)国家层面上能够发挥体制优势,顶层设计力量强大

在人工智能领域,我国发挥"集中力量办大事"的优势,通过党中央、人大、政府、司法系统的分工配合、交流协作,加强产业促进与监管的顶层设计。目前,我国在国家层面上出台了一系列促进人工智能产学研发展的政策法规,向市场释放了良好的信号。同时,鉴于我国人工智能产学研的主力军依然是中国科学院系统、清华大学等事业单位,以及国家电网等国有企业,这为数据收集、技术跟踪、政策制定、产业促进提供了便利,节约了交易成本,加强了顶层设计的力量。

(3)地方层面上各省市可以因地制宜,以试点带动相关区域乃至全国

由于受到国家层面上的政策推动,以及看到人工智能技术本身的发展潜力,目前,各省市纷纷将人工智能产业视为本地区经济的下一个增长点,并出台各项政策促进产业发展。人工智能技术应用具体的落地场景不同,各地区在人工智能终端产品以及产业链方面也具有不同的区位优势。一方面,各地区可以根据本省市具体的地理特点、投资环境、劳动力资源等条件发展适合本省市的人工智能产业。例如,贵州省等山地地形可能更适宜大数据产业的发展。另一方面,对于某些尚未形成监管共识的新鲜事物(例如无人机、自动驾驶等),可以借助各地开展"试点先行"的尝试,总结经验教训后逐步推广到相关区域乃至全国。

二、不足

(1)政策制定偏重宏观上的产业促进,对于具体领域的指导不足

无论是国家还是地方层面,绝大多数的政策、法规都是注重在

宏观上释放利好信号,高屋建瓴地进行多维度的产业促进。但是,对于已经形成终端产品的无人机、自动驾驶领域,无论是国家还是地方层面,制定的政策、法规都数量偏少,且大多数处于试行或工作计划阶段。对于人工智能技术与垂直领域的结合,特别是智能医疗、智能金融等涉及群体性利益且风险较高的领域,产业促进与风险管理的政策手段均显示出数量上的不足。

(2)在无人机、自动驾驶、智能医疗等领域,体系化、标准化政策法规供给不足

对于无人机、自动驾驶、智能医疗等发展速度较快或者发展需求较为迫切的领域,目前,在国家层面尚未形成统一的、满足产业链各阶段生产需求的行业标准,更未形成体系化的政策、法规;在地方层面,也仅有数个省市开展了无人机、自动驾驶领域的试点工作。事实上,对于自动驾驶、无人机、智能医疗等涉及大规模群体人身安全、社会公共秩序的领域,尽早形成体系化、标准化的政策环境,既有利于行业的规范化发展,也有利于市场形成稳定的政策预期,提升安全高效的生产能力。对于这些具体领域的标准、政策、法规的形成,一方面需要行业本身在发展中摸索出符合安全生产与运营需求的标准;另一方面也需要在政策形成方面吸收行业专家意见,整合政府、行业专家与龙头企业力量,以形成科学的政策供给。

(3)全国各地人工智能政策支持力量不均衡,总体上东部省份发达于西部省份。

总体上,无论是宏观层面上的人工智能产业促进政策,还是无人机、自动驾驶等具体领域内的人工智能产业指导政策,我国各地区人工智能的政策供给都呈现出不均衡的态势。从政策的总体数量上看,如广东省、安徽省、江苏省、山东省、河南省、河北省、浙江省、天津市、重庆市等人工智能政策制定较为积极的省级地区均属于我国东部;而云南省、宁夏回族自治区、青海省、西藏自治区、新疆维吾尔自治区等西部地区在政策制定规模和具体举措上都较为落后。本书认为,之所以出现这种情况,可能与经济基础、人口密度、

地理环境、劳动力资源、科研力量、市场需求等方面的差异有关。但是，人工智能产业的发展或许可以在某种程度上突破传统工业发展条件的制约。例如，对于自动驾驶汽车的道路测试和评估工作的展开，或许人口稀疏的西部地区较之人口密集的东部地区在某些方面更具优势。如果各地区希望能在"第四次工业革命"到来之际发挥本地方的优势、抢占先机，可能需要提供进一步的政策支持促进本地方的产业发展。

# 第十二章　我国人工智能规制思路及路径

　　人工智能是一项不断发展变化的技术。我们当下作出的种种讨论,面向的只是正在发生的问题。技术与社会问题随时随地都处在变化之中。对于未来,我们能做的只能是预测。究其根本,人工智能的发展源自人类的本性:贪婪和恐惧。人类无法克服贪婪和恐惧,也无法阻止人工智能的发展,最终可能因此走上不归路。倘若我们谈论的是超人工智能时代的规制问题,那么规制的权力是否还在人类的手中可能还是未知数,至于人工智能的规制可能也是奢望。

　　但是,技术的发展也并非一蹴而就,至少在弱人工智能时代,这项技术本身还是作为人类能力的延伸而起作用的。在这一阶段,人工智能技术虽然不会危及人类的主体地位,但是仍然会出现大量前所未有的风险。比如,其在司法领域的运用过程中可能会出现违反正当程序、算法歧视、法律私有化和算法不透明等诸多问题。[①] 因此,我们应当尽早着手对人工智能进行规制。技术的迅猛发展会不断产生突破规制的激励,这更加证明了规制的必要性。

　　可见,规制过程与技术发展的不确定性相互交织,又伴随着各类资本与政治力量塑造的不同话语,因而想要从当下的技术发展萌芽期洞察到未来的趋势,乃至重构科技人文主义时代的法哲学,实在是一项困难的工作。正如有学者所言:"科技企业编制了一个故事,这个故事的核心关键词是'自由、进步与繁荣';官僚系统编制的故事的关键词是'安全、稳定与治理'。在这两个故事的背后,我们

---

　　① 参见李本:《美国司法实践中的人工智能:问题与挑战》,载《中国法律评论》2018年第 2 期。

可以发现政治系统和经济系统分别对于法律的'征用'和对于法律人的'征召'。而在当下法学界的讨论中,我们发现自己不是为企业的故事所打动,便是为管理系统的故事所慑服,能够摆脱的人,其实并不多。"①

## 第一节　我国人工智能规制的基本价值定位

科技进步对于社会进步、经济增长、人类福祉的提高和国家安全与竞争力的提升有着重要的意义。自 21 世纪以来,每一次科技界的创新都会促使各国政府纷纷研究并发布促进政策。发展人工智能科技和产业应用是党和国家的一项重要方针政策,是在目前各国大力发展人工智能的国际环境下,提升我国竞争力的重要路径。

构建完善的且有助于人工智能产业创新发展的规制体系能够使人工智能更好地服务于社会经济发展。在各国发布政策推进人工智能发展的同时,许多政府、民间组织、研究人员和学者也意识到人工智能在伦理、安全、隐私等方面带来的挑战。因此,如何使得人工智能规制体系能够促进经济和技术的发展,又能保障社会安全,维护社会公平,是规则制定者需要仔细斟酌的问题。

### 一、发展与安全

就目前的技术发展及预测来看,人工智能会给人类生活带来极大便利,同时也应当看到,即使是乐观派,也不否认人工智能会给人类社会带来负面影响。乐观派和悲观派的区别只在于负面影响的大小和程度。因此,如何趋其利避其害,是人工智能立法规制的核心问题。本书认为,安全应当永远是第一位的,人类永远不能失去对人工智能的控制。但是,在各国各自为政、相互竞争的大背景

---

① 鲁楠:《科技革命、法哲学与后人类境况》,载《中国法律评论》2018 年第 2 期。

下,中国也必须大力发展人工智能。在发展中注重安全,以发展促进安全。因此,人工智能立法价值定位的主要问题在于解决发展与安全之间的矛盾。人工智能的发展目标应当是实现人类社会的安全与福祉,无论何种程度的人工智能,其诞生都是为了使人类的生活更加高效便捷。因此,人工智能的规制应当以有益于实现人类自身的安全发展为目标,同时,要将人工智能可能带来的负面影响控制在尽量小的范围。人类对人工智能的依赖存在着温水煮青蛙的效应。人工智能同时存在加速发展的趋势。因此,必须对人工智能可能的负面影响展开深入持久的研究。

"安全发展"中的安全包含了方方面面的内容:第一个层面是人类总体的安全,即人工智能的立法要从根本上确保人类总体的安全,避免悲观派担心的人类被人工智能奴役或取代的后果。第二个层面是从中国的视角出发,在激烈的国际竞争中保障中国的国家安全。第三个层面是从个人的视角出发,保障人与人之间、人与机器之间的和谐安全共处。

1. 技术发展与人类总体安全

就人类总体安全的角度而言,人工智能与人类总体安全的关系一直以来都是社会各界热切关注的问题。2017 年 1 月,美国加利福尼亚州阿西洛马举行的 Beneficial AI 会议上,来自各研究机构和高校的研究者们达成了 23 条人工智能原则,第一条原则确立了人工智能的研究目标为"人工智能应该是创造有益(于人类)而不是不受(人类)控制的智能"。①

深入研究人工智能技术的同时,必须要着手研究人工智能会给社会关系带来何种革命性影响。回看历史,每一次工业革命都是一种新的生产方式的诞生而带来的社会变革,人工智能亦无例外。从历史经验来看,技术发展的速度要快于社会关系的接受程度。社

---

① 参见陈亮:《阿西洛马 23 原则使 AI 更安全和道德》,载《机器人产业》2017 年第 2 期。

会关系的变化往往是被动的、相对缓慢的,需要有一定的时间来调整。短时间内导致社会关系被动快速发展变化,社会关系会因张力不足而付出沉重的代价。例如,人工智能革命可能会引发人与人之间的信任问题。在传统社会,人与人之间信任关系的构建大多通过私密信息的分享来进行,人工智能技术使得获取和使用个人信息变得异常容易;人工智能算法可以对人类的行为进行推演;造假的成本大大降低而辨别真伪的成本会大大增加,假作真时真亦假。凡此种种,可能会导致系统性的人类社会的信任危机。

　　此外,人工智能技术还有可能引发人的主体地位的变化。从历史来看,早期初民社会,人们奉行万物有灵的世界观,认为山川河流与人一样,具有生命甚至是灵魂,因此,在法律与巫术相混合的历史时期,这些自然造物也被视为主体,能为特定的巫术性意识所唤醒。例如,中世纪出现过动物审判,即上帝授权于人管理和支配动物。即便是法律发展到理性阶段,出于功利考虑,人们将不具有自主意志的社会组织拟制成具有自主意志的主体。因此,对法律主体性问题的探讨体现了不同的世界观。以色列历史学家尤瓦尔·赫拉利认为,科技进步使人类的遗产正在受到冲击,代之而起的是一种科技人文主义的世界观。[①] 在科技人文主义的世界观之下,人的形象在发生改变。在超人工智能时代,正如学者们和科幻小说作家所指出的那样,人的主体地位可能受到智能机器人的威胁。当然,在未来可以预见的一段时间内,由于技术发展的限制,人工智能并不会轻易取代人的主体地位,而只是会丰富人的形象,甚至是强化人的主体地位。

　　从人类社会的发展来看,人类区别于其他动物的最大特征是能够制造和使用工具。人工智能的载体,诸如机器翻译、手机语音助手、导航软件、扫地机器人、餐厅服务机器人、医疗机器人、法官智能

---

① 〔以色列〕尤瓦尔·赫拉利:《未来简史:从智人到智神》,林俊宏译,中信出版社2017年版,第317页以下。

辅助系统等,都是服务于人类的工具。因此,人工智能立法目标就是让这些机器能够更好地、更有秩序地为人类服务。但当前,人工智能发展最大的隐患正在于它可能会对人类社会的安全产生负面影响,最终取代人类的统治地位。因此,在人工智能领域关注人类社会的安全是上策,只有实现了安全的目标,才能确保稳步发展。特别值得一提的,是人工智能技术的发展速度一日千里,对技术安全性的认识,尤其是对安全性的应对的研究却是缓慢的。比如,很多保障核武器安全的措施在今天看来是理所当然的,但其确立、完善、成熟的过程却是很长的。技术发展的速度及对技术风险的防范措施的发展速度之间的时间差,可能会让人们付出沉重的代价。

为了实现保证人类总体安全的目标,人工智能的规制框架需要加强对人工智能技术发展的监督,并在国际层面上达成人类共同体、技术共同体方面的共识。首先,各国特别是人工智能技术强国应当就技术发展的使命、核心价值观努力达成一致,并通过各界努力达成类似于《核不扩散条约》的人工智能方面的国际条约,就人工智能技术发展的基本目标、基本价值、风险控制与预防机制、磋商机制等作出安排。其次,各国应当对人工智能技术发展中已经出现和未来可能出现的风险进行研究、报告和采取防控措施,使得人工智能技术发展中发生重大风险的可能性被降至最低。最后,各国应当通力协作,对于人工智能技术发展中的种种风险和技术防范手段要加强信息互通,在涉及人类总体安全的技术层面加强联防合作。

2. 技术发展与国家安全

就国家安全的角度而言,从历史经验来看,新的技术首先都是被应用于军事领域。国防领域向来都是吸收新技术最快的领域,同时吸引大量的资金、人才等资源。由此造成的后果就是军备竞赛的出现和不断升级。人工智能肯定会带来新的军备竞赛。如何在军备竞赛中确保中国的合法利益,需要尽早决策规划。

2017 年 7 月,哈佛大学肯尼迪政治学院贝尔弗科学与国际事务中心发布了《人工智能与国家安全报告》,这一报告着重关注了人工

智能可能对国家安全带来的影响(该报告的详细综述可参见下文
"人工智能与国家安全"的关系部分)。报告认为,人工智能对国家
安全的影响能够与核技术、航空航天、信息和生物技术相比,能够深
刻改变军事、信息和经济领域安全态势。同时,报告提出鉴于人工
智能对国家安全的影响,应致力实现三个政策目标:一是保持技术
领先优势;二是继续支持 AI 技术的和平应用;三是降低 AI 技术的灾
难性风险。① 这一报告表明任何技术的发展都必须满足国家安全的
要求。鉴于此,我国在发展人工智能技术时也应当遵守以下几个方
面的原则。首先,应当继续加大对人工智能技术发展的资源投
入,大力发展拥有中国自主知识产权的人工智能技术,助力我国民
用和商用人工智能实现跨越式发展,争取早日实现人工智能技术的
"弯道超车"。其次,将人工智能技术应用于军事项目时,应当认真
考虑人工智能技术的负面影响,严格控制技术的应用范围,谨慎评
估在国防、安全或国家机关内部应用推广人工智能技术的风险。最
后,应当设立专门的人工智能技术安全机构,负责统筹监督、关注人
工智能技术的安全运行和合法使用、制定人工智能技术安全预
案,防范不法分子利用人工智能技术实施危害国家安全的行为。

《人工智能与国家安全报告》提出美国人工智能发展的首要目
标,就是要确保美国的领先地位。中国历来不在全球称霸,但是要
想获得制衡力量,必须要确保在人工智能领域的领先。

3. 技术发展与个人安全

就个人安全的角度而言,人工智能技术越来越渗入人类的微观
生活,可能引发以下几个方面的安全问题。首先,人工智能技术的
发展是以大数据为基础的,特别是个性化的人工智能产品,更是要
对个体数据进行全面搜集,而这个过程本身就涉及对个人信息与隐
私保护的挑战,如何在人工智能技术更新迭代的过程中做好个人信

① Greg Allen, Taniel Chan: "Artificial Intelligence and National Security," published
by Belfer Center for Science and International Affairs Harvard Kennedy School, pp. 58-67.

息保护,是一项重要的工作。其次,人工智能技术在发展过程中可能会出现各种各样的安全问题。例如,数据泄露、短暂失控等问题,数据泄露是计算机技术发展过程中必须要面对的共性问题,而短暂失控则是自动化技术等领域发展过程中可能遇到的问题,在人工智能领域更多地表现为数据自动标注、识别的错误,导致决策失误的问题,如自动驾驶汽车倘若错误识别路况,将会对乘客造成人身安全上的威胁。最后,人工智能技术在各场景中的适用可能会给个人安全与发展增加新的风险。例如,运用人工智能技术筛选简历,则筛选的算法中本身就纳入了筛选者个人的偏好因素,而自动化算法的高效率可能加剧现有的就业歧视问题。

二、发展与安全的选择

全方位保障这三个层面的安全,可能会存在发展和安全之间的矛盾问题,例如为了保卫国家安全,不得已展开人工智能发展的国际竞赛,结果导致人工智能无约束地发展,最终导致人类社会总体安全无法保障? 导致人与人之间以及人与机器之间存在安全隐患?

为了应对国际形势、顺应人工智能发展的潮流,包括中国在内的世界各国发展人工智能产业势在必行。但若为保障人类社会的安全,必须防止人工智能的发展侵犯人类社会的安全,这一点需要中国积极谋求与世界各个国家的合作,通过国际条约或者签署声明文件,来牵制世界各国在人工智能领域的发展,将人工智能领域的发展控制在机器无法具有取代人类社会的意识之内,在此限度之内,人工智能可以自由发展。

但是,适用国际条约限制人工智能发展的效果并不尽如人意。回顾历史,1899 年,全世界主要军事大国的外交官在海牙召开了和平会议,会议决定在 5 年内禁止将飞机用于军事用途,并意图随后就发布永久性禁令。但第二次海牙和平会议就推翻了该暂时性禁令,因为各国感知到空战或许难以避免。于是,所有大国都开始扩大轰炸机的适用规模、规划轰炸机的适用。1910 年,欧洲大国的联合军用飞机舰队拥有 50 架军用飞机,到 1914 年增至 700 架。"一战"时,技术"瓶颈"制约了军事飞机的使用:初期的飞机在航程和炸弹运输能力上都很有限。但每个欧洲交战国的首都——除罗马之外——仍然都遭受到了空袭。① 因此,从上述经验来看,最好的办法还是先让自己强大起来。

　　从保障人与人之间的安全以及保障人与机器之间的和谐安全共处方面来看,智能机器人在进行功能革新的同时,对于智能机器人的"算法伦理"的研究需要跟进,人工智能的所有发展成果只可能用于促进生产发展的方面,如果被用于违法或者犯罪活动,则算法自身可以自动识别并且自动制止,且具有自动报警功能。由此,才能将人工智能的发展与人类社会的福祉和安全相协调。

## 第二节　我国人工智能规制的重要关系

### 一、技术规则与法律规则的关系

　　法律规则要以技术规则为基础,技术规则要受到法律规则的约束。法律规则要以技术规则为基础是指法律规则的制定需要符合人工智能发展的水平。随着人工智能水平的不断改进和发展,法律规则需要与技术一起循序渐进。人工智能立法并非一蹴而就,而是一项长期的事业,是一系列开放式的法律规则。技术规则要受到法律规则的约束实际上是由人工智能技术的特殊性决定的。人工智能技术有可能突破人类的伦理和道德底线,因此,不能任由技术的发展而不加规制,法律需要界定技术发展的边缘,对于不可触碰的底线技术需要保持保守的态度。

---

　　① Greg Allen, Taniel Chan: "Artificial Intelligence and National Security", published by Belfer Center for Science and International Affairs Harvard Kennedy School, p. 50.

在人工智能立法的过程中,大部分法律都需要技术的支持。例如,与自动驾驶、无人航空器相关的法律规则的制定,需要参照技术规则。机器致人损害导致的侵权责任的分配需要参照机器的设计及生产过程,进而对责任承担的归属进行区分。此外,法律划定的"技术禁区"的范围也需要专业人士来进行指导。因此,在人工智能立法中,可能需要一批人工智能技术顾问,或者是培养法律与计算机交叉学科的人才,为未来的技术发展提供新的指导。目前,技术规则大多通过国家强制性、推荐性标准进行规则层面上的表述。从个人信息保护的规范制定进程来看,也是采取了标准先行的进路,在实践经验尚不成熟的阶段依靠标准的制定实现法律人与技术人的对话。本书建议,在人工智能领域,也可以先运用较为灵活的标准这一规则形式将技术规则予以明确,逐步建立起统一的行业标准,在时机成熟时另行纳入国家立法体系。

## 二、伦理理性和工具理性的关系

诚如学者所指出的那样,探讨人工智能对法律的挑战,立法者必须明确其建构的法律体现了何种法律价值,以避免落入法律活动中的机械主义、技术主义和形式主义。从价值构成上看,法律应当是价值理性与工具理性相统一的产物。①

首先,法律蕴涵的正义价值属于伦理理性。即使是在人工智能技术不断发展的今天,这些质朴的价值理念也不应当被抛弃,而是应当被贯彻到人工智能的总体图像和具体场景之中。无论是人工智能引发的人类主体地位、国家安全、人际信任、失业救济等一般性问题,还是算法黑箱、算法歧视、无人机准入、无人驾驶汽车侵权等各种具体的问题,它们之所以成为被公众所关注的问题,正是因为承载了新时代下人类对"正义"这一传统命题的追问。所以,人工智

---

① 参见吴汉东,张平,张晓津:《人工智能对知识产权法律保护的挑战》,载《中国法律评论》2018 年第 2 期。此部分是吴汉东老师的观点。

能时代的立法正是要给人们一个答案——新时代下,正义的尺度要如何界定? 具体而言,人工智能与人类的主体地位问题涉及人格正义;算法黑箱、算法歧视等现象可能引发分配正义的问题;而国家安全、人际信任等问题则会带来系统性的风险,引发人们对秩序正义的反思。

其次,效益等经济方面的价值是工具理性。即使是在人工智能诞生以前,法律所承载的也不仅仅是伦理正义,也要兼顾效益价值,如民法中的善意取得制度便旨在鼓励交易,知识产权法、商法等部门法的构建更是以效率为重要的价值尺度。在人工智能时代,面对着"以发展促安全"的迫切需求,我们更要注意对技术创新的鼓励、对人工智能发展的促进。

最后,人工智能立法应当努力实现伦理理性与工具理性的统一。伦理理性所追求的正义、安全,与工具理性所追求的效益、发展在某种程度上具有统一性。安全价值是人工智能法律的核心价值,我们从效益价值作为逻辑起点也能够推演出同一结论。从经济学边际收益的递减理论的角度分析,边际收益是指增加一单位产出所造成的总收益的增量①,而边际收益递减则是指增加一单位产出所造成的总收益的增量越来越少。这一理论于人工智能的发展也能有所借鉴。具言之,人工智能的发展标志着人类技术的发展登上了新的台阶。当人工智能发展至一定阶段,其技术程度的增加给人类社会带来的总收益增量会越来越少,而风险将日益增加。因此,为了保持社会总体生产率的增加,我们必须运用立法将人工智能的发展控制在对人类的生存不会产生威胁的范围之内。机器人的发展若超出人类安全控制的范围之外,则会产生不可预料的后果,诸多科幻影视作品对机器人控制人类的世界进行了想象的创作,机器人屠杀人类的血腥场面并非无凭据的捏造,而是一种对当

---

① 参见〔美〕威廉·J. 鲍莫尔、〔美〕艾伦·S. 布林德:《经济学原理与政策(上册)》(第 9 版),万齐云、姚遂等译,北京大学出版社 2006 年版,第 152 页以下。

下科学发展的担忧。因此,人工智能立法在安全与发展之间权衡时,要首先保障人类社会的安全,其次谋求科技发展,在人类可控制的安全领域内发挥人工智能的最大效用。

### 三、近期立法与中远期立法的关系

上文提到,人工智能的立法过程是循序渐进的,因此,立法分轻重缓急。本书主张,近期立法可以分为两个层次:在一般规则上,要确立人工智能立法发展的原则,划定人工智能技术发展的底线。在具体部门规则上,则根据不同的技术发展加以类型化,选择技术成熟的领域抓紧规则的研究和制定。比如,自动驾驶、无人机和传统机器设备的智能化规范等。中远期立法则追求人工智能法律的体系化,更加关注国家安全和人类社会安全。

近期的个别立法主要集中在已经初具规模的产业上,这些产业处在发展的初期,呈现出暂无法律规制的状态。因此,立法需要将这些新出现的产业、技术加以规范化,主要解决人工智能技术对于传统社会生活渗透的领域。这些初具规模的产业包括自动驾驶、智能机器人、互联网金融、智能武器等。立法的内容主要包括人工智能机器设计、生产、运行、操作的标准化,以及机器致害的法律责任。机器的设计包括算法以及硬件的设计所需要遵循的法律规范,在法律允许的范围内对人工智能产品进行合理的开发。生产主要是生产商在依据算法和设计生产产品的时候,应当遵循的法律规范。运行、操作是指人工智能产品生产出来以后使用者在运行、操作的过程中所需要遵循的规则,例如依据说明书严格使用、不能进行有损于人类或者未知风险的改造、不得利用人工智能产品侵犯客户权益等。

此外,在国际法方面,还需要在近期着手强化与世界各国的交流。这一任务可以高校之间的学术交流的形式来完成。另外,相关的国际条约或者共识的达成也需要提前进行磋商和部署。对于人工智能的发展有可能造成的失业影响,也需要提前通过政策引导加以防范。

至于中远期的立法目标,我们首先需要考虑到整个社会基础的变化。由于人工智能技术的发展,未来社会可能成为一个"算法社会"。诚如学者所言,算法社会并不理想,它要求人们具有极高的科技素质,而较高的教育水准则是必备条件。在科技精英的主宰下,多数人只能顺从,这会是一个比现有社会更不平等的社会。人类并非想构建一个"科技乌托邦",而是希望实现人的智性、心性和灵性都能高度发展的社会。而算法社会由于过度发展人的智性,会导致人类丧失人性中更为宝贵的部分,如心性和灵性。因此,我们必须警惕并重新审视目前正在不断升温的人工智能万能论。[1] 本书认为,人类未来的发展趋势可能包含着科技加剧不公的风险。因此,在中远期的立法目标中,如何确保人的基本权利将是一个重要的命题。从形式上看,中远期的立法目标是随着人工智能技术的发展、稳定,制定一部体系化、完善化的法律。这部法律包括人工智能法律的定位、人工智能法律的基本原则、人工智能产品规则、人工智能产品致害责任、保险理赔等制度。此外,涉及国家安全方面的法律、国际条约也应在远期立法目标中加以实现。从实质上看,未来的人工智能立法将涉及国内外各类资本、政治力量之间的博弈,我们当下的价值观可能会受到挑战,但一个基本的底线是要确保人的基本尊严不受侵犯。

四、国内规则和国际规则的关系

人工智能立法涉及国内规则和国际规则的关系问题。本书认为,国际规则和国内规则需要相协调。总体而言,国内规则主要包括产品安全、权利保护和产业促进等制度。而国际规则则主要包括人工智能军事化、国际军备竞赛、共同现实人工智能的无序发展等。

---

[1]　参见於兴中:《算法社会与人的秉性》,载《中国法律评论》2018 年第 2 期。

这些与人工智能有关的国际规则既要兼顾中国的国家利益,同时强调保护全人类的利益。国内安全、权利保护以及产业促进等与国内的经济发展息息相关,十分重要。同时,我们不能忽视国际规则的建立,人工智能的发展属于跨国家、跨地区的事业,有着牵一发而动全身的效果,涉及国家安全问题需要世界各国携手合作,如达成不能制作"全真机器人"、审慎研究应用基因技术等共识。

　　就人工智能技术申请专利而言,一方面要兼顾对竞争的保护,不能因授予专利太多而影响良性竞争;另一方面也要考虑到人工智能技术的竞争是国际竞争,避免因为我们不授予专利从而在国际竞争中的不利地位。人工智能的创造主体或者投资主体为维持技术优势,常通过专利申请以寻求对发明成果的保护。世界各国均通过给予人工智能专利权的方式来促进本国创新发展,而在专利领域,发达国家及其跨国公司占据主导地位。据我国台湾地区产业经济研究所(MIC)2016 年的数据,美国核准的 10 715 件人工智能专利,主要集中在美国、日本以及德国企业手中;技术领域类别主要分布在运算科技、控制、测量、信息科技管理方法、电信、数字通信等方面。其中,美国掌握的相关专利高达 73.5%,由此可见,美国强势主导人工智能的专利领域,我们在司法裁判中也要充分保护人工智能专利权人的合法权益。①

　　五、规制人与规制机器的关系

　　人工智能的规制对象究竟是人还是人创造出来的机器？通过以上论证,答案已经显而易见。本书认为,人工智能相关规则主要规制人而不是规制机器。

　　首先,机器不能成为法律上的责任主体。既然机器人不能成为法律上的责任主体,若法律规定机器人须承担一定的责任就犹如天

---

　　① 参见吴汉东、张平、张晓津:《人工智能对知识产权法律保护的挑战》,载《中国法律评论》2018 年第 2 期。此部分是张晓津法官的观点。

方夜谭,不切实际。其次,至少从目前技术来看,机器人不具有意识,机器人本质是由一系列算法组合而成的执行命令的个体,其与传统机器实际上不具有本质区别。因此,即使规定了规制机器人的法律,如果不是由算法设计师写入机器人的芯片,机器人仍无法自行遵守法律。与其说是规制机器的法律,不如说是规制算法设计师的法律。制定规制机器人的法律是没有意义的。

从具体的规制路径来看,正如对人的规制有规制行为(结果责任)和规制思想(过失责任)两种途径一样,对人工智能的规制,也可以分为两种途径:其一是规制结果,如无人驾驶汽车造成了车祸后才对其进行规制;其二是规制算法,要看算法本身是否有问题。当然,正如责任会对行为和想法产生影响一样,对结果进行规制也会对算法产生影响。在人工智能领域,算法就是思想。①

### 六、法律政策与道德伦理的关系

天理国法人情。国法的制定需要建立在人情之上,同时不能违背天理。法律政策的制定必须服从于道德伦理,符合道德伦理的规范。至少从目前的发展趋势来看,人工智能技术的发展势必会颠覆传统的伦理道德。因此,法律的制定需要最大限度地穷尽其所能保护伦理道德不受践踏。我国需要提早着手研究人工智能可能对法律和道德产生的冲击,提出应对方案。

在把握人工智能与伦理的关系上,必须要遵循机器人伦理框架。机器人伦理原则主要是为了使机器人不具有人性,并且需要贯穿机器人设计到机器人使用各个环节。机器人伦理需掌控在机器人的设计者、生产者和使用者手中。这些原则包括:第一,保护人类免受机器人的伤害,法律的基础理念是"人类尊严",只有保证人类免受机器人的伤害,才能够保障人类的尊严。第二,机器人不能被

---

① 参见胡凌:《人工智能视阈下的网络法核心问题》,载《中国法律评论》2018 年第2 期。

用作侵害他人的武器。第三,人类有权拒绝机器人的照顾,即便机器人是无害的,否则,会损害人的尊严,并且照顾机器人在执行照顾指令前,需要得到患者的同意。第四,在机器人面前保证人类的自由。机器人在其被照顾的对象做出伤害人的行为时,不能立即阻止,而是要给予警告。警告之后,被照顾人未停止侵害行为导致第三方处于危险情境时,机器人才有权否决人的行为。第五,必须保护人免遭机器人的隐私泄露。机器人泄露个人隐私,其犯罪者有可能是其背后指使的人,如照料机器人、监事(工作)机器人、无人机等。因此,需要严格管理机器人处理的个人数据,严防隐私泄露、违背道德。第六,必须防止人类被机器人操控的风险。随着人工智能的发展,机器人有可能取代人类朋友,使得人类过度信任从而导致被机器人操控,必须防范该风险。第七,必须防止机器人的出现瓦解社会关系。当今人类只需要靠各种功能的机器人就可以完成社会生活的各项事务,可能导致人类与人类之间的情感交流减少,最终形同陌路。要严格防止机器人取代人类,必须严格控制机器人与人类相处的时间。第八,防止机器人"鸿沟"。必须创造条件为社会各阶层的人提供平等接触机器人的途径,在人工智能时代保障社会平等。第九,需要限制人类接触高精尖技术的途径。这种高精尖的技术特指将机器仿真成人类,从目前的情况来看,人类的技术还无法抑制这一现象的蔓延和仿真机器人对人类的危害。立法只能先阻隔科学家接触这一技术的途径,防止被恐怖分子利用。[①]

## 第三节　我国人工智能的总体规制路径

对人工智能技术进行规制,首先应当考虑两对关系:一是在当

---

[①]　European Parliament: "European Civil Law Rules in Robotic," available at https://www.europarl.europa.eu/legislative-train/theme-area-of-justice-and-fundamental-rights/file-civil-law-rules-on-robotics, last visited: 29 Nov. 2020.

前的弱人工智能和未来的强人工智能阶段,人工智能技术作为工具
所引发的人与人之间的关系;二是在未来的人工智能具有自主意识
的超人工智能阶段,人类与有可能成为法律主体的人工智能即"机
器"之间的关系。就人工智能技术发展现状来看,目前尚无证据表
明人工智能具有自主意识,其也无法独立承担法律责任,人工智能
技术离"强人工智能阶段"为时尚早。因此,当前的规制应当主要将
弱人工智能和强人工智能的初级阶段作为主要规制对象。目前,人
工智能技术领域中,无人驾驶飞机和无人驾驶汽车受到较多关
注,应当作为立法规制的重点进行关注。总体而言,我国对人工智
能的规制应当采取如下路径:

一、伦理、政策、法律三者协调,形成人工智能规制体系

如前所述,人工智能技术的兴起可能会引发整个社会结构的重
大变化,因而仅仅依靠国家立法对其进行规制是不够的。对人工智
能技术及产业进行规制,应当从伦理、政策、法律三个角度切入,才
能在各个维度形成适应人工智能社会结构发展需求的规制体系。

伦理是基础性的规制工具,本身并不以国家强制力为后盾,但
构成了人工智能时代社会的道德基础。倘若从业者违背了基本的
伦理共识,那么将面临巨大的舆论风险。在伦理规制的形成方
面,首先应当提供足够的言论空间,使得行业专家、技术人员、产业
投资者以及普通民众均有机会表达意见,进而将人工智能时代的伦
理诉求进行集中讨论,并在真实而广泛的辩驳中达成伦理方面的共
识。为此,应当加强科普,使得参与讨论者尽可能具备相同的知识
前见,避免伦理规范形成过程中对风险的错误估计。至少,全社会
要对人工智能技术和产业发展的基本伦理达成一致意见,才能避免
重大科研成果在民众中引发恐慌。

政策是灵活性较强的规制工具,国家可以运用政策手段灵活调
控人工智能技术和产业的发展进度,使得技术发展在安全和效益之

间达成适度的平衡。在政策规制方面,既要注重人工智能产业的整体促进,在全球的技术竞争中抢占先机;又要关注人工智能技术在发展中即将暴露和已经暴露出的风险,进而进行风险评估,决定是否出台相应政策暂缓发展产业或提供相应的风险解决方案。

法律是根本性的规制工具,由于法律的稳定性、滞后性以及违反效果的严重性,对立法规制手段的应用要更为慎重。在法律规制方面,要注意不同阶段法律所发挥的不同功能,也要及时将法学界与技术界的共识性意见吸收进相关的立法之中,同时,可以采取试点等方式测试法律的施行效果,进而将成功经验推广至全国。此外,对于尚未达成共识的人工智能相关法律问题,在制定规则时要留有一定的弹性空间,可以留待纠纷解决机构在实践中根据具体情况总结审判经验,进而在较为成熟时上升为一般规则。

需要指出的是,伦理、政策、法律并非泾渭分明的三种规制手段。伦理、政策、法律在内容上可能是高度重合的,在终极目标上也会有较强的一致性。例如,这三者的目标都是促进人工智能产业与技术的发展,但是,要在安全和效率之间取得平衡,使得人工智能技术是可信赖的。伦理、政策、法律规制手段更多的是在不同社会规范维度下的分工配合,进而运用社会舆论、政策引导和国家强制力等多种力量综合引导人工智能技术安全有序发展。

## 二、坚持前期引导、中期约束、后期干预的立法逻辑

在人工智能领域进行立法规制的总体逻辑应当与面对新技术时的立法活动秉承一致的逻辑,即与技术发展的生命周期相适应,在技术发展的前期不过分干预,重在引导技术发展,为通盘考量技术发展的利弊留下空间;在技术发展的中期要适度约束,既避免监管过分严格扼杀发展中的新技术,又避免新技术为人类带来过度风险;在技术发展的后期要总结经验,在观察成熟的基础上,对该项技术的风险问题获得较深入的认识,进而通过位阶较高的立法,将

对该项技术的风险干预手段提升为一般立法。

迄今为止,尚未有确凿证据表明人工智能技术将严重威胁人类社会生存和发展,因此,在人工智能技术发展初期,可以秉持"服务于人类福祉"的理念和不介入技术黑箱的原则,通过政策和法律手段,引导技术发展。在人工智能技术发展中期,有必要对其中的不良现象进行约束,避免技术发展异化,这需要民法、刑法、知识产权法等作出调整。在技术发展后期,可以考虑以专门立法的方式对人工智能技术进行整体干预,或者设置与人工智能犯罪相关的刑罚和行政处罚,销毁和严厉打击不服从人类指令的机器人和相关责任人。值得一提的,是未来一旦人工智能出现自我意识,乃至技术发展到人类即将难以驾驭之时,可以考虑设置一个类似于核按钮的"一键宕机"按钮并在制造阶段为人工智能程序植入相匹配的"一键宕机"程序,以最大限度地阻遏具有自我意识的人工智能毁灭人类的可能性。

三、探索在现行法律框架内规制人工智能的可能性,对既有部门法律规则进行完善

我国基本建成了中国特色社会主义法律体系,民法、刑法、知识产权法等部门法已经较为成熟,更有学者称,我们已经从"立法论"时代走向了"解释论"时代。社会生活中许多新的问题也是通过教义学的方式经由解释得到解决的。新技术的出现并不一定必然导致既有的立法被全盘推翻。倘若重新立法,不仅使得过去的立法工作沦为沉没成本,也会为法治社会的构建带来巨大的新成本。如果能够通过修改既有规则、加强解释工作实现对人工智能领域的规制,那么这无疑是成本最小的路径。

2018年《中国人工智能商业落地研究报告》显示:虽然人工智能技术在部分行业的应用是颠覆式创新,具有重塑行业的能量。而在大多数行业,人工智能技术仅仅是改良式创新,为行业提供新的辅

助性工具,促进行业进步。① 人工智能技术虽然有可能改变个别行业的生态环境和发展模式,但对大多数行业而言仍然位于辅助工具的地位。2017 年 4 月的人工智能产业综述报告也认为,人工智能技术归根结底仅仅是一项"降本增效、赋能产业升级的工具"②,并不能超越其工具地位而成为法律主体。各国在立法规制无人驾驶技术时,皆是立足于当前既有法律框架如《道路交通安全法》《汽车技术和航空法案》等,从责任承担和分配角度进行规制,并未对当前法律制度进行重大变更或专门制定相关法律。因此,为了保证当前法律制度和秩序的稳定,在现有法律框架内规制人工智能技术应当成为首要选择,其关键是明确为人工智能的行为承担责任的主体,根据人工智能技术的先进程度不同,分类探讨其责任主体。

1. 弱人工智能责任承担

目前,学界大多将弱人工智能作为人类的辅助工具对待,通过类推方式适用相关的法律规则即可很好地解决其法律责任承担。例如,联合国教科文组织、世界科学知识与技术伦理委员会认为弱人工智能的责任承担方式有两种:一是"共享"或"分配"责任,即让所有参与机器人设计、研发、制造、销售和使用的主体都分担责任;二是让机器人专家(研发者)始终对使用其产品所造成的任何伤害负责。③ 阿萨罗(Asaro)认为,处理机器人所导致的损害问题与其他技术产品相同。机器人导致的所有损害问题都可以适用民法有关产品责任的条款处理,如被归责于机器人生产商和零售方的"过失"

---

① 参见亿欧智库:《2018 中国人工智能商业落地研究报告》,2018 年 6 月,第 9 页,载 http://www.ctoutiao.com/851566.html,访问日期:2018 年 12 月 2 日。
② 亿欧智库:《人工智能产业综述报告》,2017 年 4 月,第 20 页,载亿欧企业官网(https://www.iyiou.com/intelligence/insight43122.html),访问日期:2018 年 12 月 2 日。
③ United Nations Educations, Scientific and Cultural Organization (UNESCO) and World Commission On the Ethics of Scientific Knowledge and Technology (COMEST): "Preliminary Draft Report of COMEST on Robotics Ethics (2016)," p. 10.

"警告不足""未能履行合理义务"等条款。① 如果所有人或使用人有故意或过失,应当对其行为负责。② 如果损害是自动驾驶软件本身的问题,则可以追究生产者或销售者的责任。还有学者主张,如果损害是自动驾驶汽车的固有缺陷和人为失误所造成的,赔偿责任应当由其所有人承担。③ 本书认为,区分损害原因进而决定损害如何分配的思路是值得肯定的,这本身并未超过传统侵权法的归责原理。

由于弱人工智能与人类开发者、使用者主体之间的联系较为紧密,并且人工智能技术也大多以辅助者的面貌出现,因此,弱人工智能时代的法律问题大多可以在现行法律框架内解决。例如,在聊天机器人技术中,倘若开发者在训练集中设置侮辱、诽谤或歧视性的自然语言供聊天机器人学习使用,那么就应当由开发者承担责任,将人工智能的输入、输出行为视为开发者实现侮辱、诽谤或歧视行为的工具。又如,运用人工智能技术去爬取他人在 robots 协议下禁止爬取的数据,也仍然是传统的网络侵权问题。对此,我们更多地要借助教义学的方法加强对法律术语的解释工作。

2. 强人工智能和超人工智能的责任承担

由于强人工智能具有一定的学习能力和较高的自动化程度,可以脱离自然人的控制自行执行任务,可能会导致"因果关系中断"④,难以确定责任主体。但是,此处所指的是"行为"与"损害后果"的联系中断,而不是"责任主体"与"损害后果"的联系中断。由于人工智能仍由自然人或法人主体所有,即便是人工智能自主造成

① Asaro, P. M. 2012: "A body to kick, but still no soul to damn: legal perspectives on robotics," in P. Lin, K. Abney and G. A. Bekey (eds.), Robot Ethics: The Ethical and Social Implications of Robotics, MIT Press, London, pp. 169-186.

② Sophia H. Duffy and Jamie Patrick Hopkins: "Sit, Stay, Drive: The Future of Autonomous Car Liability," 16 SMU Sci. & Tech. Law Rev. 101 (Winter 2013), p. 104.

③ Kyle Colonna: "Autonomous Cars and Tort Liability," Case Western Reserve Journal of Law, Technology & the Internet (2012), Vol. 4, No. 4, 81, pp. 91-92.

④ 吴汉东:《人工智能时代的制度安排与法律规制》,载《法律科学(西北政法大学学报)》2017 年第 5 期。

的损害也无法切断"责任主体"与"损害后果"之间的联系,此时可以借鉴民法关于"物件致人损害"的责任规则,要求人工智能的所有人承担责任。当然,对于是否需要考虑人工智能产品的所有人有无实质能力对该强人工智能进行控制,这些问题需要留待技术发展较为成熟时再去回答。目前较为乐观的一个预测,是即便将来出现更高自动化程度的超人工智能,也可以利用信托制度①、保险制度②等方式解决其责任承担问题,当然,这主要是解决立足于受害者救济的损害赔偿问题,至于人工智能的主体地位问题,仍须不断探索后,纳入现行法框架中。

### 四、对于发展比较成熟的人工智能领域,要加快立法

在新技术领域进行立法的一个基本态度是区分行业成熟度,分层次地满足新技术催生的立法需求。在人工智能领域,也要秉持这样的观念,即优先对发展较为成熟、立法需求较为迫切的领域进行立法。目前,综合国内外的技术发展情况,发展较为成熟而又亟须立法的领域主要有以下两个基本落地的产品:无人机与无人驾驶汽车。

之所以重点考察这两个领域,主要有以下原因:第一,从技术复杂度上看,这两个产品运用了人工智能技术且综合性较强,这不同于单纯的语音识别技术或图像识别技术,而是复杂技术的综合、迭代;第二,从对规范世界的挑战上看,无人机与无人驾驶汽车对现有的人类生活造成了较大的改变,交通领域与人类日常生活密不可分,又伴随着各种风险,长期以来就是规范世界密切管制的领域。因此,无人机和无人驾驶汽车的出现挑战了既有的人类驾驶汽车、飞行器的安全规则,需要在行业准入、上路准入、领空管制、生产标

---

① See. Ugo Pagallo: "The Laws of Robots: Crimes, Contracts, and Torts," Springer Publishing Company(2013), pp. 143-144.

② 参见许中缘:《论智能机器人的工具性人格》,载《法学评论》2018 年第 5 期。

准、质量标准、争议解决等各方面进行新规则的确立。具体的立法目标,我们将在下文进行详细阐述。

## 五、对于发展尚不成熟的人工智能技术,要强化研究,适时纳入立法计划

目前,总体上人工智能技术还是一个新兴事物,在技术上对于卷积神经网络等机器自主学习的实现路径,人类尚不能作出较为深入的解释。对于各种天马行空的产品设计方案,也有诸多问题没有解决,甚至产品本身也还没有落地。对于这部分发展尚不成熟的人工智能技术,我们要秉持立法的谦抑性,不要操之过急进而阻碍了技术的正常发展。同时,我们也要积极研究人工智能技术和产品落地、发展过程中的新问题,以期在立法上及时作出应对。

## 六、积极参与人工智能国际规则制定

计算机软件的发展促进了人工智能的实现,考虑到现今计算机软件复制极为容易,且全球化发展极为迅速,具有重大缺陷或恶意目的的人工智能软件有可能像计算机病毒一样蔓延至全世界乃至严重危机人工智能技术的健康发展。不难预见,随着人工智能技术的不断进步,在国际层面上共同制定一个类似于《核不扩散条约》的"人工智能技术条约"势在必行。对此,我国应当做好充分准备,以便于在时机成熟之际,积极引导或参与国际条约制定,占领人工智能国际法律规则的制高点。具体措施应当遵循以下几个步骤:(1)继续保持立法的谦抑性。即在人工智能技术发展前期,法律应当秉持不介入技术黑箱原则,不过多干涉具体技术发展,仅为人工智能技术制定相关的法律责任承担和分配规则,为人工智能技术发展创造良好的法制环境;(2)继续加大政策扶持。政府应当继续加大对人工智能技术投入的资金倾斜力度,同时保持扶持政策的连贯性和稳定性,避免出现较大波动,为人工智能技术创造最好的孵育

条件,快速占领人工智能技术高地。(3)适时推出专门立法。在我国人工智能积攒了较多技术人才和资金,技术实力比较雄厚、技术弊端逐渐显现的时候,我国可以首先推出人工智能技术方面的国内专门立法,然后再在国际层面上谋求国际规则制定的话语权。

## 第四节　我国人工智能法律规制的基本定位

### 一、人工智能法律规制的目标定位:保护、促进与监管的三位一体

人工智能立法的价值定位首先在于安全,其次在于发展。就安全而言,主要是指人和机器双方的安全,保障人类的安全即保护人类的权利,人工智能立法属于权利保护法;保障机器的安全则是指保障机器正常运转,人工智能立法属于安全监管法;就发展而言,主要针对于人工智能这一产业的有序发展而言的,人工智能立法属于产业促进法。人工智能立法的目标定位正是这三者属性的合一。促进的目的是要保持人工智能技术的领先,保护与监管的目的则是安全,特别是防范灾难性风险。从其立法价值推之,人工智能立法肩负重任。人工智能属于一种新的社会生产力,制定人工智能法律就如同卡尔发明汽车后人类对一系列与交通法律相关的规则的探索,如同莱特兄弟发明飞机后那个时代的人类对航空器立法的研究。但人工智能由于算法和机器学习的运用,远比汽车和飞机复杂,因此人工智能的法律体系构建也比道路交通法规、航空器法规复杂得多,是多部法律结合的统一体。以下我们将从权利保护法、安全监管法和产业促进法三个方面来对人工智能立法制度安排进行论述。

#### 1.权利保护法

首先要明确的是,权利保护法中的权利主要是针对人类的权利保护而非人工智能产品的权利保护。在权利保护法中涉及的是否

赋予机器人法律主体地位等问题的讨论,其出发点亦是保护人类权利。权利保护法的主要内容包括:人工智能导致人类损害的侵权责任问题、人工智能有可能导致的数据泄露的隐私权问题、人工智能机器人法律主体问题以及人工智能可能带来的社会不平等问题等。

第一,是人工智能导致人类损害的侵权责任问题。仰赖于算法与机器学习的人工智能机器人与传统的执行重复任务的机器不同,其拥有更高的自主权和自我决定权,并且将更加深入地参与人类的生活。在给人类生活带来高效、便捷的同时,若有疏忽,其则会对人类个体的权利造成更大的损害。机器人致损害有两种情况:一是侵权人利用人工智能系统进行非法控制而造成的损害,如黑客、病毒等人为因素入侵控制儿童看护机器人、助老机器人或者陪伴机器人等其他系统,导致危害人类的后果;二是智能系统由于自身的产品瑕疵导致的损害。例如:2007 年,美国曾发生医疗外科手术机器人对病人造成烧伤、切割伤以及感染的事件,并造成 89 例病患死亡。关于智能机器法律责任,并非简单地修改或者完善侵权法律就得以解决,智能机器的法律责任和地位问题涉及整个法律体系的修缮。① 就目前可以预见的技术发展对民事法律体系的影响而言,要解决机器人造成损害责任的分配和承担问题,保险法律的相关规定需要修改以适应智能机器人致害后的理赔问题。就行政法律体系而言,对于人工智能的特定产品,如自动驾驶汽车的行驶权和交通主体地位需要有关部门制定相应的法律予以规制;再如医疗机器人的行医资格和主体地位亦需要相应的行政法规明确规定。就刑事法律体系而言,应当对新的刑罚体系进行研究,考虑设置包括报废、回收改造、罚金在内的特殊刑罚措施;将故意利用智能机器人实施犯罪的行为人作为直接正犯予以认定;明确机器人在刑事主体中应处于何种地位。只有从多个法律体系出发,才能全面地解决

---

① 参见吴汉东:《人工智能时代的制度安排与法律规制》,载《法律科学(西北政法大学学报)》2017 年第 5 期。

人工智能及其导致人类损害的侵权责任问题。

第二,是人工智能可能导致的数据泄露从而侵犯个体的隐私权和个人信息权的问题。在人工智能时代,大数据对个人隐私和个人信息的威胁已显露端倪:各大互联网平台存储着海量的个人信息,网购平台利用人们的日常消费行为数据分析着消费者的喜好和购物倾向。更有甚者,倘若有朝一日人类的基因信息被泄露而被敌对国家或者恐怖组织利用,后果不堪设想。因此,对于个人信息、数据的运用和保护是人工智能立法的一大重要环节。世界各主要国家和地区都已经制定了保护个人信息和数据的法律,我国应加速此方面的立法以避免我国成为个人信息和数据保护的荒漠或者洼地,使得他国可以轻易得到我国公民的个人信息和数据,造成不可挽回的损失。

第三,是机器人的法律主体问题。机器人是否能够具有与人类或者公司法人一样的主体地位,是一个备受各个研究领域学者关注的问题。本书认为,至少从现有技术以及对技术发展可能的预测出发,无论是在民事上还是在刑事上,机器人都无法取得法律主体地位。理由如下:其一,将机器人作为民事法律主体上的人,就会产生法律责任承担方面的问题。法律责任的承担无非有两种选择:一是机器人背后有一个既有法律主体,即自然人、法人或者其他组织承担法律责任;二是机器人本身作为一个法律主体承担责任。如果由机器人背后一个真实的法律主体承担责任,那么机器人的法律主体就成为虚构的主体,赋予机器一个无意义的法律主体地位,是不协调的。如果由机器人承担责任,赋予机器人法律主体地位是无意义的,因为赋予其法律主体是为了让其承担责任的,但是机器人是不可能赔偿被害人的。有人主张,赋予机器法律主体地位不如建立完善的保险系统。[1] 其二,若要赋予机器人以民事法律主体地位,则需

---

① See European Parliament: "European Civil Law Rules in Robotic," available at ht-tps://www.europarl.europa.eu/legislative-train/theme-area-of-justice-and-fundamental-rights/file-civil-law-rules-on-robotics,last visited: 29 Nov. 2020.

要考虑方方面面的权利:包括生命权、身体权、人格尊严权,甚至需要考虑到机器人是否适用退休制度以及机器人退休后的社会保障体系的构建,因此,不可避免地会导致其他法律后果。① 其三,机器人不具有承担法律责任的财产基础。承担法律责任往往需要以财产为基础,民事法律责任的承担要求责任人具有一定的经济实力,否则,其法律主体地位形同虚设。其四,机器人不具有承担法律责任的伦理道德基础,法律责任这一基本制度必须为受法律权利和义务约束的人所理解。从社会大众的普遍情况来看,目前还无法理解将机器人作为法律主体这一制度,而这种观念的改变和冲击需要很长的时间。② 此外,自主机器不能被赋予法律地位,因为其不具有承担法律责任的道德基础。体验情感的能力是人格的一部分,而机器并没有痛苦或快乐的体验。让行为人感到痛苦正是刑罚预防刑和责任刑理念的出发点,由于机器人不具有这种体验,自然也无法实现刑罚的目的。③

不赋予机器人法律主体地位,而是由其背后的既有民事主体承担责任,在现有法律框架下同样会面临新问题。在现有法律框架下,一个机器造成损害时,可能的责任主体包括:生产者、经营者、所有人、管理人。在人工智能时代,生产者、经营者、所有人和管理人是否还会像当下产品责任或者物的责任那样清晰,值得思考。在责任主体客观上不清晰的时候,需要制定相关法律,通过规则将不清晰的责任主体清晰起来,而后通过追偿制度解决最终的责任问题。

第四,平等问题。人工智能时代的到来可能会产生新的社会不平等,如人工智能机器的操作需要具备一定的知识基础,使得不具备这方面知识的人将存在人工智能产品的接受障碍;人工智能机器

---

① See European Parliament: "European Civil Law Rules in Robotic," available at https://www.europarl.europa.eu/legislative-train/theme-area-of-justice-and-fundamental-rights/file-civil-law-rules-on-robotics, last visited: 29 Nov. 2020.

② Bartosz Brozek, Marek Jakubiec: "On the legal responsibility of autonomous machines," Artif Intell Law 25(2017), pp. 293-304.

③ 同上注。

的价格在未来一定时间内将居高不下,因此,导致有钱人能够体验人工智能带来的便捷和福利,而穷人则由于承担不起高额的费用而无法享受人工智能带来的便捷。① 新的人工智能"鸿沟"可能正在形成。基于此,我国应该采取措施来尽可能地缩小差距。高等教育学校和专科学校可以开设算法和机器学习相关的课程,国家可以提供一定的经费补贴和人才投入,保证这些课程的价格不至于过高,帮助有就业需求的劳动者进行人工智能方面知识技术的补充和学习。此外,国家可以制定尽可能通俗易懂的"人工智能指南"来指导普通民众如何适应人工智能时代的发展。②

第五,失业问题。人工智能会替代人类的许多工作,因此会产生大量失业问题。比如,就无人驾驶而言,如果技术成熟,其在便利生活的同时,会导致大量以驾驶为职业的人失业,包括出租车司机、公交车司机、长途运输司机等。这些人再获得新的谋生技能是不可能的了。如果大量的人长期失业,就会带来严重的社会问题。如何保护这些人的合法权益,需要尽早谋划。

2. 安全监管法

人工智能法律同时也需要包含安全监管法的内涵,即对人工智能产品可能产生的安全隐患进行监管。国家应当成立专门的机构,吸收优秀人才,减少官僚层级,履行监管职责。监管主要包括国家安全和人类社会安全这两个方面。

首先,在国家安全方面,可以在《国家安全法》中加入相应的与人工智能相关的条款。明令禁止研究威胁国家安全的人工智能产品,如核武器、生化武器或者其他恐怖袭击的武器,以及可能用来杀

① Select Committee on Artificial Intelligence: "Report-AI in the UK ready, willing and able?", 16 April 2018, available at https://publications. parliament. uk/pa/ld201719/ldselect/ldai/100/100. pdf, last visited: 30 Nov. 2020.

② Government office for science: "Artificial Intelligence opportunities and implications for the future of decision making," available at https://assets. publishing. service. gov. uk/government/uploads/system/uploads/attachment_data/file/566075/gs-16-19-artificial-intelligence-ai-report. pdf, last visited: 30 Nov. 2020.

人或者造成大规模伤害的人工智能产品。对此类产品的研发和生产采取严格审核准入制度,只有经过批准的企业才可从事上述产品的研发和生产维修。同时,国家应当拨付大量科研经费,对此类人工智能产品进行研究开发。此外,从国家安全的角度出发,对人工智能的核心技术应当进行出口管制。

其次,在人类社会安全方面,主要是对人工智能产品设计、研发、使用等阶段的管制。明确设计师、生产商对于其设计、生产的产品的责任,严格防控设计师以及生产者在生产过程中出现纰漏,人工智能产品失控对他人造成的侵害后果严重的可以考虑处以刑事处罚。可以考虑将区块链技术和人工智能产品的生产相结合,使人工智能生产的产品有得以考据的生产过程,方便发生侵害后回溯生产流程,分配法律责任。与核技术主要是由国家投资研发与消费不同,由于人工智能的研发主体是商业公司,加上现在技术在全球范围内的流动远非核武器时代可以比拟。如何对数量众多的商业公司进行管控,将是一个非常艰巨的任务。正如白宫关于人工智能的报告所指出的,整个美国政府在 2015 年大概花费了 11 亿美元用于未分类的人工智能研发,而美国政府每年在数学和计算机科学研发方面的开支为 30 亿美元。有多家来自硅谷和中国的公司每年在人工智能研发方面上的投入超过整个美国政府在数学和计算机科学领域的全部投入。[①]

再次,国家应当对人工智能技术和产品的研发和生产、销售、售后维修等过程进行立法监控。领先的科技企业对人工智能的研发和生产过程要像透明厨房一样。科技企业要定期或不定期地向国家监管机构汇报人工智能研究生产的最近进展、产品可能的风险以及防范措施。国家监管机构也可以主动进行监管。

最后,应当进行反人工智能(counter-AI)的研究。鉴于人工智

---

① Greg Allen, Taniel Chan: "Artificial Intelligence and National Security," published by Belfer Center for Science and International Affairs Harvard Kennedy School, p. 52.

能风险的不确定性和高危性,既要从正面研究其适用空间,也要从反面研究安全应对策略。人工智能的失控可能发生在以下几个方面:第一,人工智能或者自动化已经广泛渗透到既有的生产、生活、国防等设施设备之中。既有设备设施对自动化的依赖已经没有回头路,即使有99.99%的安全性,也不能确保不会发生致命危险,如核武器、三峡大坝的监控设备、太空飞行器以及一些小型的可穿戴设备。第二,有必要建立一套并行机制来防范人工智能本身出现的其他风险,确保在关键时刻可以拔掉人工智能的电源。同理,在军事行动中,敌人可能攻击人工智能的弱点。前述《人工智能与国家安全报告》中建议美国的国防和网络共同体应当在"反人工智能(counter-AI)"能力方面寻求领先地位。[①] 本书认为,中国也非常有必要开展此类研究。

3. 产业促进法

如上所述,人工智能法律既要保证安全,但也应该促进发展,以保障我国在世界上的安全。因此,人工智能法律又是一部产业促进法。产业促进的措施主要包括国家补贴、人才培养和试点监管等措施。

就国家补贴而言,我国可以利用体制优势,对当下热门的人工智能产业如自动驾驶、医疗机器人等的研发和改进实施国家补贴,促进技术进步和产品研发。

就人才培养而言,目前,我国人工智能领域相关各个专业人才较为稀缺。除了人工智能技术本身,还有人工智能与法律、金融、哲学社会科学、医学、家庭伦理关系等交叉学科需要相应的研究人才。因此,即使目前的人工智能发展还处于初级阶段,但是与人工智能相关的其他研究需要率先推进,人才需要提前储备,以应对未来的发展。

---

[①] Greg Allen, Taniel Chan: "Artificial Intelligence and National Security," published by Belfer Center for Science and International Affairs Harvard Kennedy School, p. 63.

就试点监管而言,主要是监管部门通过选择性试点的方式,为人工智能技术的发展创造一种较为宽松自由的环境。例如,澳大利亚的"监管沙盒"制度,主要是金融方面的试点监管,为金融人工智能的运用营造了良好的环境。[①] 我国可以选择在自动驾驶领域、医疗领域和金融领域等当下发展已成雏形的领域,在个别城市展开试点,放宽政策,以观后效。对于试点中出现的问题进行总结和改进,完善后将人工智能的相应政策推广到全国。

## 二、人工智能法律规制的时间定位:人工智能立法是否需要超前部署

如上所述,人工智能立法有权利保护法、安全监管法和产业促进法这几个方面的内容,这几个方面的规定在轻重缓急上有所区分。唯物主义认为物质决定意识,在人工智能立法的过程中亦要坚持这一点,人工智能的立法总体进程取决于技术的发展,但需要提前部署。

对于产业促进法来说,现在就应当进行部署。现阶段,自动驾驶技术已经逐步进入人们的日常生活,如何规范并且促进自动驾驶技术的发展是当务之急。另外,金融方面也出现了金融监管科技以及运用人工智能的金融产品,这些已经初具规模的产业需要加紧着手立法。人才的储备是人工智能时代必不可缺的要素,因此,国家需要尽快推动相关领域的发展。

对于安全监管法来说,目前可以循序渐进,先着手自动驾驶、无人航空器以及其他的智能机器人等会对人类社会产生威胁的智能机器的立法。至于其他的禁止性立法,如科研机构或者企业不得涉足的人工智能领域等,可以根据未来的技术发展再进行立法规制。

对于权利保护法来说,人工智能导致的数据泄露和侵犯隐私问

---

① 参见张景智:《"监管沙盒"制度设计和实施特点:经验及启示》,载《国际金融研究》2018 年第 1 期。

题是当前立法首先需要关注的问题。其次是人工智能产品导致的侵权损害,这一部分可以与安全监管法中的内容相结合,在必要的时候将自动驾驶、无人航空器等作为一个部分单独立法。至于另外提到的机器是否具有法律地位以及人工智能可能带来的社会不平等问题,在短期可见的技术发展射程之内还未见人工智能危及人类安全的问题,因此这部分立法可以等到伦理学、法学、哲学的研究更加彻底后,再行立法。

另外,对于传统既有机器设备的自动化、人工智能化的趋势也需要引起重视。监管的目光不能只盯着新出现的人工智能领域。人工智能技术的发展使得既有机器设备的自动化也在不断发展。例如,核设施、民用航空、网络技术、太空技术等相对区域网、城市共用设施、有人驾驶汽车等,自动化程度都会随着人工智能技术的发展而不断提高,进而实现智能化。这些领域的人工智能的监管也应当引起重视。

三、人工智能法律规制的范围定位:国内法还是国际法

人工智能法律的立法不仅属于国内法的范畴,同时涉及国际法领域。在关于人工智能立法的过程中将会涉及国际合作等问题。

在国内法领域,人工智能的立法在权利保护方面主要包括人工智能产品侵权的权利保护法、数据保护与隐私权保护法律、自动驾驶法律、金融科技监管法律、人工智能时代的平等权利保护法律等。这些法律基本在一国的领域范围内进行统一管理即可,不涉及国际合作。在安全监管方面,涉及设计师与生产商的法律亦可在国内法的范畴内解决。对于产业促进法的来说,由于人工智能产业目前还处于国内发展的一个阶段,因此,国家补贴、人才培养、产业推进等方面的事项主要涉及的是国内政策问题,因此,只需要国内立法即可。

在国际法领域,涉及国家安全、机器伦理等宏观层面的问题

时,需要各国之间进行合作。中国要积极谋求国际合作。在国家安全方面,人工智能技术将涉及核武器以及其他人工智能武器的研发,21世纪的世界各国恐怕要与20世纪时的世界各国一样,在谈判桌上坐下来,像商谈抑制核武器一样商谈、签署条约保证不开发具有大规模杀伤性的人工智能武器。但是,各国要充分做好无法达成协议的准备。此外,与人工智能相关的程序员、设计师也要遵循一致的国际标准,禁止擅自僭越,以免造成难以挽回的后果。在涉及机器伦理方面,需要世界各国合作,禁止利用机器从事有悖于或者有害于社会秩序建构和人类价值观形成的事务,如用声音合成技术模拟人声用于虚构事实隐瞒真相等。国际社会必须互相牵制,防止类似行为的发生。目前为止,世界各国已经召开多次会议商讨人工智能的相关问题,中国也需要积极参与到这些活动中去,与乌镇世界互联网大会相互呼应,建议在中国北方某个城市发起世界人工智能大会,掌握规则制定的话语权和主动权。

图书在版编目(CIP)数据

人工智能治理研究 / 杨晓雷主编. —北京:北京大学出版社,2022.10
ISBN 978-7-301-33107-1

Ⅰ. ①人… Ⅱ. ①杨… Ⅲ. ①人工智能—研究 Ⅳ. ①TP18

中国版本图书馆 CIP 数据核字(2022)第 105466 号

| | | |
|---|---|---|
| 书　　　名 | 人工智能治理研究 | |
| | RENGONG ZHINENG ZHILI YANJIU | |
| 著作责任者 | 杨晓雷　主编 | |
| 责 任 编 辑 | 杨玉洁　靳振国 | |
| 标 准 书 号 | ISBN 978-7-301-33107-1 | |
| 出 版 发 行 | 北京大学出版社 | |
| 地　　　址 | 北京市海淀区成府路 205 号　100871 | |
| 网　　　址 | http://www.pup.cn　http://www.yandayuanzhao.com | |
| 电 子 信 箱 | yandayuanzhao@163.com | |
| 新 浪 微 博 | @北京大学出版社　@北大出版社燕大元照法律图书 | |
| 电　　　话 | 邮购部 010-62752015　发行部 010-62750672 | |
| | 编辑部 010-62117788 | |
| 印 刷 者 | 北京中科印刷有限公司 | |
| 经 销 者 | 新华书店 | |
| | 650 毫米×980 毫米　16 开本　25.75 印张　344 千字 | |
| | 2022 年 10 月第 1 版　2022 年 10 月第 1 次印刷 | |
| 定　　　价 | 98.00 元 | |